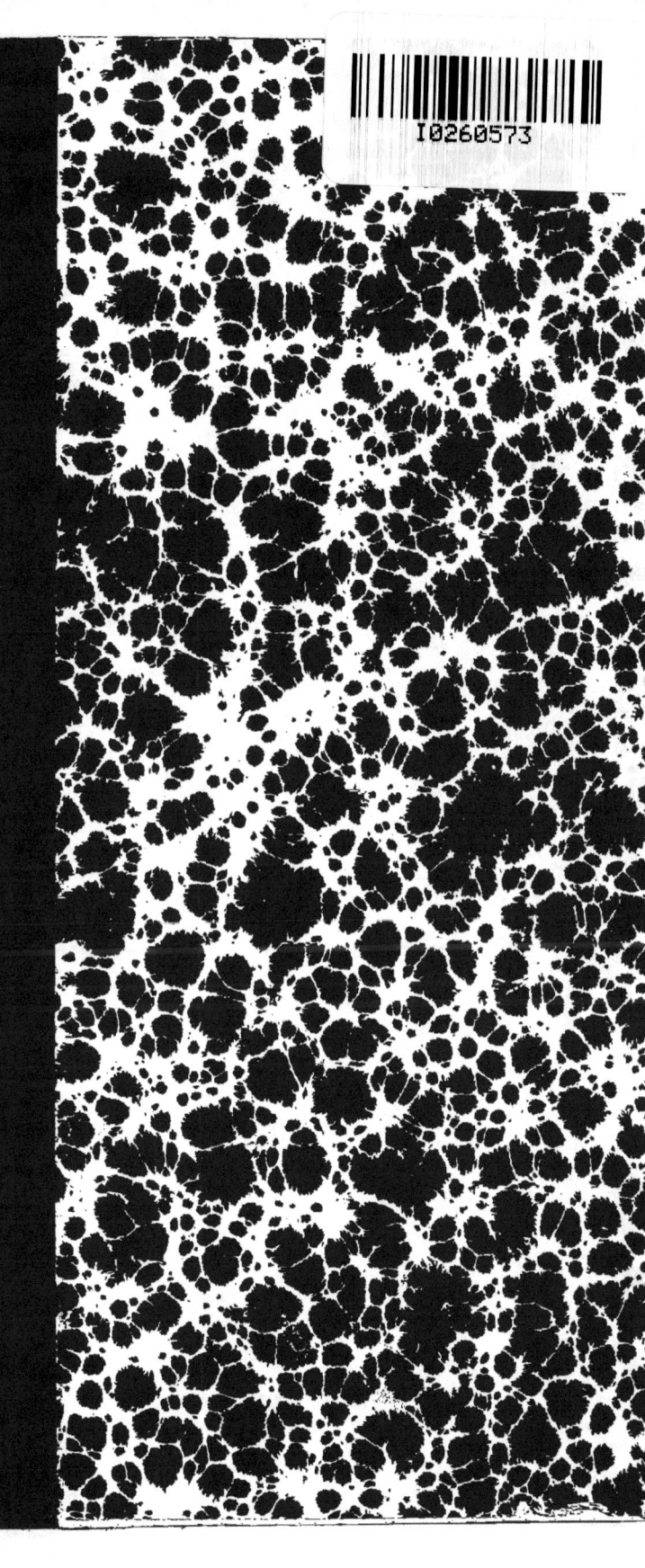

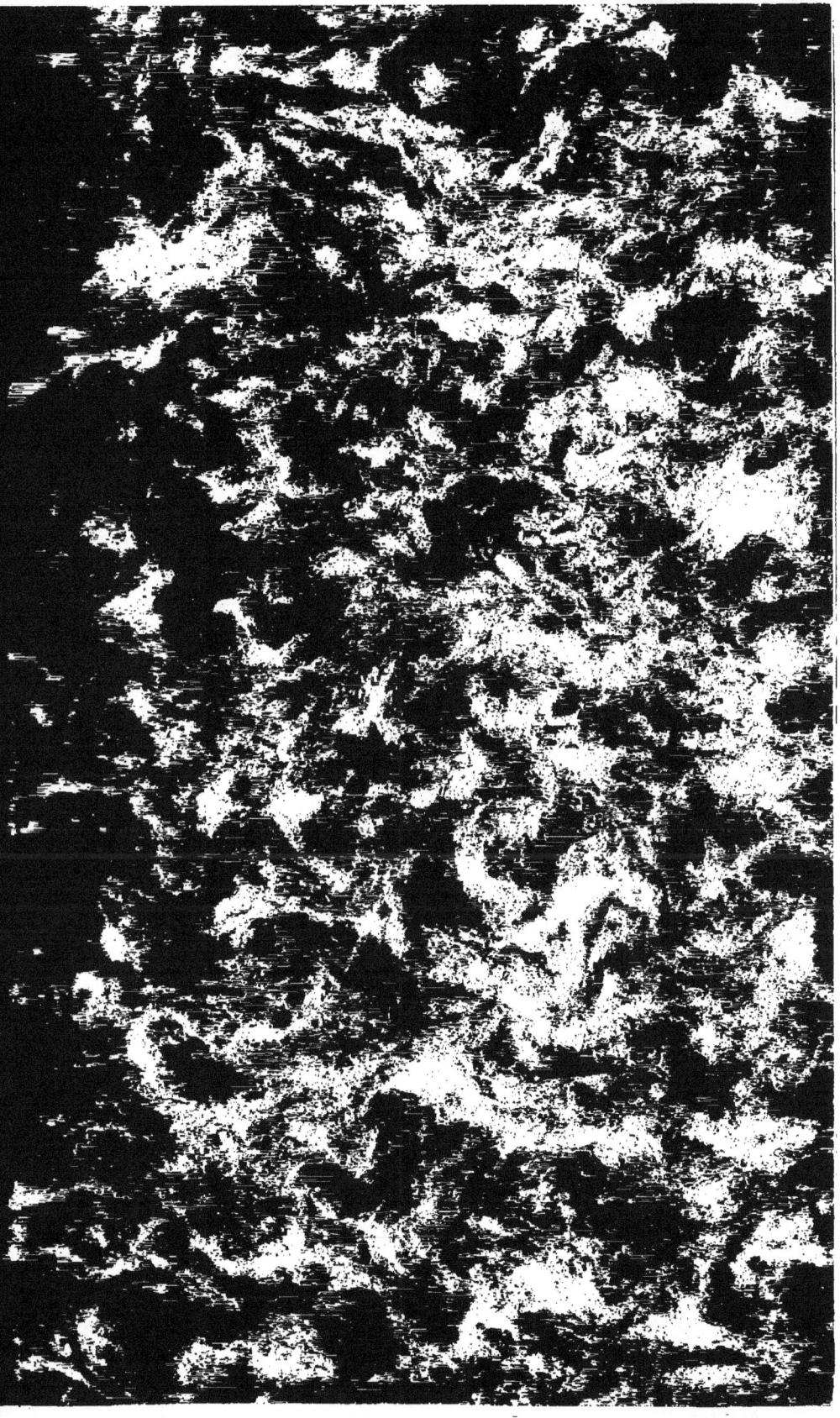

ÉTIENNE CLOUZOT

LES MARAIS

DE LA

SÈVRE NIORTAISE ET DU LAY

DU Xe A LA FIN DU XVIe SIÈCLE

PARIS | NIORT
H. CHAMPION, ÉDITEUR | L. CLOUZOT, ÉDITEUR
9, QUAI VOLTAIRE | 22, RUE VICTOR-HUGO

1904

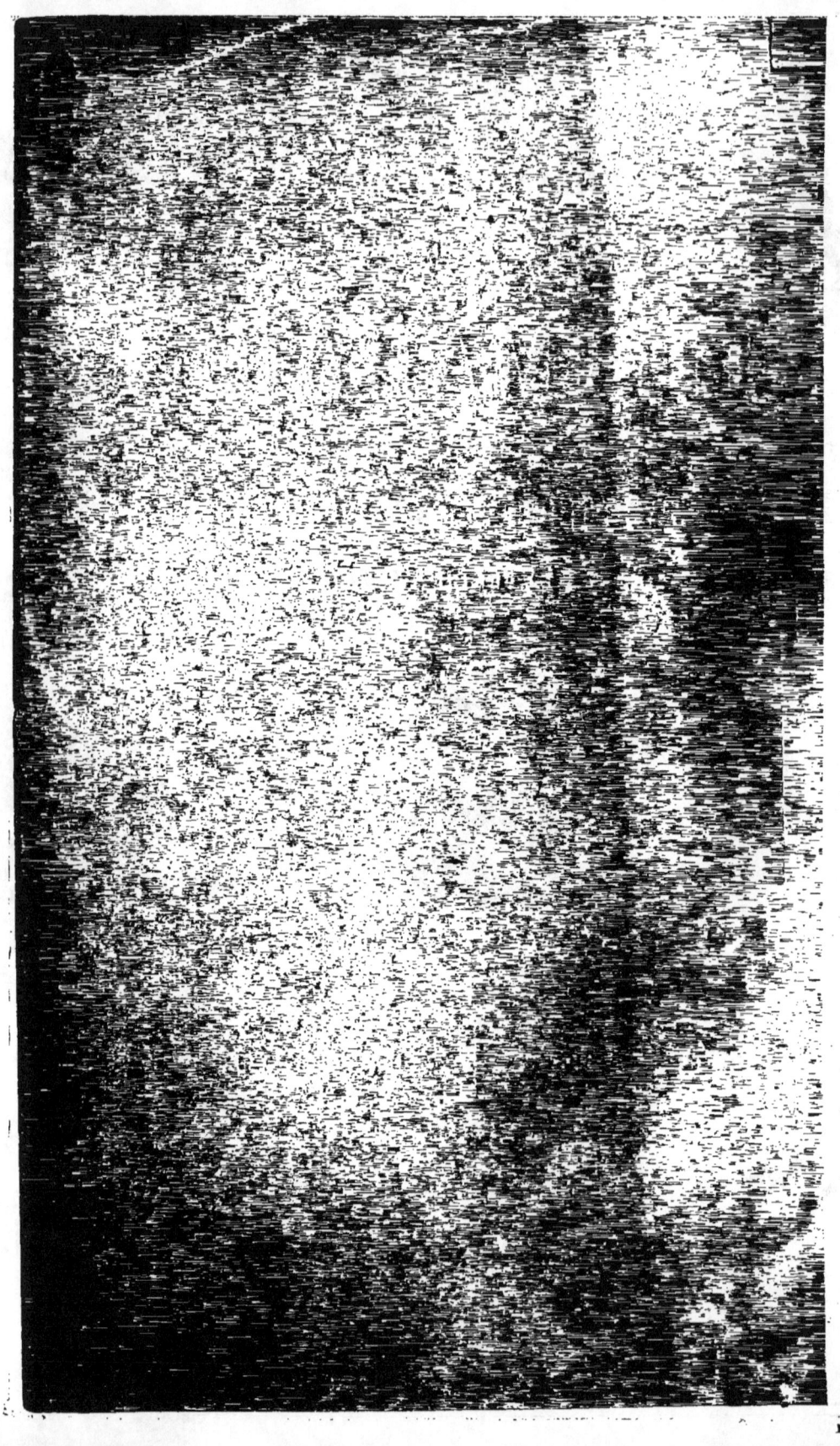

LES MARAIS
DE LA
SÈVRE NIORTAISE ET DU LAY
DU X° A LA FIN DU XVI° SIÈCLE

ÉTIENNE CLOUZOT

LES MARAIS

DE LA

SÈVRE NIORTAISE ET DU LAY

DU X° A LA FIN DU XVI° SIÈCLE

PARIS | NIORT
H. CHAMPION, ÉDITEUR | L. CLOUZOT, ÉDITEUR
9, QUAI VOLTAIRE | 22, RUE VICTOR-HUGO

1904

LES MARAIS

DE LA SÈVRE NIORTAISE ET DU LAY

DU Xe A LA FIN DU XVIe SIÈCLE,

INTRODUCTION

Le voyageur qui parcourt les marais desséchés de la Sèvre et du Lay, vaste plaine monotone entrecoupée de canaux et de digues, sans un arbre, presque sans maisons, reste surpris devant ce paysage dont le caractère tranche si fortement avec celui des contrées avoisinantes. Pour exprimer son impression, un seul mot, un seul terme de comparaison lui vient à l'esprit : la Hollande.

Si, poussé par la curiosité, il veut savoir à quelle époque on a commencé à exploiter ces marais, les paysans qu'il interrogera lui répondront invariablement que les travaux qu'il a sous les yeux ont été effectués il y a deux ou trois cents ans par des Hollandais venus tout exprès de leur contrée lointaine.

Ce rapprochement le séduira, et il ne demandera qu'à

croire sur parole les ouvrages généraux ou locaux qu'il pourra consulter sur la question : tous seront unanimes à déclarer que les desséchements de la Sèvre et du Lay ont été entrepris aux xviie et xviiie siècles, à la suite des premières tentatives effectuées par des ingénieurs hollandais que l'appel d'Henri IV avait fait accourir en France.

C'est cette opinion, si universellement admise, que nous allons nous efforcer de combattre, non pas que nous voulions nier la puissante impulsion donnée au desséchement par les Hollandais, mais nous tenons à établir qu'avant leur venue de longs et fructueux efforts avaient déjà été tentés dans la même voie.

Jusqu'ici, quelques auteurs seulement avaient pressenti l'existence de desséchements importants au moyen-âge, mais ils avaient réuni un trop petit nombre d'exemples pour pouvoir en tirer des conclusions.

Un érudit remarquable, le Père Arcère, avait le premier, en composant son Histoire de la Rochelle, consacré quelques pages aux travaux entrepris avant le xviie siècle dans les marais de l'Aunis et du Bas-Poitou. Les écrivains qui, après lui, ont abordé la question se sont bornés à le reproduire sans apporter beaucoup de faits nouveaux. Parmi eux nous citerons seulement La Fontenelle de Vaudoré, qui, en rééditant la Statistique de la Vendée de Cavoleau, signala quelques textes curieux, et Paul Marchegay, qui publia à diverses reprises, des documents intéressants sur le même sujet.

Ces trois auteurs, auxquels on peut joindre Benjamin Fillon dans Poitou et Vendée, sont peut-être les seuls qui aient entrevu les origines véritables de l'exploitation des marais de la Sèvre et du Lay. Encore ne donnaient-ils aux travaux dont ils trouvaient la trace qu'une portée assez secondaire, sans toutefois prendre comme point de départ du desséchement l'édit d'Henri IV de 1599.

Nous irons plus loin dans nos affirmations. Avec l'aide des chartes et cartulaires des abbayes poitevines, des textes épars dans les dépôts d'archives, et surtout des documents patiemment réunis par Benjamin Fillon et par La Fontenelle de Vaudoré, nous essaierons de démontrer que, dans l'histoire des desséchements, l'époque la plus féconde en œuvres originales, le siècle vraiment créateur, fut certainement le XIIIe siècle. En même temps, nous suivrons les phases diverses par lesquelles ont passé les marais de la Sèvre et du Lay depuis le Xe jusqu'à la fin du XVIe siècle, et nous décrirons les ressources et le régime particulier de ce pays, autant que la rareté des textes nous le permettra.

Parallèlement aux textes diplomatiques, nous utiliserons deux sources narratives de la fin du XVIe siècle : l'Histoire des Troubles, du poitevin La Popelinière, et la Chronique de maître Antoine Bernard, notaire au Langon.

Notre étude, basée sur des faits, restera toujours dans le domaine de l'histoire, où notre incompétence en d'autres matières nous oblige à nous confiner.

Avant d'entrer dans notre sujet, nous désirons remercier ici tous ceux qui ont bien voulu nous aider dans notre tâche : M. le comte de Dienne, le savant auteur de l'Histoire du desséchement des lacs et marais en France avant 1789 ; Mme Charier-Fillon, MM. A. de Brémond d'Ars,

L. Brochet, A. Charrier, P. Guérin et Nourry, qui nous ont très aimablement laissé puiser dans leurs collections, MM. Barbaud, Chotard, Dupond, Meschinet de Richemond, G. Musset et A. Richard, qui nous ont largement ouvert les dépôts confiés à leurs soins. Mais nous tenons avant tout à exprimer notre gratitude à nos maîtres de l'École des chartes et de l'École des hautes études, tels que MM. A. Longnon, membre de l'Institut, M. Prou et E. Lelong, qui nous ont prodigué leurs encouragements et leurs conseils.

BIBLIOGRAPHIE

A. — Liste d'ouvrages cités.

Aillery (L'abbé E.). Pouillé de l'évêché de Luçon. — Fontenay-le-Comte, Robuchon, 1860, in-4°.

Arcère (Le P.). Histoire de la ville de la Rochelle et du pays d'Aulnis. — La Rochelle, R.-J. Desbordes, 1756, 2 vol. in-4°, carte.

Arnauld (Charles). Histoire de Maillezais. — Niort, Robin, 1840, in-8°.

Arnauld (Charles). Histoire de l'abbaye de Nieul-sur-l'Autise. (*Mémoires de la Société de statistique des Deux-Sèvres*, 2e série, t. II.)

Association française pour l'avancement des sciences. — Compte rendu de la onzième session. La Rochelle, 1882. — Paris, au secrétariat de l'association, 1883, in-8°.

Astier (Le frère). Tableau des mesures légales... suivi d'une table de conversion des anciennes mesures agraires et de capacité du département de la Vendée. — Fontenay-le-Comte, Gaudin fils, 1840, in-12, 38 pp.

Beauchet-Filleau. V. Filleau (Henri).

Besly (Jean). Evesques de Poitiers, avec les preuves. — Paris, G. Alliot, 1647, in-4°.

Brochet (Louis). Histoire de l'abbaye royale de Saint-Michel-en-l'Herm. — Fontenay-le-Comte, A. Baud, 1891, in-8°, cartes et plans.

Brochet (Louis). Le Canton de Maillezais à travers l'histoire. — Fontenay-le-Comte, Ch. Claireaux, 1900, in-8°, eau-forte de O. de Rochebrune.

Cappon (P.). La Couche de cendres de Marans. (*Revue poitevine et saintongeaise*, 1886-1887, pp. 201-212.)

CAVOLEAU (J.-A.). Statistique de la Vendée, 2ᵉ éd. annot. par La Fontenelle de Vaudoré. — Fontenay-le-Comte, Robuchon, 1844, in-8°.

CLOUZOT (H.). Le Marais de la Sèvre. (*Le Monde moderne*, n° du 15 janvier 1902.)

DESJARDINS (E.). Géographie historique et administrative de la Gaule romaine. — Paris, Hachette, 1876, 2 vol. in-8°, pl.

DIENNE (Comte de). Histoire du desséchement des lacs et marais en France avant 1789 — Paris, H. Champion, 1891, in-8°, pl.

FILLEAU (Henri). Dictionnaire historique, biographique et généalogique des familles de l'ancien Poitou, 1ʳᵉ éd. publ. par H. Beauchet-Filleau et Ch. de Chergé. — Poitiers, A. Dupré, 1840-1854, 2 vol. in-8°, pl.

FILLEAU (Henry). Dictionnaire historique et généalogique des familles du Poitou, 2ᵉ éd. publ. par H. et P. Beauchet-Filleau. — Poitiers, Oudin et Cⁱᵉ, 1891-1903, 2 vol. et 4 fasc. (A.-G.), in-4°.

<small>Pour éviter toute confusion, nous avons cité la 2ᵉ édition du *Dictionnaire* d'Henri Filleau, sous le nom de Beauchet-Filleau (H. et P.), ses véritables auteurs.</small>

FILLON (Benjamin). Recherches historiques et archéologiques sur Fontenay. — Fontenay, Nairière-Fontaine, 1846, 2 vol. in-8°.

FILLON (B.) et O. de Rochebrune. Poitou et Vendée, études historiques et artistiques. — Niort, L. Clouzot, 1887, 2 vol. in-4°, pl.

FLEURIAU-BELLEVUE (C.). Mémoire sur les desséchemens dans le département de la Charente-Inférieure. (Extrait des *Annales de l'agriculture française*, t. XV, p. 197.) — Paris, imp. de Mᵐᵉ Huzard (an XI), in-8°.

GAUTIER (A.). Statistique du département de la Charente-Inférieure. — La Rochelle, G. Mareschal, 1839, in-4°.

GELIN (H.). Etude sur la formation de la vallée de la Sèvre. (*Mémoires de la Société de statistique des Deux-Sèvres*, 3ᵉ série, t. IV.)

GOUGET (A.). Mémoires pour servir à l'histoire de Niort. Le commerce, xɪɪɪᵉ-xvɪɪɪᵉ siècles. — Niort, Mᵐᵉ Clouzot et fils, 1863, in-8°.

LA BRETONNIÈRE. Statistique du département de la Vendée. — Fontenay-le-Peuple, 1800, in-12.

LACURIE (L'abbé). Histoire de l'abbaye de Maillezais depuis sa fondation jusqu'à nos jours. — Fontenay-le-Comte, E. Fillon, 1852, in-8°.

LA FONTENELLE DE VAUDORÉ (A.-D. de). Histoire du monastère et des évêques de Luçon. (*Archives historiques du Bas-Poitou*, t. II.) — Fontenay-le-Comte, Gaudin fils, 1847, 2 vol. in-8°.

Le Terme. Règlement général et notice sur les marais de l'arrondissement de Marennes. — Rochefort, Goulard, 1886, in-8°.

Lièvre (A.-F.). Les Chemins gaulois et romains entre la Loire et la Gironde. - Niort, L. Clouzot, 1893, in-8°.

Massiou (D.). Histoire politique, civile et religieuse de la Saintonge et de l'Aunis. — Paris, E. Pannier, 1838-1840, 4 tomes en 5 vol. in-8°.

Musset (Georges). Traité des usages locaux ayant force de loi dans le département de la Charente-Inférieure. — La Rochelle, A. Foucher, 1893, in-12.

Musset (G.). Vocabulaire géographique et topographique du département de la Charente-Inférieure. (*Association française pour l'avancement des sciences*. 11ᵉ session. La Rochelle, 1882, pp. 911-920).

Pawlowski (Auguste). Le Golfe du Poitou à travers les âges, d'après la géologie, la cartographie et l'histoire. (Comité des travaux historiques : *Bulletin de géographie historique*, 1901, pp. 87-313.)

Pettit (H.). Marais du bassin de la Sèvre Niortaise. Améliorations agricoles obtenues pendant le siècle dans la vallée de la Sèvre entre Niort et Marans. — Niort, L. Clouzot, 1900, in-4°, 34 pp.

Quatrefages (de). Buttes de Saint-Michel-en-l'Herme. (*Association française pour l'avancement des sciences*. 11ᵉ session, La Rochelle, 1882, pp. 686-688.)

Revue poitevine et saintongeaise ; histoire, archéologie, beaux-arts et littérature. — Melle, E. Lacuve, et Saint-Maixent, Reversé, 1884-1895, 12 vol. in-8°.

Simonneau (Aug.). Le Chemin de Charlemagne à l'Ile-d'Elle. (*Revue poitevine et saintongeaise*, 1886, t. III, p. 276.)

Simonneau (Aug.). Recherches sur l'origine du mot Vendée. (*Revue poitevine et saintongeaise*, 1886, t. III, p. 56.)

Société des Antiquaires de l'Ouest : *Mémoires*, 66 vol. en deux séries. *Bulletins*, 30 vol. en deux séries. — Poitiers, Dupré, 1834-1902, 86 vol. in-8°.

Société d'émulation de la Vendée (*Annuaire départemental* de la). — La Roche-sur-Yon, 1855-1902, 46 vol. in-8°.

Société de statistique, sciences, lettres et arts du département des Deux-Sèvres : *Mémoires*, 53 vol. en trois séries. *Bulletins*, 9 vol. en deux séries. — Niort, 1837-1891, 62 vol. in-8°.

Usages locaux du département de la Vendée. — Napoléon-Vendée, J. Sory, 1859, in-8°.

B. — *Sources imprimées.*

Abbaye (L') de la Grâce-Dieu, par G. Musset. (*Archives historiques de Saintonge et d'Aunis*, t. XXVII.)

Archives historiques du Poitou. — Poitiers, H. Oudin, 1872-1902, 31 vol. in-8°.

Archives historiques de la Saintonge et de l'Aunis. — Saintes, Mortreuil, et Paris, Picard, 1874-1902, 29 vol. in-8°.

Aubigné (Th. Agrippa d'). Histoire universelle. Publ. par le baron A. de Ruble (*Société de l'Histoire de France*). — Paris, Renouard, 1886 sqq., 9 vol. in-8°.

Barbot (Amos). Histoire de la Rochelle depuis l'an 1199 jusqu'en l'an 1575. Publ. par H. Denis d'Aussy. (*Archives historiques de Saintonge et d'Aunis*, t. XIV, XVII et XVIII).

[Bernard (Antoine)] : Chronique d'une commune rurale de la Vendée (Le Langon, près Fontenay-le-Comte). Publ. par A.-D. de La Fontenelle de Vaudoré sous le titre de : Chroniques fontenaisiennes. (*Archives historiques du Bas-Poitou*, t. I.) — Fontenay-le-Comte, Gaudin fils, 1841, in-8°.

<small>Il existe de cette chronique, assez mal éditée d'ailleurs, au moins deux manuscrits. L'un est entre les mains de M. Vallette, directeur de la *Revue du Bas-Poitou*, l'autre — une copie faite au xviii° siècle par Prézeau, juge de paix à Maillezais — est à la bibliothèque de Niort, dans les papiers La Fontenelle, carton 142. D'après une note de cette copie, l'original était en 1807 chez Gauvain, notaire au Langon.</small>

Cartulaires et chartes de l'abbaye de l'Absie. Publ. par Bélisaire Ledain. (*Archives historiques du Poitou*, t. XXV.)

Cartulaires du Bas-Poitou. Publ. par Paul Marchegay. — Les Roches-Baritaud, 1877, in-8°.

Cartulaire de l'abbaye de la Grâce-Notre-Dame de Charron. Publ. par Meschinet de Richemond. (*Archives historiques de la Saintonge et de l'Aunis*, t. XI.)

Cartulaire de l'abbaye royale de Notre-Dame de Saintes, de l'ordre de Saint-Benoît. Publ. par l'abbé Th. Grasilier. (*Cartulaires inédits de la Saintonge*, t. II.) — Niort, L. Clouzot, 1871, in-4°.

Cartulaire de l'abbaye d'Orbestier (Vendée). Publ. par Louis de la Boutetière. (*Archives historiques du Poitou*, t. VI.)

Cartulaire de l'abbaye de Saint-Cyprien de Poitiers. Publ. par Rédet. (*Archives historiques du Poitou*, t. III.)

Cartulaire de l'abbaye de Talmond. Publ. par Louis de la Boutetière. (*Mémoires de la Société des Antiquaires de l'Ouest*, 1re série, t. XXXVI.)

Cartulaire saintongeais de l'abbaye de la Trinité de Vendôme. Publ. par l'abbé Ch.Métais. (*Archives historiques de la Saintonge et de l'Aunis*, t. XXII.)

Chartes et documents pour servir à l'histoire de l'abbaye de Saint-Maixent. Publ. par A. Richard. (*Archives historiques du Poitou*, t. XVI et XVIII.)

Chartrier de Thouars. Documents historiques et généalogiques. Publ. par le duc de la Trémoille et Paul Marchegay. — Paris, 1877, in-fol.

Comptes d'Alphonse de Poitiers (1243-1247).Publ. par A. Bardonnet. (*Archives historiques du Poitou*, t. IV.)

Denifle (Le P. Henri). La Désolation des églises, monastères, hôpitaux, en France, vers le milieu du xve siècle et pendant la Guerre de Cent Ans. Mâcon, Protat, 1897-1899, 2 vol. in-8°.

Documents (Recueil des) concernant le Poitou contenus dans les registres de la chancellerie de France. Publ. par Paul Guérin. (*Archives historiques du Poitou*, t. XI, XIII, XVII, XIX, XXI, XXIV, XXVI, XXIX, XXXII.)

Documents (Recueil des) concernant la Saintonge contenus dans les registres de la chancellerie de France. Publ. par Paul Guérin. (*Archives historiques de la Saintonge et de l'Aunis*, t. XII.)

Documents historiques inédits sur le département de la Charente-Inférieure. Publ. par Meschinet de Richemond. — Paris, Picard, 1874, in-8°.

Documents pour servir à l'histoire de Saint-Hilaire de Poitiers. Publ. par Rédet. (*Mémoires de la Société des Antiquaires de l'Ouest*, 1re série, t. XIV et XV.)

Documents tirés des archives du duc de la Trémoille (1156-1652). Publ. par Paul Marchegay. (*Archives historiques de la Saintonge et de l'Aunis*, t. I.)

Du Chesne (André). Histoire généalogique de la maison des Chasteigners. — Paris, S. Cramoisy, 1634, in-fol.

Guide (La) des chemins de France, reveue et augmentée pour la

troisième fois. Les fleuves du royaume de France aussi augmentez.
— A Paris, imp. Ch. Estienne, 1553, pet. in-12.

Joussemet (Ch.-L.). Mémoire sur l'ancienne configuration du littoral bas-poitevin et sur ses habitants adressé en 1755 au Père Arcère. Publ. par B. Fillon. — Niort, L. Clouzot, 1876, in-8°, 22 pp.

Labbe (Le P.). Novæ Bibliothecæ manuscriptorum librorum tomus secundus rerum Aquitanicarum... uberrima collectio. — Paris, S. Cramoisy, 1657, in-fol.

[La Popelinière (Lancelot du Voisin, sieur de)]. La vraye et entière Histoire des troubles et choses mémorables avenues tant en France, qu'en Flandres et pays circonvoisins depuis l'an 1562... — La Rochelle, P. Davantes, 1573, in-8°.

Lettres missives de Henri IV. Publ. par Berger de Xivrey, t. II. (*Collection de documents inédits sur l'histoire de France.*) — Paris, 1843, in-4°.

Lettres missives originales du xvie siècle (100 de femmes et 200 d'hommes), tirées des archives du duc de la Trémoille et publ. par P. Marchegay et H. Imbert. — Niort, L. Clouzot, 1882, in-8°.

Petrus Berchorius. Opera omnia in sex tomus distincta, sive reductorium, repertorium et dictionarium morale utriusque Testamenti quadripartitum... — Coloniæ Agrippinæ, sumpt. J. W. Huisch, 1730, 6 vol. in-fol.

Petrus Malleacensis. De Antiquitate et commutatione in melius Malleacensis insulæ... Publ. par Labbe. (*Nova Bibliotheca*, t. II, pp. 222-238).

Recherches historiques sur le département de la Vendée. Un document par canton. Publ. par Paul Marchegay. Quatre séries. (*Annuaire de la Société d'émulation de la Vendée*, 1857-1858 (1re série). 1864 (2e série), 1867-1868 (3e série), 1878 (4e série).

C. — *Sources manuscrites.*

Dans cette liste figurent seules les pièces les plus importantes, à l'exclusion des pièces justificatives que nous indiquons par leur numéro d'ordre.

FONTENAY-LE-COMTE

Collection Benjamin Fillon. Communiquée par Mme Charier-Fillon (P. J. XII, XVII.)

LE LANGON

Archives communales. Quatre liasses sans aucun classement. (P. J. XIX, XX.) — 1581, 31 octobre. Enquête faite au sujet du droit de passage sur le bot du Breuil, revendiqué par Octavien Moreau, seigneur du Breuil, d'une part, et de l'autre par Louis d'Arcemalle, seigneur du Langon, et quarante-cinq habitants du Langon. Original papier, 22 ff.

MAILLEZAIS

Archives communales. Une liasse.

NIORT

Archives communales.
Archives départementales. *Titres seigneuriaux* : E 184, 363. — *Clergé régulier* : H Nouvelles acquisitions. (P. J. III, VIII.)
Archives de la Société de Statistique des Deux-Sèvres. *Collection Briquet*.
Bibliothèque municipale. *Collection La Fontenelle de Vaudoré* : cart. 142, 143, 144. (P. J. XIII, XIV, XV, XVIII.) — xve siècle. Registre des aveux et déclarations rendus au seigneur de Champagné. Original parchemin, 48 ff. — Cart. 146, 153.

PARIS

Archives nationales. *Administrations locales :* Péages de la Sèvre. H^4 3064, 3215. — *Trésor des Chartes :* Layettes de Poitou. J 180^{AB}, 190^{AB}, 192^B. Supplément J 749. — *Monuments historiques :* K 496. Comptes des anciens domaines d'Alphonse de Poitiers. — *Chambre des Comptes :* Aveux et transcrits d'aveux. P 551-555, 584, 585, 586 : 1421, 30 juillet. Aveu rendu au roi par Guion Larcevesque pour sa terre de Dompierre, le péage de Mauzé et la laisse ou minzottière d'Andilly. Transcrit du xve siècle, fol. iiii**. — P 590. — Francs-fiefs : P 773, 71 : 1596, 16 septembre. Vente faite par Christophe Goguet, sieur du Pairé et de La Rochette, président à Fontenay-le-Comte, et par sa femme Catherine de Pallade, à Pierre et Etienne Franchards, demeurant à Marans, des métairies de Vendôme, de la Folie et de Faussebrie et de divers marais moyennant la somme de dix mille trois cent dix écus. — Terriers : P 1037 : 1471-1506. Papier censif de la ville, terre, châtellenie et seigneurie de Benet. Original papier, 250 ff. — Titres de la maison d'Anjou :

P. 1341. — *Titres domaniaux* : Charente-inférieure Q¹ 116. Deux-Sèvres Q¹ 1526. Vendée Q¹ 1597 : 1599, 28 janvier. Procès-verbal de la visite des achenaux de Luçon, La Pironnière, La Grenetière, Le Bourdeau, Puyraveau, Bot-Neuf et des Cinq-Abbés, faite par Pierre Brisson, écuyer, sénéchal de Fontenay-le-Comte ; copie collationnée faite le 15 avril 1599 par François Brethé et Pierre Jacques, notaire de Champagné. Papier, 31 ff. Q¹ 1598. Q¹ˑ 1595. Q¹ˑ 1598. — *Biens des corporations supprimées* : Abbaye de Jart S 4348. — *Parlement civil :* Jugés, lettres et arrêts, X¹ᴬ 23, 43. Parlement de Poitiers. 9190, 9201.

Bibliothèque nationale. *Manuscrits latins :* 9231. Chartes du diocèse de La Rochelle (P. J. VI) : 1246, octobre. Concession par Etienne Peletier de la Roche-Bertin et sa sœur Marie, épouse de Jean du Moulin, à l'abbé Pierre et au couvent de Saint-Léonard-des-Chaumes, de l'écluseau de Roions situé dans leur marais de Lanneré. Original parchemin jadis scellé sur double queue. — 17147. Copies de Gaignières. — 13818. Notes de Dom Le Michel. — *Manuscrits français :* 8818, 8819 : 1429-1435. Comptes de Robin Denisot, receveur à Fontenay-le-Comte. — 26363 : 1571, 12 février. Partage fait par devant maître Guillaume Daguenet, notaire à Marans, entre Denis et Jean Gorron, d'une part, et François Martyneau, charpentier, époux de feu Catherine Gorron, sœur des précédents, au nom de sa fille Françoise, de l'autre. Original parchemin. — *Collection Duchesne,* vol. 75. — *Collection Dupuy,* vol. 804 : (P. J. I, II, IV, VII, IX, X). 805, 822 : 1540, 2 avril. Déclaration des terres, domaines, héritages et revenus de la commanderie de Bernay, paroisse de Marans, rendue par frère Jean Bournavant, commandeur, à François de la Trémoille, vicomte de Thouars. Copie du xvie siècle, papier 7 ff. — *Nouvelles acquisitions françaises :* 5410. Papiers de Paul Marchegay.

POITIERS.

Archives départementales. *Bureau des finances :* C 360 : Aveux de Bois-Lambert, paroisse de Montreuil-sur-Mer. C 361 : Aveux de Champagné-les-Marais. C 514 : Aveux de Chaillé-Chaillezay. — *Clergé séculier :* G 377 : Chapitre cathédral de Poitiers. G 688, 690, 691 : Chapitre de Saint-Hilaire de Poitiers. — *Clergé régulier :* H¹ 67 : Feuillants de Poitiers. Sainte-Croix de Mauzé. — Grand prieuré d'Aquitaine. Commanderies. H³ 405 : Sainte-Gemme (censier de

1390). H 833 : Margot. H¹ 859 : Puyravault (P. J. XI). H³ 961 : Bernay

BIBLIOTHÈQUE MUNICIPALE. *Collection Dom Fonteneau :* vol. XIV, XXV (P. J. V), XXVII *bis* et *ter*.

ROCHE-SUR-YON (LA).

ARCHIVES DÉPARTEMENTALES : *Titres seigneuriaux*, E : Seigneurie de Talmont, 12, 18 : 1528, 28 octobre. Aveu rendu à François de la Tremoille, sire de Talmont, par Règne de Plouyer pour la seigneurie de Saint-Benoît. Original parchemin. — 24, 28, 45, 57, 61, 71. — Seigneurie du Châtellier-Barlot, 41, 43, 44, 45, 49. — Seigneurie de Champagné, 185, 186 (P. J. XVI). — Seigneurie de Mouzeuil, 268. — *Clergé séculier* : G 4, 27, 29, 31, 57. — *Clergé régulier:* H 83. Prieuré de Fontaines. — *Carton: Marais* — le Mazeau.

ROCHELLE (LA).

ARCHIVES DÉPARTEMENTALES : *Titres seigneuriaux* E 92.
BIBLIOTHÈQUE MUNICIPALE : *Manuscrits :* 299, 325.

D. — *Cartes et plans.*

Atlas cantonal de la Charente-Inférieure. 1861 sqq. Echelle 1/50000.

Atlas cantonal de la Vendée. 1882 sqq. Echelle 1/50000.

BOISSEAU. Tableau portatif des Gaules. Paris, 1646, in-4°, feuille 3.

Carte manuscrite des côtes de l'Aunis et du Poitou, 1696. Archives du Ministère de la Marine, portefeuille 53, n° 19.

Carte manuscrite des côtes de l'Aunis et du Poitou, 1709. Archives du Ministère de la Marine, portefeuille 53, n° 20.

CHEVREUX (André). Carte du marais desséché de Champagné à la mer, dressée pour le partage du 7 avril 1656. — Copie manuscrite. Archives de la Vendée : plan figuratif de la châtellenie de Champagné, E 192, pl. 32. (Reproduite, pl. III.)

Du VAL (P.). Le Haut et le Bas-Poitou. — A Paris, chez Mlle Du Val, fille de l'auteur, 1689. (Reproduite, pl. V.)

JAILLOT (H.). La Province de Poitou et le pays d'Aunis. — A Paris, chez l'auteur, 1707.

JOLIVET (Jean). Galliæ regni potentissimi descriptio, 1560.

(Reproduite dans la *Géographie de la Gaule Romaine* d'Ernest Desjardins, t. I, p. 269.)

Maire. Carte générale du bassin de la Sèvre Niortaise. — Niort, H. Echillet, 1861. Echelle 1/20000, 28 feuilles.

Masse. Cartes manuscrites d'Aunis et de Poitou. 1700-1720. Archives du Ministère de la Guerre. Division 4. Section 2. Subdivision F, n° 85.

Plan manuscrit des marais compris entre Vouillé et le Langon. XVIIIe siècle. Archives communales du Langon. (Reproduite, pl. ii.)

Rogier (Pierre). Pictonum vicinarumque regionum fidissima descriptio. — Augustæ Turonum, in æd. M. Bogueraldi, [1579.] (Reproduite, pl. iv.)

Thevet (André). La Cosmographie universelle... — Paris, 1575, in-fol.; livre II, fol. 515, pl. V.

CHAPITRE I

Les marais avant le desséchement.

Le golfe du Poitou au x\ :sup:`e` siècle : ses promontoires, ses îles. — Présence et retrait de la mer d'après la tradition. — Les rivières et les fleuves côtiers au x\ :sup:`e` siècle : la Sèvre, la Vendée, l'Autize et le Lay. — Description du marais et de ses habitants par Pierre de Maillezais : les colliberts, leur passion pour la pêche. — Premiers essais de réglementation des eaux : les écluses de pêche, les moulins. — Premiers travaux d'exploitation au xi\ :sup:`e` siècle : tentatives isolées au sud de la Sèvre et sur les bords du Lay. — Les religieux des abbayes avoisinantes se font concéder par les seigneurs fonciers de vastes marais, et, au xii\ :sup:`e` siècle, en entreprennent le desséchement.

Au début du xe siècle, une vaste baie marécageuse, couverte la plus grande partie de l'année par une eau saumâtre, se découpait dans le continent en face de l'île de Ré. Large d'une trentaine de kilomètres à son ouverture sur l'Océan, elle allait en se rétrécissant vers l'intérieur des terres, et finissait par se confondre avec le lit de la Sèvre Niortaise, à une dizaine de lieues de la côte (1). On retrouve aisément les contours capricieux qui la déterminaient, en suivant la limite des terres hautes dans les trois départements de la Vendée, des Deux-Sèvres et de la Charente-Inférieure.

Au milieu de ce vaste estuaire s'allongeaient des promontoires bizarrement dessinés (2). Çà et là, des îlots et des

(1) Entre Sansais et Coulon.
(2) Au nord de la Sèvre, les promontoires de Saint-Denis-du-Pairé, du Gué-de-Velluire et de Damvix ; au sud, ceux d'Arçais et de Thairé-le-Fagnoux.

îles dressaient vers l'Océan leurs flancs déchiquetés, abrupts comme des falaises (1). La tradition voulait que les flots de la mer fussent venus battre librement la base de ces îles. Au xvi° siècle, « plusieurs anciennes personnes se disoient asseurez de leurs vieux peres que, du temps de leurs ancestres, la grande mer couvrant tout le pays venoit flotter a Luçon (2) ». A la même époque, au sud de la Sèvre, « les vieilles gens » rapportaient que la mer « aultrefois alloit et portoit ordinairement son flux jusques contre le bourg de Villedoux, l'église d'Esnandes, voire jusqu'a Andilly le Marois (3). » Au Langon et jusqu'au village qui porte encore le nom significatif de Montreuil-sur-Mer, les marais « étoient eau salée et droite mer, non pas profonde, mais petits bateaux y alloient ». Un chroniqueur prétendait qu' on y « pechoit force d'huîtres (4) », visiblement amené à cette idée par les énormes dépôts de coquilles qu'il rencontrait à Saint-Michel-en-l'Herm et dans quelques autres endroits du marais (5). Enfin l'on racontait que des bons « menagers » avaient jadis exploité des marais salants aux lieux mêmes où le laboureur poussait sa charrue (6).

(1) On compte dix-huit îles en Vendée : l'Aiguillon-sur-Mer, la Bretonnière, Grues, Saint-Michel-en-l'Herm, la Dive, la Dune, le Vigneau, Triaize, Champagné, Moreilles, Aine, Chaillé, le Sableau, Vouillé, Elle, Vix, Montnommé et Maillezais ; deux dans les Deux-Sèvres: Irleau et le Vanneau ; huit dans la Charente-Inférieure : Nion, la Ronde, Taugon, Bois d'Able, Marans, Santenay, Parsay et Charron.
(2) La Popelinière, liv. V, fol. 150 a.
(3) Amos Barbot (*Arch. hist. Saintonge et Aunis*, t. XIV, p. 27).
(4) *Chronique du Langon*, p. 4.
(5) Sur l'origine très discutée et encore inexpliquée des dépôts d'huîtres de Saint-Michel, voir Quatrefages : *Association française pour l'avancement des sciences*. Onzième session. La Rochelle, 1882, p. 686.
(6) *Chronique du Langon*, p. 12. — Lieu dit les Salines, auprès du Langon. *Cadastre*.

Comment et quand l'Océan s'était-il retiré? C'est une question à laquelle personne n'osait répondre. Les plus savants invoquaient l'influence des constellations, et remarquaient que si la mer « venoit peu a peu a se perdre en Poitou, Santonge et tels autres cartiers de Guyenne, elle gaignoit autant ailleurs comme en quelques pays septentrionaux (1) ». Les autres constataient simplement que « la terre avoit crû tellement que les ports de la mer s'étoient comblés (2) », sans chercher à s'expliquer comment un tel phénomène avait pu se produire. Une tradition assez générale voulait que la mer se fût retirée en une seule nuit, des centaines d'années auparavant (3). Les récits se précisaient : le prodige avait eu lieu en 1469, le jour de la Toussaint, à l'heure des vêpres (4). Et l'imagination en émoi évoquait l'image de cette terre nouvelle surgissant du milieu des eaux par quelque enchantement inconnu (5).

Le marais, d'ailleurs, gardait d'inquiétants souvenirs de sa première origine. C'étaient les grands dépôts de cendre végétale, entassés en certains endroits non loin des côtes (6) ; c'était le bouillonnement inexplicable qui se

(1) La Popelinière, liv. V, fol. 150 a.
(2) *Chronique du Langon*, p. 12.
(3) Joussemet (Ch.-L.), *Mémoire sur l'ancienne configuration du littoral bas-poitevin*, p. 3. — La Fontenelle de Vaudoré (*Histoire du monastère de Luçon*, t. I.) parle d'un brusque retrait qui se serait produit à la fin du xe siècle. La chronique de Pierre de Maillezais, à laquelle il renvoie, ne contient rien qui puisse autoriser une affirmation aussi précise.
(4) Mémoire sur la ville de Maillezais. 1741. Publ. par Dugast-Matifeux. *Etat du Poitou sous Louis XIV*. Fontenay, 1865, in-8°, p. 570.
(5) En réalité, et comme nous le montrerons plus loin, la mer s'est retirée peu à peu. Elle n'a occupé la totalité du marais qu'à une époque très éloignée de la nôtre, évaluée peut-être un peu hardiment, par Benjamin Fillon (*Poitou et Vendée; Marais du Mazeau*, p. 9) à une trentaine de siècles.
(6) Au Langon, à l'Ilôt-les-Vases près Nalliers, et à Marans. Cf. *Chronique du Langon*, p. 10. — B. Fillon. *Poitou et Vendée ; Nalliers*, p. 2, n. 3. — *Revue poitevine et saintongeaise*, t. III, pp. 201-212.

produisait au milieu des vases, engendrant des vapeurs âcres et suffocantes (1). Parfois, le voyageur, passant sur une légère éminence, sentait le sol trembler sous ses pieds ; son bâton enfoncé disparaissait sans rencontrer de résistance (2). Ces marais mystérieux n'inspiraient qu'une médiocre confiance. « Comme toutes choses sont muables et tiennent de l'incertain », la mer n'allait-elle pas reconquérir un jour les vastes terrains que, par caprice, elle avait abandonnés ?

Au xe siècle, la mer n'occupait plus le marais. L'hiver, de vastes nappes d'eau mi-douce, mi-salée, couvraient encore le terrain bas entre les îles ; mais, en été, de nombreux atterrissements se formaient, au milieu desquels de petits fleuves côtiers se frayaient un passage jusqu'à la mer. Traversant le marais dans toute sa longueur, la Sèvre décrivait mille sinuosités, se ramifiait, en plusieurs bras qui se rejoignaient un peu plus loin, et, grossissant toujours, allait se perdre au milieu des vases. Elle recevait au nord les eaux de l'Autize, puis celles de la Vendée, qui, longtemps maintenue par des coteaux dans un lit unique, s'affranchissait de cette tutelle au moment de finir sa course, et s'épanouissait en deux bras d'inégale grandeur. Au sud, elle recueillait plusieurs petits affluents, dont les cours, mal régularisés, ne portaient pas encore de dénominations précises (3).

(1) Cf. Cavoleau, *Statistique de la Vendée*, p. 89. — Gautier, *Statistique de la Charente-Inférieure*, p. 97. — Dernièrement encore, dans le marais de l'Ile-d'Elle, près de la hutte du Creux-qui-bouille, s'est formé une sorte de « volcan ». Le phénomène a persisté pendant près d'un mois.

(2) Tel est le cas présenté par la Motte-qui-branle, près Coulon. Cf. Mairand, *Rapport sur l'îlot branlant du marais Pin*. (*Bulletin de la Société de Statistique*, 1864-1866, p. 119.)

(3) La Vieille Vendée existe encore aujourd'hui. Cf. *Carte de l'Etat-Major*. — Le Mignon et la Curée ne sont jamais désignés par ces noms dans nos textes.

A l'extrémité occidentale du marais, le Lay, descendant tout droit du nord, s'attardait quelque temps à suivre les terres hautes, et serpentait, au milieu des vases et des sables, jusqu'à la mer.

Sur les points les plus élevés de ces marécages, sur les îles, entre les cours d'eau, croissait une luxuriante végétation qu'un chroniqueur du xie siècle s'est complu à décrire. Dans un langage recherché et semé de jeux d'esprit, il a parlé des plantes merveilleuses qui pullulaient, des animaux innombrables d'espèces variées qui trouvaient dans les halliers impénétrables un refuge assuré contre la poursuite et les ruses des chasseurs. Il a vanté les bruits enchanteurs qui ravissaient l'oreille, à l'aube et au crépuscule, quand les gazouillements des oiseaux répondaient aux abois des bêtes sauvages. Mais son récit, basé sur la tradition, reste vague (1). Il ne prend une certaine précision qu'en décrivant la population primitive de ces lieux incultes et presque inaccessibles.

Des premiers habitants, si l'on en croit son récit, la plupart avaient été massacrés au cours des incursions normandes. Les rares survivants s'étaient établis sur le bord du marais et vivaient principalement du produit de leur pêche. Au commencement de l'hiver, lors des crues de la Sèvre, ils abandonnaient leurs champs et leurs cabanes, parfois assez éloignés, et accouraient se livrer à leur occupation favorite.

C'est tout ce que l'on connaît sur eux de certain. Les religieux du moyen-âge évitaient le plus possible d'entrer en relation avec ces sauvages. Ils voyaient en eux les

---

(1) Petrus Malleacensis. Bibl. Nat., ms. lat. 4692, fol. 246. — Publ. Labbe, *Bibliotheca nova manuscriptorum*, t. II, p. 223.

derniers descendants d'une race à part, aux mœurs barbares, farouches, sans presque rien d'humain. Ils les tenaient pour des impies, et n'étaient pas éloignés de croire qu'ils rendissent un culte à ces pluies bienfaisantes qui, enflant le cours du fleuve, facilitaient leur pêche et la faisaient fructueuse. Leur nom de *colliberts* ne semblait-il pas dériver naturellement de *cultu imbrium* ? Il est vrai que plus loin, avec une délicieuse inconséquence, le même chroniqueur attribue aux prétendus adorateurs de la pluie la construction d'une chapelle en l'honneur de saint Pien le saint « apporté par la vague » que l'on vénère encore sur les bords de la Sèvre (1). Mais cette contradiction n'est pas la seule que le bon Pierre de Maillezais se soit permise.

Quelles que fussent leurs croyances, les colliberts tenaient extrêmement à leur indépendance. Vainement les puissants ducs d'Aquitaine usèrent de leur autorité pour les soumettre aux juridictions ecclésiastiques (2) ; malgré un si puissant appui, les religieux n'asservirent jamais complètement ces pêcheurs « indociles ».

Dans tous les cas, c'est à l'industrie de ces hommes primitifs qu'est dû le premier essai de réglementation des eaux. Pour prendre le poisson destiné à leur entretien ou

---

(1) *Petrus Malleacensis, loc. cit.*, p. 227. — « Chappelle de Saint-Pien, ruinée ». Masse, partie 45-46. — A Maillé, on fête la Saint-Pien aux environs du 15 mars. Les vents plus ou moins violents qui précèdent ou suivent cette fête sont appelés « vents de Saint-Pien ». — Sur le vrai sens du mot collibert, V. P. Viollet, *Histoire du droit civil français*, pp. 306-310.

(2) 1003. « Ipsam quoque Sevriam a quo loco qui dicitur Confluentium ad exclusam qui dicitur Videlea cum omnibus exclusis que interposite sunt, ea ratione ut conliberti, qui eas possident, nemini hominum de profuctu hujus aque respondeant, nisi abbati et fratribus loci ; quodsi contigerit eos conlibertos mori, eorum dominus de ipsa aqua jus habeat aliquid reclamandi. » Don de Guillaume V, duc d'Aquitaine, à l'abbaye de Maillezais. Cf. Arcère : *Histoire de la Rochelle*, t. II, p. 663. — Lacurie, p. 197.

exigé par la table monacale des abbayes, ils construisirent des barrages factices appelés écluses, qui, en établissant des différences de niveau, formèrent un premier régime des eaux. Aux xe et xie siècles, le nombre des écluses échelonnées sur la Sèvre et les autres cours d'eau était assez considérable (1). Il y en avait à Damvix, à Arçais, à Courdault, auprès de Nuaillé et de Marans. Bientôt, à côté des pêcheries s'établirent des moulins où l'on venait moudre les blés récoltés sur les îles et sur les côtes. De là à cultiver le marais lui-même, il n'y avait qu'un pas (2). Ce pas fut franchi avant la fin du xe siècle.

Sur des atterrissements choisis, d'industrieux pionniers

(1) 934 (?). Don de Guillaume III Tête d'Etoupe à l'abbaye de Saint-Cyprien de Poitiers d'une pêcherie dans la Sèvre en Aunis, « in condita Celiacinse, in villa Tregecto ». Bibl. Nat. lat. 10122, fol. 545. *Arch. hist. du Poitou*, t. III, p. 323.— 989 (?). Don de Guillaume IV Fier-à-Bras, à l'église Saint-Hilaire de Poitiers, des terres de Rex « cursumque fluminis cum omnibus piscationibus ». *Mém. Soc. Antiquaires de l'Ouest*, 1847, 1re série, t. XIV, p. 57.— 963-994. « In Separim quoque fluvium exclusam quæ dicitur Aureus Beccus, cum molendinis duobus et totam aquam ex utraque ripa usque ad exclusam de Aqua Quieta. » Don de Guillaume IV au monastère de Maillezais. *Gallia Christiana*, t. II, instr. col. 379. — 1029 (?) Don à l'abbaye de Saint-Cyprien, par un clerc nommé Tetlaud, d'une pêcherie « ructuram id est piscaturam » sise sous l'abbaye de Maillezais, au lieu dit « Angledonis ». *Arch. hist. du Poitou*, t. III, p. 321. — 1062-1097. « Exclusam quoque de Parciaco et omnes esclusilos quod habeo de fevo Johannis de Nuelli. » Don d'Hugues de Surgères à l'abbaye de la Trinité de Vendôme. *Arch. hist. Saintonge et Aunis*, t. XXII, p. 76. — 1063. Don à l'abbaye de Saint-Cyprien, par Airaud, d'une pêcherie à Courdault. *Arch. hist. du Poitou*, t. III, p. 333. — 1065, 14 août. « Et unum clusellum in villa que dicitur Vix. » Don de Daervert et d'Ermengarde aux abbayes de Maillezais et de Notre-Dame de Saintes. D. Fonteneau, t. XXV, fol. 391. Lacurie, p. 212.— 1086. « Ista exclusa.., que sita est in amne Severa inter villam Celesium et portum Malliaci, et vocant eam indigene *portel*. » Don de Jean d'Angoumois à l'abbaye de Saint-Maixent. *Arch. hist. du Poitou*, t. XVI, p. 192.—Sur les écluses et leur disposition, voir ci-dessous, pp. 126-127.

(2) 1002, mai : « Et in ipsum stagnum que vocatur Arconcellis, bunam aream ad molendinum faciendum. » Don de Raynus et sa femme Guazildis à l'abbaye de Nouaillé. D. Fonteneau, t. XXVII *ter*, fol. 49.—V. ci-dessus, n. 1, et pièce just. VI.

commencèrent à creuser des fossés pour isoler quelques parcelles de terrain au milieu des marécages et les protéger contre les inondations. Leurs essais réussirent. Dès le début du xi° siècle, un certain nombre d'entre eux avaient déjà, au sud de la Sèvre, retourné de leur charrue la lourde terre du marais et confié des semences à ces premiers sillons (1).

Un peu plus tard, les rives du Lay voyaient se produire des tentatives analogues. A Angles, sur les bords du marais, on labourait, on faisait les semailles, on moissonnait (2). Un peu partout on commençait à mener les troupeaux au marais comme au meilleur des pâturages (3). A côté des terres arables, on ménageait sans grand effort quelques grasses prairies que l'humidité fertilisait à souhait.

Ce que de simples particuliers avaient accompli pour des atterrissements de dimensions restreintes, l'Église résolut de l'entreprendre en grand, excellente occasion pour les moines d'exercer leur activité en contribuant au bien-être du pays et en augmentant leurs propres ressources. Les abbayes s'adressèrent aux seigneurs possesseurs du sol, et, faisant appel, suivant les cas, à leur dévotion, à leur géné-

(1) 1002, mai : « Et in alium locum de insula que nominatur *Alons*, de mea parte et terra colta, dono decima Sancti Salvatoris, Liguriacense monasterio, cum pratis et cunvena loca, seu et quantumcumque ad hoc aspicit vel aspicere videtur, sicut a nobis moderno tempore possidetur... in antea inibi unde cumque aliquid augmentare aut emeliorare potuerimus. » *Ib.*

(2) 1090. Accord entre Pépin, seigneur de Talmont, et Ainou, prieur de Fontaines, au sujet d'un marais à Angles concédé aux moines « ad arandum, seminandum atque metendum ». P. Marchegay, *Cartulaires du Bas-Poitou*, p. 95. — Les religieux de Talmont possédaient aussi des marais dès cette époque à côté de leurs confrères de Fontaines. Paul Marchegay a publié et commenté le récit d'un duel judiciaire entre ces deux communautés au sujet de ces marais. *Bibliothèque de l'Ecole des Chartes*, 1re série, t. I, p. 561. — *Cartulaires du Bas-Poitou*, p. 101.

(3) 1061, 13 mai. Don à l'abbaye de Saint-Maixent, par Béraud, de la moitié du pâcage de Vouillé. *Arch. hist. du Poitou*, t. XVI, p. 148. — 1090. *Cartulaires du Bas-Poitou*, p. 95.

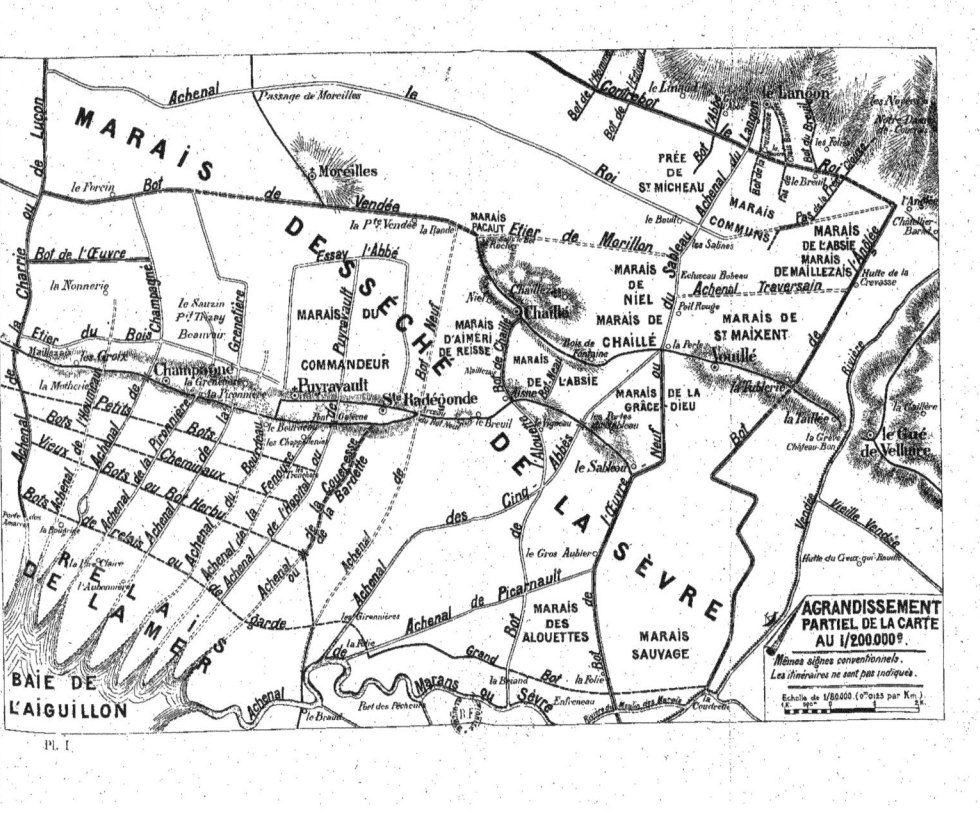

Pl. I.

rosité ou à leur intérêt, obtinrent assez facilement de vastes territoires, considérés jusque là comme inutiles et sans profit.

Les concessions ne se comptent plus dans la seconde moitié du xii⁰ siècle. C'était l'époque où la vie monastique brillait de tout son éclat. Les règles nouvelles que Cîteaux imposait à ses moines prescrivaient les travaux du corps. Tandis que leurs confrères, dispersés dans les autres régions de l'Europe, défrichaient les forêts et les landes, les religieux du Bas-Poitou s'attaquaient au marais. Sous leurs efforts persévérants, toute une partie du pays allait subir une transformation complète.

CHAPITRE II

Les grands desséchements du XIIIe siècle.

Principales communautés religieuses ayant, aux xiie et xiiie siècles, des possessions dans le marais : abbayes et commanderies. — Les tentatives de desséchement s'opèrent dans le voisinage de la mer.

Marais du nord de la Sèvre : Travaux des religieux de Moreilles : canal de Bot-Neuf (av. 1199), bot de Vendée (1199-1210), canal de la Grenetière (av. 1210) ; canaux secondaires dans la même région. — Travaux des religieux de l'Absie à l'Anglée et à Chaillé : ouverture de l'achenal et bot de l'Anglée (av. 1217). — Association du marais des Alouettes : abbayes de la Grâce-Dieu, de la Grâce-Notre-Dame de Charron, de Saint-Léonard-des-Chaumes. Bot de l'Alouette (av. 1217). — Association des Cinq-Abbés : abbayes de l'Absie, de Saint-Maixent, de Saint-Michel-en-l'Herm, de Maillezais et de Nieul-sur-l'Autize. Ouverture du canal des Cinq-Abbés (1217). — Autres canaux du xiiie siècle : étier de Morillon, bot de l'Œuvre-Neuf. — Rupture du bot de l'Anglée. — Ouverture de l'Achenal-le-Roi et du Contrebot-le Roi (1283).

Marais du sud de la Sèvre : Travaux des religieux de la Grâce-Dieu : achenal d'Andilly et bot de Brie (1200). — Travaux des religieux de Saint-Léonard-des-Chaumes et de leurs associés : Achenal-le-Roi (av. 1244), bot de l'Angle (av. 1246). — Tentative de jonction des bots de l'Angle et de Brie (1249). — Association des marais de la Brune : abbayes de Maillezais, de Saint-Michel-en-l'Herm, de Saint-Léonard-des-Chaumes et commanderie du Temple de la Rochelle : ouverture de l'achenal de la Brune (1270). — Travaux secondaires.

Marais du Lay. — Travaux des religieux de Talmont, d'Angles et de Fontaine, sur la rive droite; de Bois-Grolland, de Luçon et de Saint-Michel-en-l'Herm, sur la rive gauche.

Une trentaine d'abbayes possédaient des biens aux xiie et xiiie siècles, dans le marais. Quatre d'entre elles s'étaient même fixées sur des îles au cœur du pays : c'étaient les puissantes abbayes de Saint-Pierre de Maillezais et de Saint-Michel-en-l'Herm, et, plus modestes, celles de

Notre-Dame de Moreilles et de la Grâce-Notre-Dame de Charron. D'autres s'étaient établies sur les côtes dans le voisinage immédiat du marais, comme, en Aunis, les abbayes de la Grâce-Dieu et de Saint-Léonard-des-Chaumes, ou, en Poitou, celles de Nieul-sur-l'Autize, de Luçon et de Lieu-Dieu-en-Jard.

Certaines, beaucoup plus éloignées, avaient fondé des prieurés ou acquis des métairies sur ces terres nouvelles. L'abbaye de l'Absie, en Gâtine, s'était fait concéder quelques marais à l'Anglée, sur les bords de la Vendée (1); l'abbaye de Bois-Grolland en possédait plusieurs à Champagné; le prieuré de Vouillé relevait de Saint-Maixent, celui de Saint-Martin de Fontaines appartenait au lointain monastère de Marmoutiers (2).

Enfin l'ordre des Templiers, dont quelques membres desséchaient alors les lagunes de la Méditerranée. (3), était représenté en Bas-Poitou par la commanderie de Puyravault, dans l'île de Champagné, et par celle de Bernay, dans l'île de Marans.

Les parts n'étaient pas égales entre toutes ces communautés. Quelques-unes, particulièrement riches, éparpillaient leurs possessions dans tous les coins du marais, mais la plupart se confinaient dans le voisinage de l'Océan. C'est là, dans le bassin du Lay et la partie inférieure du bassin de la Sèvre, que prenaient naissance les tentatives de desséchement les plus importantes. Au delà des îles d'Elle et de Marans, l'action des marées se faisant

(1) 1158. *Arch. hist. du Poitou*, t. XXV, p. 117.
(2) Pour tous ces noms, voir Aillery, *Pouillé de l'évêché de Luçon*. Pour Bois-Grolland, *Cartulaires du Bas-Poitou*, pp. 261-268.
(3) Brutails (J.-A), *les Populations rurales du Roussillon au moyen-âge*. Paris, 1891, in-8°, p. 4.

beaucoup moins sentir, l'assèchement des terres se trouvait retardé d'autant, puisque, comme nous le verrons plus loin, la formation des atterrissements était due à des alluvions d'origine maritime.

Une chronologie rigoureuse des desséchements serait difficile à établir et d'ailleurs sans grand intérêt. Pour plus de clarté, nous étudierons région par région les travaux opérés, en respectant les divisions naturelles : marais du nord de la Sèvre, marais du sud de la Sèvre, marais du Lay.

Au nord de la Sèvre, les travaux commencèrent autour des îles de Moreilles et de Chaillé sous la direction des religieux de Notre-Dame de Moreilles.

Vers la fin du xii° siècle, ils firent creuser un *achenal* ou canal de sept ou huit kilomètres de long, partant de l'extrémité nord de l'île de Chaillé pour aboutir à la boucle de la Sèvre appelée l'anse du Braud. Cet achenal, qui apparaît pour la première fois en 1199, reçut le nom de Bot-Neuf, c'est-à-dire nouvelle digue, nom qui élargit singulièrement le champ des hypothèses et laisse entrevoir des tentatives antérieures (1).

Encouragé par ces premiers essais, frère « Ostensius », abbé de Moreilles, demanda aux seigneurs de Luçon et de Chaillé, Raoul de Tonnay et Pierre de Velluire, d'élever des bots et de creuser des achenaux à travers leurs seigneuries

---

(1) V. pièces just. II, IX, X. —1599, 28 janvier : « Et estant au dessoubz le bourg de Sainte Radegonde... avont trouvé l'achenal du Bot-Neuf, lequel commence et prend son cours en la rivière et achenal de la Vendée au lieu appellé la Bande, près le bourg et isle de Chaillé, et s'escoule et descendent le dict achenal en la mer ». Procès-verbal de visite des achenaux. Arch. Nat. Q¹ 1597, fol. 26. — C'est à peu près le tracé du canal actuel du Clain. — Cf. *Cadastre* ; Arceau du Booth-Neuf.

jusqu'à la mer (1). L'autorisation accordée (1199) fut mise à profit : dès 1210 une charte (2) nous révèle l'existence d'un nouveau canal, celui que les textes appelleront plus tard le bot de Vendée. Partant de l'extrémité de Chaillé dite le Rocher, il passait par Moreilles et allait tomber dans l'achenal de Luçon à la mer (3).

Avant d'arriver à ce canal de Luçon, dont nous sommes forcés d'admettre l'existence *a priori* (4), le nouveau bot recevait les eaux de l'achenal de la Grenetière (5), ouvert par les mêmes religieux de Moreilles au début du XIIIe siècle. Ce canal, appelé aussi étier du Belon, se prolongeait au travers de l'île de Champagné jusqu'à la mer. Il était flanqué, dans cette partie de son cours, de deux autres achenaux de moindre importance : à l'ouest, l'achenal de la Pironnière ou étier du Sauzin (6) ; à l'est, l'achenal du

(1) V. pièces just. I et II.
(2) V. pièce just. IV.
(3) 1317, juillet. Confirmation d'une sentence arbitrale rendue en faveur des religieux de Maillezais et des habitants de Chaillé contre les religieux de Moreilles, reconnaissant aux premiers le droit d'avoir chemin par terre et par eau sur le Bot de Vendée. *Arch. hist du Poitou*, t. XI, p. 158. — V. pièces just. X, XVII. — 1760. « Plan de la châtellenie de Champagné. Arch. Vendée, E 192, 27e plan. — Lieu dit la Petite Vendée, près Chaillé.
(4) Cavoleau (*Statistique de la Vendée*, p. 64) a indiqué ce canal « comme étant le résultat des premiers travaux de main d'homme entrepris dans le marais ». Nous nous rallions plutôt à l'opinion de La Fontenelle de Vaudoré (*Ib.*, p. 261) qui le considère « comme s'étant creusé naturellement, par suite du retrait des eaux ». — V. ci-dessous, ch. VI, p. 95.
(5) 1210 (?). « Canalem que protenditur a domo Granaterie versus Lucionum. » Don de Bernard de Secondigny aux religieux de Bois-Grolland. *Cartulaires du Bas-Poitou*, p. 262. V. pièce just. XVII.
(6) 1200. « Maresium quod ipsi clauserant inter esterium de Nemore et esterium dictum Sauzin, et illud quod habebant ab eodem Sauzin usque ad estorium dictum Belum. » Don de Pierre Colez à l'abbaye de Bois-Grolland. *Cartulaires du Bas-Poitou*, p. 261. — 1599, 27 janvier. « L'achenal de la Pironnière, estant en l'isle de Champagné, descendent du Sausin à la mer. » Procès-verbal de visite des achenaux. Arch. Nat. Q1 1597, fol. 25. — V. pièce just. XVII et pl. III. — Belon, aujourd'hui disparu, était très voisin de la Grenetière. Cf. *Cartulaires du Bas-Poitou*, pp. 265 et 286.

Bourdeau ou des Bordes (1). En deçà des terres hautes, on trouvait encore, parallèlement au bot de Vendée, l'étier du Bois, qui reliait les achenaux de la Grenetière et de Luçon en longeant l'île de Champagné, et l'étier des Ouvres, ou bot de l'OEuvre, au nord de l'étier du Bois, suivant une direction identique, et tombant comme lui dans le canal de Luçon (2). En outre, les marais desséchés par ces achenaux étaient certainement dès cette époque protégés du côté de la mer par une série de digues dont les noms n'apparaîtront qu'au milieu du xve siècle.

Autour de Chaillé, et, un peu plus au nord, à l'Anglée, les religieux de Moreilles voyaient leurs efforts secondés par leurs confrères de l'Absie. Peut-être une association était-elle déjà en formation entre les deux abbayes au début du xiiie siècle (3). En tous cas, les clunisiens venus de la Gâtine déployaient autant d'activité que les cisterciens du marais. Eux aussi construisaient des bots (4), faisaient des plans de canaux (5) : leurs marais entrèrent en pleine exploitation avec l'ouverture de l'achenal de l'Anglée.

(1) 1287, 11 septembre (*n. st.*). « Quator sexteriatas terre bacalariorum sitas in parrochia de Champegné, prope Lucionem, juxta les Bordes, et contiguas alveo seu à la chenau daus Bordes ». Arrentement du chapitre de Saint-Pierre de Poitiers. Arch. Vienne, G 377.— V. pièce just. XVII, et pl. III.

(2) 1247, 7 février (*n. st.*). « Que terra sita est inter maresium Trizagii, ex una parte, et maresium capituli Pictavensis, ex altera, et descendit ab hesterio quod appellantur daus Ouvres usque ad hesterium de Bosco ». Echange passé entre les religieux de la Grenetière et de Bois-Grolland. *Cartulaires du Bas-Poitou*, p. 285. — Carte de Maire 1A.

(3) V. pièce just. III.

(4) 1211. « Petrus de Voluirio, dominus de Chaillé, dedit ecclesiæ Beati Vincentii de Niolio, cum assensu filiorum suorum Arvei et Petri medietatem que est inter maresium de Gratia Dei et botum de Absia ad censum 5o solidorum. Actum apud Chaillé, anno 1211, in presentia Stephani Malleacensis et Aimerici de Niolio, abbatum, Willelmi de Broloet, militis. » Bibl. Nat., coll. Duchesne, vol. 75, fol. 40.

(5) 1211. « Excepto primo boto et excursu de Challeio, que prima vice a

« Or, pour revenir à parler des marais, » dit le chroniqueur Antoine Bernard, qui nous a rapporté les détails de cette entreprise, « ils furent tantôt épris de grandes rouches, de « grands motreaux, et l'eau y étoit en toute saison jusque « vers Luçon ; et étant marais inutiles, fut fait remontrance « à la cour par les seigneurs tant spirituels que temporels « qu'on y eut égard pour amender, avaluer et améliorer les « habitants des paroisses et pays circonvoisins, et y eut com- « missaires à ce députés, car la Vendée qui passe à Fontenay « submergeoit et emplissoit ainsi ces marais, et ne pouvoient « evacuer, et demeuroit comme eau endormie tout le temps « d'été, car l'hiver elle passoit partout.

« Fut advisé qu'il seroit fait un bon, large et profond « acheneau, ne gatant la terre que par un côté, qui pren- « droit au travers les terres de Vouillé rendant vers Marans, « appelé le bot et acheneau de Langlée ; ainsi fut fait (1). »

Cette œuvre importante, qui se place au début du XIIIe siècle, avant 1217 (2), réussit à souhait. A l'amorce du bot, une porte de fer, ménagée sous une arche, laissait passer l'eau selon les besoins. Les religieux de l'Absie, évidemment compris au nombre des « seigneurs spirituels » de la chronique, purent à leur gré irriguer leurs marais pendant l'été, suivant la sécheresse plus ou moins grande, et, l'hiver, les garantir des inondations. « Tantôt après, « les marais ne furent si inutiles, mais fort profitables, « car auprès des terres furent faits des prés et les prés

---

monachis debent fieri, et si, postea, aliquid emendandum fuerit, dictus miles terciam partem sicuti in aliis mittet. » Accord entre les religieux de l'Absie et le chevalier Bridier. *Arch. hist. du Poitou*, t. XXV, p. 140.

(1) *Chronique du Langon*, p. 19. — Cf. *Carte de l'Etat-Major*.
(2) V. pièce just. VII.

« s'augmentèrent, et le peuple nourrit du bétail pour sa
« valeur (1). »

Cependant le rayon d'action du nouveau bot demeura assez restreint. Si les marais de l'Anglée et du Langon en tirèrent un certain profit, ceux de Vouillé et de Chaillé, plus éloignés, échappèrent en grande partie à son influence. Il fallut recourir à des remèdes plus efficaces.

C'est à ce moment sans doute que les religieux, qui jusqu'ici avaient procédé par tentatives isolées, s'aperçurent que leurs efforts disséminés ne produisaient aucun résultat. Les eaux ne s'écoulaient ni assez vite, ni assez complètement pour permettre un desséchement de quelque importance. Ils comprirent qu'il fallait agir d'après un plan général, et résolurent de grouper leurs ressources et leurs travailleurs.

Une des premières associations dont on trouve la trace, réunit les abbés de la Grâce-Dieu, de la Grâce-Notre-Dame de Charron et de Saint-Léonard-des-Chaumes, qui possédaient en commun le marais des Alouettes, au nord de Marans. A la fin du xii° siècle, ce marais était encore inculte, coupé seulement çà et là de fossés destinés à la pêche. En 1192, le seigneur de Marans, Geoffroi « Ostorius », le concéda à ces trois abbayes en désintéressant par des échanges les premiers possesseurs (2). Les associés se mirent à l'œuvre et leurs efforts combinés aboutirent à la construction du bot de l'Alouette (3).

Partant de l'île d'Aisne, ce bot passait par Ainette, appelée

(1) *Chronique du Langon*, p. 19.
(2) *Arch. hist. Saintonge et Aunis*, t. XI, p. 25.
(3) Ce nom apparaît pour la première fois en 1273 dans un accord entre Aymer Leveer et l'abbaye de Saint-Léonard sur une écluse tenant « au bot de l'Aloete de Charons ». Bibl. La Rochelle, ms. 325, fol. 158.

plus tard le Vigneau, et descendait en droite ligne vers la Sèvre. Un peu avant d'y arriver, il rencontrait l'*écours* ou cours d'eau de la Folie. Plus loin il traversait le Grand Bot qui longeait la Sèvre et en arrêtait les débordements. Enfin il rejoignait cette rivière, au sud de Labriant (1).

Bientôt, à côté de cette première association du marais des Alouettes, il s'en constitua une nouvelle, beaucoup plus puissante. Elle groupait les abbés de cinq grands monastères : l'Absie, Saint-Maixent, Maillezais, Nieul-sur-l'Autize et Saint-Michel-en-l'Herm, tous possesseurs d'importants domaines autour de Chaillé et de Vouillé (2), tous intéressés à la création d'un canal aboutissant directement à la mer. L'entreprise, analogue au Bot-Neuf des religieux de Moreilles, devait traverser les deux seigneuries de Chaillé et de Marans : le premier soin des associés fut de demander l'autorisation des seigneurs haut-justiciers. Pierre de Velluire, sire de Chaillé, et Porteclie, sire de Marans, délivrèrent chacun séparément cette concession sous la forme d'une charte (3) dont une ampliation fut remise à chacune des cinq abbayes.

L'achenal fut creusé. C'est celui qu'on désigne communément sous le nom de canal des Cinq-Abbés, un des plus

(1) V. pièce just. VI. — 1241, mars (*n. st.*). « Botum quod est super canale ipsorum abbatum et conventuum, deversus terram nostram de *Labruent.* » Accord entre les abbés des Alleux, de la Grâce-Dieu, de Charron, de Saint-Léonard et de Bonnevaux. *Arch. hist. Saintonge et Aunis*, t. XI, p. 26. — 1596, 16 septembre. « Item la moitié d'un jardin...sis audict Marans, appellé la Folye... tenant au grand chemin comme l'on va de Marans au Collonbin et d'aultre costé aux Grands Bosts. » Vente par Christophe Goguet à Pierre et Etienne Franchards. Arch. Nat., P 773, 71. — Le Grand Bot est sans doute l' « Ancienne Digue » de la carte de Cassini.

(2) V. pièce just. III, et ci-dessus, p. 28, n. 4. — 1207. Don par Pierre de Velluire aux abbayes de Maillezais et de Nieul du marais d'Aimeri de Reisse. D. Fonteneau, t. XXV, fol. 893. Cf. Lacurie, p. 295. — Le prieuré de Vouillé relevait de Saint-Maixent et celui du Langon de Saint-Michel-en-l'Herm. Cf. Aillery : *Pouillé*, pp. 162 et 178.

(3) V. pièces just. VII et VIII.

importants du système actuel de desséchement. Il ne mesure pas moins de neuf kilomètres de longueur. Son cours a peu varié pendant la période de sept siècles qu'il a traversée. Il part de la Perle, près de Vouillé, suit une direction nord-est, sud-ouest, jusqu'au Vigneau, à l'endroit appelé les Portes du Sableau, puis il décrit une courbe infléchie vers le sud pendant plus de la moitié de son parcours, et reprend, deux kilomètres environ avant son embouchure, sa direction primitive, pour tomber dans l'anse du Braud.

Au xiie siècle, on avait probablement établi sur son parcours deux portes mobiles et deux déversoirs pour réglementer le cours des eaux. Au Sableau, un pont assurait les communications entre Chaillé et Marans ; un peu plus en aval, le nouvel achenal coupait le bot de l'Alouette, dont l'importance se trouvait de ce fait très amoindrie.

D'autres canaux, creusés à la même époque et peut-être même antérieurement, se combinaient avec les précédents pour assurer l'écoulement des eaux. C'étaient, autour de Chaillé, les canaux de Morillon, de l'OEuvre-Neuf et de la Tranchée, et plus au nord, l'Achenal et le Contrebot-le-Roi.

« Il paraît par un écrit sans date, mais certainement très
« ancien, dit Cavoleau dans sa *Statistique*, que trois autres
« canaux, dont l'origine n'est pas connue, désignés sous le
« nom d'étier de Chaillé, d'étier de Morillon, et d'achenaut
« de la Tranchée, versaient dans la partie inférieure de la
« Sèvre et, de là, dans le golfe de l'Aiguillon une partie des
« eaux qui couvraient ces marais (1). »

Il est regrettable que Cavoleau n'ait pas cité la source où il a puisé ces renseignements, car, si l'étier de Chaillé peut être assimilé au bot de l'Alouette dont nous venons de par-

(1) *Statistique de la Vendée*, p. 66.

ler (1), nous n'avons jusqu'à présent trouvé nulle trace de l'achenaut de la Tranchée (2). Quant à l'étier de Morillon, voici quel était son cours :

Partant du Rocher de Chaillé, il prolongeait en quelque sorte le bot de Vendée, et, après avoir desséché les marais des abbayes de Maillezais et de Nieul à l'est de Chaillé, rejoignait à trois kilomètres de là un autre bot, le bot de l'OEuvre-Neuf (3).

Ce nouveau bot, dont l'existence nous est ainsi indirectement révélée, était désigné de cette façon pour le distinguer du bot de l'OEuvre à Champagné. Commençant à l'extrémité de l'étier de Morillon, il descendait en droite ligne à la Perle, puis décrivait une courbe à l'est jusqu'au Sableau. De là il rejoignait la Sèvre en aval de Marans, en faisant un léger coude vers l'ouest (4).

L'OEuvre-Neuf, de même que l'étier de Morillon, doit être attribué en toute certitude aux religieux de Maillezais et de Nieul-sur-l'Autize, mais l'époque de son achèvement dans le courant du xiii° siècle reste indéterminée (5). Nous avons,

(1) Le « botum de *Challié* » de 1217 (pièce just. VI) serait un prolongement du bot de l'Alouette entre Aisne et Chaillé (?)—V. ci-dessus p. 28, n. 5.
(2) C'est peut-être tout simplement le Lay, appelé encore achenal de Saint-Benoît ou de la Tranchée. V. pl. IV et V.
(3) V. pièce just. XX. — Le Rocher de Chaillé, partie de l'île la plus rapprochée de Moreilles, devait être le Gros-Morillon cité par A. Bernard (*Chron. du Langon*, p. 91). — Lieu dit : Sous-le-Bot, près du Rocher. *Cadastre*.
(4) V. pièce just. XX. — 1293. « Et ex alio capite juxta botum excursus Operis Novi Malleacensis et Nyolii super Altisiam. » Cité par Arcère, t. I, p. 24. — 1494. « Le tout faire en façon et maniere que les vaisseaulx puissent monter et descendre par la riviere de la Sevre jusques a l'entree de l'acheneau de l'Ouvre-Neuf. » Bail des fermes du domaine du roi à Niort. Arch. Deux-Sèvres, C 58. Cf. Gouget : *le Commerce à Niort*, p. 44.
— Sur le plan cadastral le canal compris entre la Perle et Poil-Rouge est dit du Livre Neuf. Les marais qu'il longe à l'occident sont appelés de Niel.
(5) Nous les croirions volontiers antérieurs au canal des Cinq-Abbés qui

en revanche, la date précise d'une œuvre beaucoup plus importante, la plus considérable qui ait été entreprise avant le xvii⁰ siècle, l'Achenal-le-Roi, creusé par les soins de Philippe III le Hardi en 1283.

Les circonstances qui ont amené l'ouverture de ce canal sont assez curieuses et méritent d'être exposées.

Le percement des achenaux avait transformé le marais, amenant de grands changements dans l'économie rurale de la région. Les villages de la plaine s'approvisionnaient de fourrage aux prairies nouvelles, et y menaient paître leurs bestiaux. Les localités voisines voyaient leur population s'accroître (1). Des routes s'établissaient, répondant à un besoin de communications rapides et sûres.

Pour traverser la Vendée, entre le Poiré et Velluire, on avait substitué à l'ancien gué une chaussée praticable, sous laquelle étaient ménagées des arches pour laisser passer l'eau. Le nouveau pont ou Pontreau (2) manquait d'ouverture, « les eaux étoient retenues et ne passoient à l'aise partout ». La différence de niveau, assez sensible, qui en était résultée, avait même permis l'établissement d'un moulin et d'un canal de dérivation.

En construisant ce pont, les habitants de Velluire ne s'étaient nullement inquiétés des conséquences que leur

ne pouvait vraisemblablement pas prendre naissance directement dans le marais.

(1) « Et étoit peuplé de maisons jusque vers l'église de Notre-Dame de Coussaye qui est l'église paroissiale du Poiré et de l'Angléc. » *Chronique du Langon*, p. 20. — Actuellement cette église est en ruines et les abords en sont déserts. Cf. B. Fillon : *Poitou et Vendée ; Armes trouvées dans la Vendée*, p. 2.

Tous les renseignements qui vont suivre sont puisés, sauf avis contraire, à la *Chronique du Langon*.

(2) 1583, 9 juillet. « Le port appellé le Ponthereau... l'achenal ou cours d'eau du Ponthereau. » Vente de Barnabé Brisson à Jean Bigeault. Arch. Vendée, E 41. — Cf. *Cadastre*.

entreprise pouvait entraîner. L'été, tout allait bien, mais l'hiver les eaux montaient rapidement en amont de Velluire, menaçant d'inonder les lieux bas. Les chemins qui menaient de Charzais à Fontenay se trouvaient particulièrement exposés : les habitants du faubourg des Loges, dont les maisonnettes bordaient la route, restaient à la merci d'une crue un peu forte.

« Et ainsi, comme les annees ne sont toutes semblables,
« en vint une en laquelle l'eau croissoit à vue d'œil ; s'assem-
« blèrent rue des Loges et aviserent de secretement venir
« rompre les chaussees du Pontreau et bot de l'Anglee ce
« qu'ils firent de nuit. Et les eaux appetisserent et ne furent
« tres long en danger, et s'augmenterent de jour en jour
« ces breches faites audit Pontreau et bot de l'Anglee (1)
« et ne furent reparees que bien petit, tellement que les
« eaux étant grandes ne laissoit point à passer et multiplioit
« les breches, et en fut fait encore d'autres. »

Ainsi, dans leur terreur de l'inondation, les Fontenaisiens ne s'étaient pas contentés de démolir le Pontreau qui faisait seul obstacle au cours de la Vendée, ils avaient aussi, fort inutilement, provoqué la destruction du bot de l'Anglée qui ne pouvait avoir sur l'élévation des eaux qu'une influence très secondaire. Ils sauvèrent le faubourg des Loges, mais causèrent la perte du marais : « Les eaux allerent partout et fut le péril et dommage pis qu'auparavant et dura longtemps. »

Si les habitants des paroisses voisines avaient pu s'entendre pour réparer immédiatement les premières brèches, nul doute que leur intervention n'eût enrayé les progrès de l'inondation. Mais, comme le dit si bien maître Bernard,

(1) Ces brèches furent peut-être faites au lieu dit la Hutte de la Crevasse.

« chacun tendoit que pour soi qui est le moyen de la perdition, aneantissement et ruine d'une paroisse ». D'ailleurs, les Fontenaisiens se seraient sans doute opposés de toutes leurs forces au rétablissement des digues qu'ils regardaient, à tort ou à raison, comme une menace perpétuelle pour leur sécurité.

Cependant la situation s'aggravait : « les prés étoient submergés et ne pouvoient avoir de foin et de marais pour nourrir les bêtes. » On eut encore une fois recours au roi. « Considerant qu'autrefois leurs predecesseurs y avoient peiné et mis l'œil », les habitants de cinq paroisses, Coussais, Le Langon, Mouzeuil, Velluire et Sainte-Gemme, s'assemblèrent, nommèrent des procureurs et les envoyèrent à la Cour exposer leurs doléances. Leur requête accueillie, des commissaires vinrent examiner l'état des lieux : ils prirent conseil des abbés de Moreilles, Saint-Michel, Maillezais, l'Absie et Saint-Maixent (1), et, d'accord avec ces hauts personnages, décidèrent d'ouvrir un nouveau canal, espérant ainsi concilier les intérêts opposés de Fontenay et des villages du marais. Ce canal, creusé en 1283, reçut le nom d'Achenaud-Neuve, ou mieux d'Achenal-le-Roi.

Il avait été décidé que cet achenal partirait de l'extrémité nord du bot de l'Anglée pour se diriger « le plus droit possible » vers Luçon. En réalité, son parcours n'était rien moins que droit. De l'Anglée il suivait une direction est-ouest jusqu'au Bouil, puis il remontait vers le nord-ouest et décrivait une large courbe pour aller tomber, non pas à Luçon, mais dans l'achenal de Luçon, à un kilomètre environ au sud de la ville (2).

(1) V. pièce just. XX.
(2) Carte de 1696. Arch. du Ministère de la Marine ,53, 19. — Carte de

Cette vaste ceinture (1), entourant les marais desséchés sur une longueur de dix-neuf kilomètres, se complétait par le Contrebot-le-Roi.

C'était, comme son nom l'indique, un canal creusé au pied d'une digue ou bot. Il recevait les eaux descendant de la plaine, et les écoulait dans l'Achenal-le-Roi au moyen d'arches de pierre ménagées dans le bot et fermées de vannes comme celle du bot de l'Anglée (2).

Le Contrebot-le-Roi, contemporain de l'Achenal, partait comme lui de l'Anglée et se dirigeait aussi vers Luçon, mais longeait de plus près les terres hautes. Il passait près du Breuil et au sud du Langon, au lieu dit la Nouère. Au delà, il suivait une direction sensiblement parallèle au cours de l'Achenal-le-Roi jusqu'à la hauteur de Nalliers. Il ne semble pas avoir été poussé plus loin que ce dernier point (3).

L'Achenal-le-Roi et son contrebot furent creusés aux frais de douze paroisses. L'historien du Langon, qui nous donne ce chiffre, soit négligence, soit mauvais calcul, n'en nomme que onze (4). Aux cinq premières, auxquelles appartient

---

Jaillot, 1707. — Carte de Masse, 1756 (en tête de l'*Histoire de la Rochelle* du P. Arcère).— L'ancien tracé de l'Achenal-le-Roi est encore très visible à travers le communal du Langon.

(1) L'Achenal-le-Roi, recreusé au xviie siècle, n'a reçu que tardivement le nom de Ceinture des Hollandais.

(2) 1565, 30 décembre. « Une prée... assise pres le Breuil, tenant... d'un bout au Contrebot le Roi. » Bail à cens par Jean Depons à divers habitants du Langon. Arch. comm. du Langon. — Au delà de la Nouère, le contrebot est nettement marqué sur les cartes de l'Etat-Major. — V. p. 16 n. 4

(3) Au xvie siècle, on voyait encore au Langon les ruines d'une de ces arches. Cf. *Chronique du Langon*, p. 23.

(4) La douzième était sans doute Nalliers citée par Cavoleau à la place de Coussais (*Statistique de la Vendée*, p. 68), ou Saint-Aubin-de-la-Plaine, qui avait incontestablement des intérêts au marais : 1460, 20 décembre. « Le chemin par où l'on vait de Sainct Aulbin aux maroys qui sont entre le Pas de Seillers et Chevrettes, appellés le Port Aulbinoys. » Aveu de

l'initiative de l'entreprise : Le Langon, Mouzeuil, Velluire et Sainte-Gemme, il faut ajouter Auzay, Petosse, L'Hermenault, Pouillé, Saint-Valérien et Saint-Laurent-de-la-Salle. Parmi ces paroisses, quelques-unes sont très éloignées du marais, ce qui vient confirmer ce que nous disions tout à l'heure des changements économiques provoqués par les dessèchements.

Tandis que les marais du nord de la Sèvre subissaient cette transformation, des travaux analogues étaient entrepris au sud par les mêmes religieux, mais dans un cadre beaucoup plus restreint.

Au premier rang, et la première en date, apparaît l'abbaye de la Grâce-Dieu. Au milieu du xiie siècle, Louis VII et sa femme Aliénor d'Aquitaine l'avaient dotée d'importants marais auprès d'Andilly, faisant entrer dans leur concession toutes les terres que les religieux pourraient soustraire aux inondations de la mer et des rivières pour les mettre en culture (1). Les moines s'empressèrent d'accroître leur nouveau domaine en sollicitant des seigneurs du pays plusieurs marais voisins (2), et se mirent immédiatement à l'œuvre.

Dans les dernières années du xiie siècle, les travaux préliminaires étaient achevés, mais l'opération nécessitait, avant d'être menée à bonne fin, l'ouverture d'un canal d'évacuation.

François du Bouchet, seigneur de Sainte-Gemme. Bibl. Niort, cart. 144, n° 1, fol. 31 v°.

(1) 1147. Luchaire (A.) : *Étude sur les actes de Louis VII*. — Paris, 1885, in-4°, n° 176, pp. 156 et 378.

(2) Concessions de Robert de Montmirail, sénéchal de Poitou, et de Pierre Bertin, prévôt de Benon, à Sérigny et dans la seigneurie de Marans, confirmées en 1190, 7 mai, par Richard Cœur-de-Lion. *Arch. hist. Saintonge et Aunis*, t. XXVII, p. 140.

Pour répondre à ce besoin, Guillaume, sire de Marans, accorda, en 1200, aux dessiccateurs le droit de faire écouler les eaux de leurs marais à travers sa seigneurie, soit dans la Sèvre, soit dans la mer (1).

Les religieux profitèrent de la double autorisation : ils endiguèrent leur enclos de La Brie, de façon à diviser en deux bras les eaux de la Curée descendant de Nuaillé. Un des bras fut dirigé vers la mer en passant par Sérigny et Andilly, l'autre s'écoula vers Marans et alla se perdre dans les marais de la Sèvre. Le premier fut appelé bot de Brie et achenal d'Andilly ; le second resta quelque temps sans dénomination spéciale. Au xive siècle, l'établissement d'un ouvrage de défense avancée dépendant de Marans le fit appeler bot de la Barbecane.

Un peu plus à l'est, dans les marais de la Brune, les religieux de Saint-Léonard-des-Chaumes et les templiers de Bernay avaient entrepris également des desséchements. Comme leurs confrères de la Grâce-Dieu, il leur avait fallu se garantir des eaux de la Curée, seules redoutables, puisque l'île de Marans opposait une digue naturelle aux eaux de la Sèvre. Dans ce but, ils avaient édifié le long des terres hautes de Suiré un bot désigné sous le nom de bot de l'Angle (2), au pied duquel coulait un achenal appelé, comme celui de Philippe le Hardi, Achenal-le-Roi (3).

(1) 1200, décembre. « Preterea concessi ut omnes terras suas, et quas habent in alterius dominio, liceat eis exaquare per dominium Mareanti, cursumque aquarum quocunque et quacunque voluerint dirigere, sive in mare, sive in Severim, salvo jure hominum meorum. « *Arch. hist. Saintonge et Aunis*, t. XXVII, p. 145.

(2) 1246, octobre. « Quod exclusellum nominatur *Roions*, et protenditur in longum a boschello de Petra usque ad botum *de l'Angle*. » Concession d'Etienne Pelletier de la Roche-Bertin à l'abbaye de Saint-Léonard-des-Chaumes. Bibl. Nat., ms. lat. 9231, fol. 2.

(3) Une note explicative écrite au bas de la transaction de février 1249

Cet Achenal-le-Roi, deuxième du nom, déversait ses eaux dans l'achenal d'Andilly, ce qui ne laissait pas d'incommoder les religieux de la Grâce-Dieu. A plusieurs reprises, ceux-ci réclamèrent. Mais en 1244 un accommodement rétablit la paix entre Pierre Boson, commandeur du Temple, et frère Guillaume, abbé de la Grâce-Dieu (1). Bien plus, en février 1249 (2), Pierre Boson, associé à l'abbé de Saint-Léonard-des-Chaumes et à deux autres propriétaires de la contrée, demanda à l'abbé Guillaume la permission de relier le bot de l'Angle au bot de Brie, espérant par cette jonction fermer aux eaux descendant de Nuaillé l'accès des marais de la Brune.

L'abbé de la Grâce-Dieu, dont les marais étaient en grande partie desséchés, s'intéressait médiocrement aux tentatives qui pouvaient se faire hors de son enclos ; mais, comme il lui restait encore quelques marais inondés du côté de la Brune, il

(v. ci-dessous, n. 2) dit : « Le canal de l'Angle est à présent l'Achenal Royal. » Certains textes semblent bien corroborer cette opinion : 1550, août. « Ung bot et foussé estans entre les maroys de ladicte seigneurie de Bernay de grande longueur comme d'un quart de lyeue, lequel... se tient... d'ung bout a l'Achenau le Roy et d'autre bout es terres de Pierre de Sansecque, escuier, et à celles de ladicte seigneurie de Bernay. » Enquête au sujet du droit de pêche dans un achenal de Bernay. Arch. Vienne, H³ 961, 28. — D'autre part, on trouve un Booth-le-Roi perpendiculaire à la Sèvre, à l'ouest de l'île de Marans (*Carte de Maire* 4 B), et un troisième Achenal-le-Roy descendant de Saint-Xandre : 1467, 9 avril. « Et dudict moulin de Moillepié ma dicte terre se extend... tout le long de l'achenau appellée l'Achenau du Roy... jusques au carrefour du maroys Guyaut. » Aveu de la Sauzaye et du Petit Fief-le-Roy. Arch. Nat., P 585, fol. xjx. — Nous croyons devoir identifier le premier de ces trois canaux au *canalis regius* que nous trouvons au XIIIe siècle.

(1) 1244. « Gulielmus abbas paciscitur cum Petro Bosone, preceptore militiæ templi apud Rupellam, pro Canali Regio. » Cité par Arcère : *Histoire de la Rochelle*, t. I, p. 19.

(2) Tous les renseignements qui vont suivre sont empruntés, sauf avis contraire, à l'accord entre l'abbé de la Grâce-Dieu et celui de Saint-Léonard. —Arcère, t. II, p. 631.— *Arch. hist. Saintonge et Aunis*, t. XXVII, p. 162.

accorda la permission demandée. Pour sa part, il s'engagea à entretenir son achenal et à l'élargir jusqu'à concurrence de vingt-cinq pieds afin d'assurer aux eaux un écoulement plus rapide. Ces dispositions l'avantageaient autant que ses associés ; pourtant, il leur réclama en retour la somme de deux cent soixante livres poitevines. L'abbé de Saint-Léonard et le commandeur du Temple passèrent par ces conditions, mais ils évitèrent dans la suite de s'adresser à un voisin aussi exigeant.

La jonction des bots de Brie et de l'Angle était forcément imparfaite : pour ne pas léser les intérêts des manants de Sérigny et de Marans, il avait fallu réserver un passage à la circulation des bateaux (1), et les eaux continuaient à affluer vers la Brune en trop grande abondance. En outre, l'achenal d'Andilly n'offrait qu'un débouché insuffisant, et les religieux de la Grâce-Dieu, en dépit de leurs engagements, se refusaient sans doute à de nouveaux travaux de récurement ou d'élargissement.

En juin 1270, quatre grands personnages : Raoul, abbé de Maillezais, Pierre, abbé de Saint-Michel-en-l'Herm, Pierre, abbé de Saint-Léonard-des-Chaumes et Jean le Français, maître du Grand Prieuré d'Aquitaine, se réunirent pour aviser à l'amélioration des marais. Ils reconnurent tout l'avantage d'ouvrir jusqu'à la mer un achenal direct qui leur appartiendrait en propre, et les dispenserait d'emprunter celui d'un voisin. Ils entreprirent à frais communs le creusement d'un canal depuis le pont de la

---

(1) *Ib.* — V. aussi p. 39, n. 1. — 1248, 2 février (*n. st.*) « Expleta... De abbate Sancti Leonardi. xxv. libras pro boto claudendo salva deliberatione aque. » Comptes d'Alphonse de Poitiers. Arch. Nat., KK 376, fol. 142. *Arch. hist. du Poitou*, t. I, p. 194.

Brune, sur la limite du clos de la Grâce-Dieu, jusqu'au lieu appelé le Port des Pêcheurs (1).

C'est l'achenal de la Brune, qui suivait une direction est-ouest pendant la moitié de son parcours, puis faisait un angle presque droit pour tomber dans la Sèvre entre Charron et Marans (2).

Le système de desséchement constitué par l'achenal d'Andilly, l'achenal de la Brune et l'Achenal-le-Roi, se complétait à l'aide de canaux et de bots secondaires assez difficiles à identifier. Où faut-il placer le bot de Meodrie ou Maudrias (3) et le Bot Neuf ou bot des Templiers (4) qui tombaient tous les deux perpendiculairement dans l'Achenal-le-Roi ? puis, plus à l'ouest, le canal de Cosses, sans doute creusé par les religieux de Maillezais, descendant des terres hautes de Marans vers le bot de la Barbecane ? On ne sait pas davantage où situer le bot de Vaire, qui séparait de la mer le clos de Brie, ni le bot de Saint-Cyre qui longeait

(1) D. Fonteneau, t. XXVII ter, p. 207. — Publ. Arcère, t. II, p. 633. — Lacurie, p. 327. — Massiou, t. II, 1re partie, p. 461. — Le Port des Pêcheurs portait encore ce nom au début du xive siècle. Arch. hist. Saintonge et Aunis, t. XXII, p. 169.

(2) L'achenal de la Brune existe encore intégralement sous le nom de Vieilles Brunes. Cf. Carte de Maire, 3 B, et Cadastre.

(3) 1278, 31 octobre. « Universa maresia... quæ sita sunt juxta bocum nomine Templariorum, ex una parte, et juxta bocum situm juxta pontem Meodrie ex parte altera ; et protenduntur dicta maresia in longitudine a pratis et terris cultis antiquis quæ sitæ sunt inter duos locos prædictos usque ad bocum de Fluyre et a dicto boto novo Templariorum usque ad dictum bocum juxta pontem de Meodrie in latitudine. » Don de Regnaut de Pressigny à l'abbaye de Maillezais.— D. Fonteneau, t. XXV, p. 241.— Lacurie, p. 338. — Au lieu de bocum, lire botum, et au lieu de Fluyre, Suyré : le bot de Suiré devait être le même que le bot de l'Angle.— V. ci-dessus, p. 39, n. 3.

(4) V. ci-dessus, n. 3.— 1540, 2 avril. « Et Bot Neuf contenant vingt journaux ou environ... tenant d'un costé aux maroix de Cosses, d'aultre costé aux maroix appellée le maroix de Saint Michel estant dudict maroix de Cosses, d'un bout à l'Achenal le Roy et d'autre bout es terres dudict lieu de Bernay et Cosse. » Déclaration des biens de la commanderie de Bernay. Bibl. Nat., Dupuy 822, fol. 239.

les marais de la Brune, tous deux l'œuvre des religieux de la Grâce-Dieu (1).

Voilà ce que nous savons des desséchements entrepris au xiiie siècle dans le bassin de la Sèvre. Nous voudrions donner un exposé aussi complet pour le bassin du Lay, mais nous devons nous contenter de constater les résultats des desséchements sans pouvoir indiquer en détail les travaux eux-mêmes. Au xiiie siècle, sur la rive droite du Lay, les dunes de sable avoisinant Longeville se prêtaient assez à la culture pour permettre la levée d'une taille relativement élevée (2). Les marais proprement dits étaient l'objet d'une exploitation à Angles, à Curzon, à la Claie, de la part des religieux de Talmont, Angles, Fontaines et Bois-Grolland (3). Au début du xive siècle, on récoltait du froment et des fèves sur le bord de la mer, à l'abri des relais et des digues (4).

Sur l'autre rive du Lay, les religieux de Luçon et de Saint-Michel-en-l'Herm s'occupaient, depuis le xiie siècle au moins, de la mise en valeur des marais (5). Ces

(1) 1291, 24 janvier (n. st.). « Omnia et singula maresia... sita a boscali Petre usque ad canale de Cociis. » Don d'Hugues d'Allemagne à l'abbaye de Maillezais. D. Fonteneau, t. XXV, p. 237. Lacurie, p. 341. — 1399, 27 juin. « La pescherie de Cosses et d'ilec tout le long de la chenau jusques au long du bot pavé ou est la Barbequenne. Bien est vray que des ladicte pescherie au long de ladicte chenau jusques audict bot et au dessoubz du pont quarante toise en avalant vers la mer et deux toises au dessoubz de l'eau de ladicte chenau et du pont est au sire de Marant. » Aveu de Sérigny. Arch. Nat., P 5531, fol. xxii. — Pour les confrontations de l'enclos de la Brie, voir la transaction de 1294, août, entre Gauthier d'Allemagne et l'abbaye de la Grâce-Dieu. Arch. hist. Saintonge et Aunis, t. XXVII, p. 179.

(2) 1260. « De talleia sabulorum Longeville. xx. libras. » Comptes d'Alphonse de Poitiers. Arch. Nat., J. 192 a 32.

(3) Cf. Cartulaires du Bas-Poitou, pp. 108, 271, 272, et Mém. Soc. Antiq Ouest, t. XXXVI, pp. 436, 443.

(4) 1311, 23 mars (n. st.) et 1315, 21 mai. Arrentements du prieur de Fontaines à Etienne Narbonneau. Arch. Vendée, E 83, n°s 32 et 33.

(5) 1107, 24 décembre. 1108, 5 avril. Echange passé entre l'abbaye de

« Michelins », que nous avons vus participer au creusement des achenaux de la Brune et des Cinq-Abbés, avaient à plus forte raison intérêt à dessécher les abords immédiats de leur monastère (1). Malheureusement les chartes de ces deux abbayes ont disparu au xvie siècle pendant les guerres de religion et nous ne pouvons que répéter avec maître Bernard :

« Helas ! La grande perte de bons titres de cheneaux et
« privileges de paroisses qui y etoient, dont on ne sait qu'ils
« sont devenus (2) ! »

Saint-Michel-en-l'Herm et celle de Luçon, par lequel la première restitue l'île de la Dune moyennant un domaine d'égale valeur dans le marais. Bibl. Nat., Dupuy 499, fol. 17. Cf. Marchegay. *Recherches historiques*... 3e série, n° 2. (*Ann. Soc. émul. Vendée*. 1867, p. 209.)

(1) 1248, 30 juillet. « Dictos centum solidos prædictis abbati et conventui assedimus super terragiis bladorum et Sancto Michaele. » Confirmation par Raoul de Mauléon à l'abbaye de Charroux d'une rente à Saint-Michel-en-l'Herm. D. Fonteneau, t. IV, fol. 339.

(2) Bibl. Niort, cart. 140, p. 48. *Chronique du Langon*, p. 122. — A Luçon, la tradition veut que les protestants aient jeté les archives de l'évêché dans un puits, aujourd'hui comblé, situé au milieu des cloîtres. — Des chartes avaient été détruites aussi à Saint-Michel-en-l'Herm au xive siècle. Cf. Denifle, *la Désolation des églises de France*, t. II, p. 284.

CHAPITRE III

Ruine et abandon des travaux pendant la guerre de Cent Ans.

Heureux résultat du dessèchement ; prospérité du marais au début du xɪvᵉ siècle. — Guerre de Cent Ans : ruines et pillages, abandon des travaux, inondations. — Tentatives de restauration dans les marais du nord de la Sèvre : visite de 1409 ; visite de 1438-1443 ; procès qui s'y rattachent ; visite de 1455-1456. — État du marais à la fin du xvᵉ siècle : les marais du nord de la Sèvre ont seuls retrouvé un peu de leur prospérité première. — Œuvres de dessèchement dont l'existence est révélée par les documents du xvᵉ siècle : achenal Traversain, achenaux et bots de garde des marais de Champagné, Puyravault et Sainte-Radegonde. — Ces canaux et ces digues existaient certainement dès le xɪɪɪᵉ siècle.

Le creusement de l'Achenal-le-Roi en 1283 fut la dernière entreprise du xɪɪɪᵉ siècle. Après l'achèvement de ce canal, qui côtoyait les marais du nord de la Sèvre sur une longueur de cinq lieues, les dessiccateurs bas-poitevins s'arrêtèrent, jugeant leur œuvre terminée. Désormais la période de luttes avait pris fin : les eaux ne stagnaient plus comme autrefois entre les coteaux et les îles, mais s'écoulaient avec lenteur entre les bords des achenaux vers les rivières ou vers la mer. Leur retrait avait découvert une immense étendue de terrain qu'il suffisait de cultiver pour obtenir les mêmes produits que dans la plaine. Le sol enfin conquis, il ne restait plus qu'à l'exploiter.

Sous la pioche et la charrue, le marais desséché se transforma. Les champs de blé alternèrent avec les prés et les vignes. A Chaillé, on récolta un vin « bon, pur et de premier choix », et sur les deux rives de la Sèvre, comme sur les bords du Lay, les « terres franches de marais » produisirent du froment et des fèves (1).

Les canaux de desséchement servirent à transporter les nouveaux produits dans les villes les plus importantes de la région, la Rochelle, Fontenay, Luçon, Niort même, dont le port franc venait d'être établi. Des routes coupant le marais de Luçon à la Rochelle et de Fontenay à Saint-Michel-en-l'Herm achevèrent de faciliter les transactions commerciales(2).

Pendant un demi-siècle, on ne trouve plus trace de nouveaux travaux. Les œuvres exécutées au xiiie siècle avaient été bien conçues. Il suffisait de les entretenir pour en assurer la conservation, puisque certains de ces canaux, tels que l'Achenal-le-Roi, l'achenal des Cinq-Abbés, devaient garder jusqu'à nos jours leur tracé primitif. Mais pour que le système tout entier de canaux et de digues pût atteindre la même longévité, il eût fallu que des circonstances malheureuses ne vinssent pas s'y opposer.

Les causes extérieures qui provoquèrent la ruine des

---

(1) 1277, janvier (n. st.). Bail par Bienvenue la Borrelle à frère Aymeri, abbé de Moreilles, d'une pièce de pré « delay la Sèvre » moyennant vingt-cinq setiers de « froment des maraiz bon et leau » et un setier de fèves « conduiz en la Rochelle a descharge en l'achenau ». Arch. Nat., XıA 23, fol. 450. Cf. Arch. hist. Poitou, t. XIX, p. 61. — 1288, 5 juillet (n. st.). « Viginti modia vini, boni, puri et legitimi de prima gusta, et sine trencheis annui et perpetui redditus, ad mensuram de Chaylleio,... in torculari Petri de Voluyre, militis, domini de Chaylleio, super complanctum feodi vinearum ejusdem domini de Chaylleio. » Vente par Arnaud et Foulques de Montausier à Jean Boucher de Saint-Martin-l'Ars. D. Fonteneau, t. XXV, fol. 233. — 1314, avril. Amortissement accordé par Hugues de la Celle, commissaire du roi, à l'abbé de Saint-Michel-en-l'Herm pour de nouveaux acquêts à Richebonne et près de Marans. Arch. hist. Poitou, t. XI, p. 89.

(2) 1285, mai. Cf. Gouget, le Commerce à Niort, p. 94.

dessèchements se rattachent toutes plus ou moins à une cause unique, la guerre de Cent ans, qui désola le pays de 1346 à 1450. Au cours de cette longue période, les pillages et les incendies se succédaient presque sans interruption. Les accalmies relatives qui se produisaient de temps à autre étaient de trop courte durée pour que l'on pût entreprendre des travaux de quelque importance. Le paysan, découragé par cette guerre interminable, ne cultivait que le coin de terre suffisant pour l'empêcher de mourir de faim, lui et sa famille.

Les auteurs des dessèchements, religieux et templiers, eurent les premiers à souffrir de la guerre. Aux bandes de routiers qui composaient la majeure partie des armées d'alors, les seigneurs du pays se joignirent pour piller et rançonner les couvents que leurs ancêtres avaient enrichis. Des moines même se firent chefs de bande et organisèrent l'attaque de leurs propres monastères (1). Dès l'année 1348, la puissante abbàye de Saint-Michel-en-l'Herm vit ses possessions saccagées, ses métairies détruites, ses revenus réduits à rien (2). Les plaintes qu'elle adressa en cour de Rome furent le prélude d'un long cri de lamentation qui partit de tous les monastères de la contrée et se prolongea jusqu'au milieu du xv⁰ siècle (3).

A cette époque, la désolation parvint à son comble : le peuple émigrait en masse. De son palais de Poitiers, le roi Charles VII assistait impuissant à cet exode : « Plusieurs « et en grand nombre de nos subgietz, et singulièrement « marchans et laboureurs, ont délaissé et délaissent de jour

---

(1) 1359, 13 janvier. Jean l'Ami et Guillaume Mamplet, moines de Saint-Michel-en-l'Herm. Cf. Denifle, *Désolation des églises*, t. II, p. 284.
(2) Denifle, *op. cit.*, t. II, pp. 67 et 656.
(3) 1444, 30 décembre. Abbaye de Saint-Maixent, *ib.*, t. I, p. 168. — 1448, 16 octobre. Abbaye de l'Absie, *ib.*, t. I, p. 154.

« en jour leurs marchandises et labouraiges et propres
« habitacions, et vont pleuseurs d'iceulx marchans et
« laboureurs demourer hors de notre obéissance (4). »

On vit des évêques abandonner leurs sièges épiscopaux : l'évêque de Luçon vint s'établir à Fontenay, et Thibaud de Lucé, prétextant le soin de sa santé, à laquelle l'air des marais était préjudiciable, délaissa Maillezais et lui préféra le séjour plus agréable de la Cour (5). Les religieux aussi quittèrent leur couvent. Des monastères tombèrent dans la ruine et l'abandon. En 1460 encore, les nombreuses métairies que l'abbaye de la Grâce-Dieu possédait dans le marais étaient toutes « dezertes par guerres (1) ».

Au milieu de ces désastres on délaissa les travaux d'entretien, les achenaux s'envasèrent, les bots s'écroulèrent. Les inondations, jusqu'alors exceptionnelles, devinrent fréquentes. Les eaux de la Vendée, ne trouvant plus un écoulement suffisant, refluèrent vers Fontenay et couvrirent à plusieurs reprises le faubourg des Loges (2). Autour de Saint-Michel-en-l'Herm, la mer reprit le terrain que naguère elle avait abandonné ; les marais retombèrent à l'état sauvage (3).

Ainsi, durant cette longue période d'un siècle, ce ne sont pas des conquêtes sur le marais qu'il faudrait enregistrer. On aurait à relater, si les annales de ces époques troublées pouvaient nous venir en aide, les désastres successifs éprouvés par l'œuvre des dessiccateurs du XIII° siècle, et la

(1) 1431. *Arch. hist. Poitou*, t. XXIX, p. 1.
(2) 1449, 18 février et 7 juillet. Cf. Denifle, *op. cit.*, t. I, pp. 151, 153.
(3) *Arch. hist. Saintonge et Aunis*, t. XXVII, p. 239.
(4) 1420, 13 février. Lettre de Regnaud de Vivonne à Artus de Richemond relative aux moyens de préserver des inondations le quartier des Loges. Arch. comm. de Fontenay-le-Comte.
(5) Denifle, *op. cit.*, t. II, p. 656 (1382, 19 mai).

revanche de la nature sur le travail des hommes. A peine si nous avons à noter, non pas des travaux effectifs, mais de simples tentatives sans aucun lien entre elles, entreprises tantôt sur un point, tantôt sur un autre, pour empêcher la ruine totale du marais (1).

C'est la royauté qui prit les premières mesures en 1409 (2). Elles ne visaient rien moins qu'à rétablir en leur état primitif tous les marais compris entre Niort et Beauvoir-sur-Mer. Pour diriger une aussi colossale entreprise, le roi nomma des « commissaires sur le fait de la réparation « des marès, eschenaux, chaussées, ponts et pontereaux « nécessaires à être fais ou réparé esdits marès ». L'évêque de Maillezais, Jean de Masle, et Guillaume Taveau, seigneur de Mortemer, furent choisis. Chargés de surveiller la levée des sommes nécessaires aux réparations et de contraindre les intéressés à fournir leur quote-part d'argent ou de travail, ils jugèrent à propos de convoquer en assemblée prélats, gens d'église, chevaliers et autres personnes portées sur les rôles des taxes.

La réunion fut fixée au 28 juillet 1409 à Fontenay, en l'hôtel des Frères Prêcheurs. On n'y délibéra sans doute

(1) En 1375 (14 juin), Charles V, à la requête de Peronnelle, dame de Thouars, autorisa la levée d'un péage à Marans pendant deux ans pour la réparation de la chaussée appelée Bot entre Marans et la Rochelle. (M. de Richemond, *Doc. hist. de la Charente-Inf.* n° 7, p. 29.) En 1410 la chaussée était rétablie, mais l'on continuait à lever un péage. Les passants refusèrent de le payer et en obtinrent la suppression par lettres royaux du 30 août 1410. (Amos Barbot, *Arch. hist. Poitou*, t. XIV, p. 269.) — B. Fillon (*Poitou et Vendée : Saint-Michel-en-l'Herm*, p. 7) prétend que les alentours immédiats de Saint-Michel-en-l'Herm furent desséchés en 1399 par l'abbé Girard, dit Pied-Bot. Nous ne savons où il a puisé ce renseignement. Il est fort possible qu'à cette date on ait essayé de réparer le dommage causé par l'inondation de 1382.

(2) 1409, 16 juillet. Lettres de convocation. D. Fonteneau, t. XXV, fol. 257. Lacurie, p. 386.

que sur les réparations les plus urgentes, car les commissaires ne pouvaient songer à remplir le trop vaste programme que le pouvoir royal leur avait tracé. Nous ne saurions dire si ces premiers efforts portèrent quelque fruit.

Les réfections entreprises un peu plus tard, de 1438 à 1443, rentrèrent dans un cadre plus restreint : elles visaient seulement « certains achenaulx » situés « vers Maillezays, Marant, le Gué de Velluire et environ ». Comme en 1409, des commissaires eurent la conduite des opérations. « Maistre « Guillaume de Bonnessay » se disait en 1439 « des long- « temps comis a faire visiter et reparer les ditz ache- « naulx ». En 1442, il était mort et maître Jehan Besuchet, secrétaire du roi, le remplaçait dans sa commission.

Tâche ardue que celle de ces commissaires ! elle consistait à rechercher les propriétaires des canaux, à fixer leurs contributions respectives, à percevoir les cotisations. Cette dernière fonction fut la plus délicate : dans l'état lamentable où les guerres les avaient laissées, abbayes et paroisses, mises en demeure de s'acquitter, ne songèrent qu'à se dérober. L'abbaye de Saint-Maixent et quelques autres firent opposition et entrèrent en procès. Plusieurs, comme l'abbaye de l'Absie-en-Gâtine, implorèrent le roi et obtinrent des lettres d'exemption (1). Seules les paroisses se soumirent sans trop de résistance, peut-être parce qu'on les laissa payer en nature, c'est-à-dire en journées de travail. Certaines d'entre elles, ne perdant pas de vue leurs intérêts, profitèrent même de la présence des agents du pouvoir central pour faire confirmer leurs privilèges, si

---

(1) 1439, 3 juin, et 1442, 3 novembre. Lettres de Charles VII au sénéchal de Poitou ordonnant de suspendre jusqu'à la décision du Parlement le paiement de la contribution de l'abbaye de l'Absie. *Arch. hist. Poitou*, t. XXV, p. 229. Cf. Gouget, p. 41.

bien que les procès-verbaux de visite, conservés au « Trésor
des comptes », portaient parfois des mentions comme celle-
« ci : Sur lesquels marais lesdits habitants du Langon se
« disent avoir droits de pêcher et paturer leurs bestes bovy-
« nes, et de tout temps en ont joui (1) ».

Telle était la confusion qui s'était glissée dans le régime
d'entretien des achenaux, que des procès entre particuliers
vinrent se greffer sur les poursuites exercées par les commissaires. Dans le même temps où ceux-ci parcouraient les
marais du nord de la Sèvre, une contestation s'élevait entre
le chapitre cathédral de Poitiers et la commanderie de Puyravault au sujet des marais de Champagné.

Dès le XIII° siècle les chanoines de la cathédrale de Poitiers
possédaient des biens dans cette région (2); ils occupaient
entre autres la terre dite des Chappellenies, au sud des coteaux
de Champagné. Trop éloignés pour pouvoir s'occuper du
desséchement de leurs marais, ils se remettaient de ce soin
à d'obligeants voisins, plus industrieux, qui, moyennant
une certaine rétribution, leur prêtaient le secours de leurs
canaux. Le prieur de Puyravault, par exemple, recevait
chaque année dix sols tournois de devoir noble pour entretenir les bots de clôture, et faire écouler les eaux des Chappellenies « dans son achenau de l'Ospital et puys en la
mer ».

Au moment où l'attention du pouvoir central se porta sur
les marais et chercha à leur rendre une partie de leur prospérité, c'est-à-dire vers 1439, les chanoines de Saint-Pierre
adressèrent au roi des lettres dans lesquelles ils se plai-
gnaient de leurs voisins de Champagné, qui, à les en croire,

(1) Cf. *Chronique du Langon*, p. 24. — Pièce just. XX.
(2) V. ci-dessus, p. 28, n. 1 et 2.

auraient, par leur incurie et leurs empiètements, faitsubir à leurs marais une dépréciation considérable. Nos terres, disaient-ils, « qui souloient estre de grant valeur, sont tournees a ruyne et comme a non valeur ».

Leurs intrigues réussirent d'abord. Le 11 février 1441, ils obtinrent des lettres-patentes en vertu desquelles ils exigèrent des frères hospitaliers de Puyravault, avec la restitution de certains droits de justice indûment levés sur leurs terres, le curage complet des canaux d'écoulement. Frère Jean le Sauver, prieur de Puyravault, fit opposition : ajourné le 20 février 1442, devant la cour de la sénéchaussée de Poitiers, il obtint une visite des lieux en litige. A l'assignation suivante, il n'eut pas de peine à démontrer le non fondé de la partie adverse qui réclamait, outre vingt livres de droits usurpés, deux cents livres de dommages et intérêts. Il ne reconnut qu'une seule obligation, celle de recevoir dans son achenal les eaux descendant des Chappellenies. Pour en finir, quelques chanoines consentirent à se déplacer, et vinrent de Poitiers dans ce lointain marais pour contrôler les dires du prieur. Eux-mêmes avouèrent leurs torts; un arrêt du 30 juin 1442 débouta de sa plainte le chapitre de Poitiers et renvoya le défendeur sans dépens (1).

Un tel procès, on en conviendra, n'avait pu naître qu'à l'occasion des poursuites exercées par les commissaires contre les propriétaires responsables. Les détails de cette instance suffisent à montrer les difficultés que rencontrèrent les agents du roi dans l'établissement de ces responsabilités.

En définitive, à quel résultat aboutirent les visites de

(1) V. pièces just. XI et XIV.

1438-1443 ? Décidèrent-elles vraiment des travaux de quelque importance ? Les textes ne nous permettent pas de répondre, et le témoignage des religieux de l'Absie, qui, en 1439, prétendent que « l'on y besoigne comme riens » n'est guère concluant (1), puisque, trois ans après, les poursuites des commissaires continuent encore.

Dans tous les cas s'il y eut des réparations effectuées, elles n'eurent qu'une portée minime, car, en 1455, une nouvelle visite fut jugée nécessaire dans ces mêmes marais du nord de la Sèvre. Au nombre des commissaires se trouvaient Jean Angelet, écuyer, et maître Geoffroi Vassal. Comme en 1409 une assemblée générale réunit les intéressés, le 2 janvier 1456 (2). Nous en ignorons le résultat pratique, mais il y a tout lieu de croire que les efforts dépensés en cette occasion ne furent pas perdus : car certaines régions des marais du nord de la Sèvre, comme Champagné, Puyravault, Sainte-Radegonde et Chaillé, en tirèrent profit : « Lors estoyent iceulx dommaines et pays, dit le roi un
« peu plus tard, un très bon païs aultant fertile et abondant
« en biens, bleds et aultres fruitz, bestail de toute espece et
« maniere qu'on eust sceu trouver en notre royaulme. »

Mais au sud de la Sèvre, l'état du marais resta lamentable. Par suite des « grans inundacions d'eaues », la chaussée de la Barbecane tombait en ruine : on n'y pouvait passer « ne a pié ne a cheval sans peril des corps ». L'achenal

---

(1) Lettres de Charles VII de 1439, 3 juin, citées plus haut.

(2) V. pièce just. XX. — 1455, 16 décembre. Lettre du duc de la Tremoille à son receveur de Sainte-Hermine disant qu'il n'ira pas à l'assemblée des intéressés aux réparations des marais de Luçon, convoquée pour le 2 janvier suivant, mais qu'il se fera remplacer par son sénéchal de Mareuil. *Chartrier de Thouars*, p. 26 ; *Ann. Soc. émul. de Vendée*, 1873, p. 98. — La visite a très bien pu suivre et non précéder l'assemblée et avoir eu lieu entre le 2 janvier et Pâques 1556 (n. st.).

d'Andilly n'était plus qu'un « gros bras de mer (1) ». A Charron, on utilisait les terres abandonnées en les transformant en marais salants (2). Pourtant, de nouveaux travaux avaient été effectués: l'achenal de la Brune, redressé, se jetait dans l'anse du Braud sous le nom de Nouvelle Brune (3), et Charles VII avait entrepris la réparation du bot de la Barbecane. Mais c'était trop peu pour remédier à un délabrement général.

Les marais du Lay n'étaient pas mieux partagés : tous les terrains compris entre Angles, Longeville, la Faute et la Tranche « estoient devenuz a nulité et perdicion de « labourage » ; les eaux les avaient « submergé et innundé, « submergeoient et innundoient par chacun an (4) ». Le désastre était universel.

On comprend que des documents aussi vagues et aussi clairsemés que ceux que nous venons de passer en revue soient insuffisants pour tirer des conclusions et dresser un état des marais aux xiv° et xv° siècles. Néanmoins, ils contiennent de précieuses indications pour la topographie des

---

(1) 1492, 31 janvier (n. st.). Etablissement par Charles VIII d'un péage à Marans pour neuf ans pour la réparation et entretien des bots, ports, havres, ponts et barbecanes qui assurent les communications entre ledit lieu et la Rochelle. *Arch. hist. Saintonge et Aunis*, t. I, p. 87.

(2) 1464, 21 octobre. Echange passé entre Charles d'Anjou et l'abbé et le couvent de Notre-Dame de Charron, d'une pièce de terre appelée le Clou de Brie transformée en marais salants, contre une pièce de marais dite Prés Bondars. Arch. Nat., P 1341, n° 538.

(3) « Une piece de marois deserte, anciennement appellee les Prés Bondars, tenant d'un cousté et d'un bout a l'achenau appellee la Nouvelle Brune, d'autre cousté aux terres du Veil Clou Bouhet... le bot entre deux, et d'autre bout a l'achenau appellee la Veille Brune. » *Ib*.

(4) 1462, 31 août. Sentence qui maintient l'abbaye de Lieu-Dieu en Jard dans le droit de prendre un septier de froment et un de fèves sur un marais assis en Talmondais. Arch. Nat., S 4348, 2, 6.

desséchements et nous révèlent l'existence de canaux et de digues sur lesquels les textes du xiii° siècle étaient restés muets.

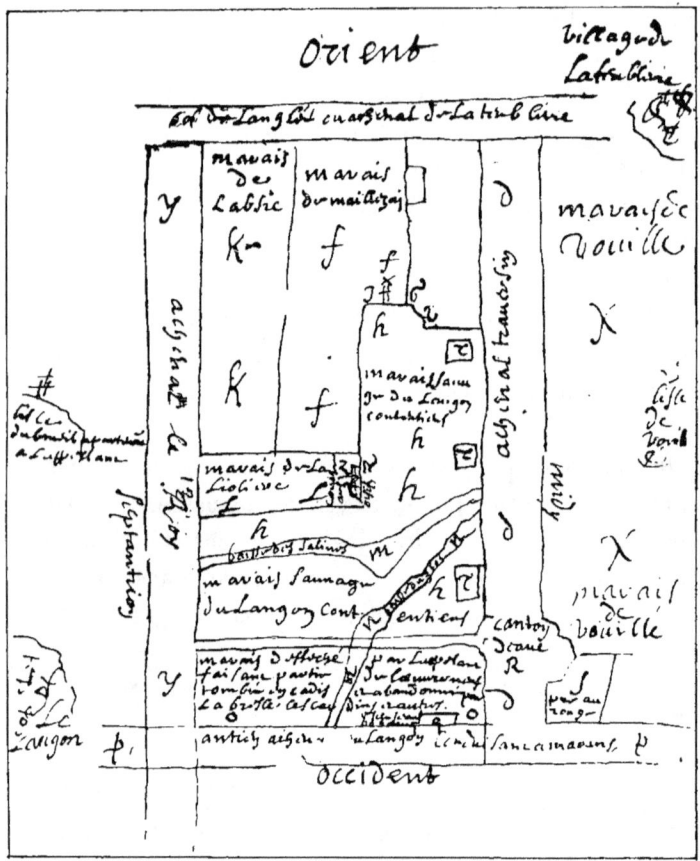

Planche II. — Marais du Langon.

Au nombre des canaux inspectés en 1435 par les commissaires du roi figure l'achenal de la Traverse ou achenal Traversain. Cet achenal « traversait » les marais compris entre le Langon et Vouillé, et reliait le bot de l'Anglée au bot de l'OEuvre-Neuf ou du Sableau. Douze paroisses se partageaient les frais de son entretien : Auzay, le Gué-de-Velluire, Velluire, Fontaines, Saint-Médard-des-Prés, Chaix, Vouillé, Chaillé, Doix, Montreuil, Coussais et Fraigneau. Ce régime, analogue à celui de l'Achenal-le-Roi, laisse supposer que ces deux canaux furent entrepris à peu près à la même époque (1).

Quatre canaux nous sont encore révélés par le procès des Chappellenies, et par des aveux contemporains : l'achenal de l'Hôpital ou de Puyravault, l'achenal de la Fenouse, celui de Champagné et celui de l'Houmeau (2). Tous quatre descendaient des coteaux de Champagné et gagnaient la mer en suivant une direction parallèle à celle des achenaux de la Grenetière, de la Pironnière et du Bourdeau que nous avons déjà rencontrés au xiiie siècle (3).

Ces mêmes marais de Champagné, ainsi divisés par ces canaux en longues bandes égales, se trouvaient protégés contre les incursions de la mer par une série de digues ou bots

(1) V. pièce just. XX et pl. II. Cf. *Chronique du Langon*, p. 37.
(2) V. pièce just. XI. — 1442, 7 juillet. « Quatre-vingt-dix journaux de vigne entre la chenau de Champagné et celle de la Pironnière... Le cloudis de la Motherie tenant d'une part a la chenau de l'Ommeau et d'autre es groyes de Maillezais. » Aveu de la Pironnière. Bibl. Niort., cart. 144, n° 1, fol. 38 et 39 v. — 1599, 28 janvier. « Et estant sur ledict chemin avons trouvé l'achenal appellée l'achenal de Puiraveau estant au dessoubz ledict lieu et bourg de Puiraveau, lequel achenal se commence au lieu de l'Essay l'Abbé qui faict la separation des marois des sieurs abbé de Moureuilles et commandeur de Puyraveau, et s'escoule le dict achenal et descend à la mer, et que les dommaines joignants et circonvoisins ledict achenal appartiennent audict sieur de Puiraveau jusques au pont Galerne, et depuis ledict pont jusques à la mer au sieur de Maillezais et plusieurs autres particuliers. » Procès-verbal de visite des marais. Arch. Nat., Q¹ 1597, fol. 26. — V. aussi pièce just. XVII. — On pourrait croire que l'achenal de l'Houmeau tirait son nom de la propriété voisine du seigneur d'Oulmes (V. pièce just. XV), mais ce rapport est purement fortuit. — V. pl. III.
(3) V. ci-dessus, pp. 27 et 28.

disposés en échelons. C'étaient, au plus près du bourg de Champagné, les Petits Bots construits par les manants de

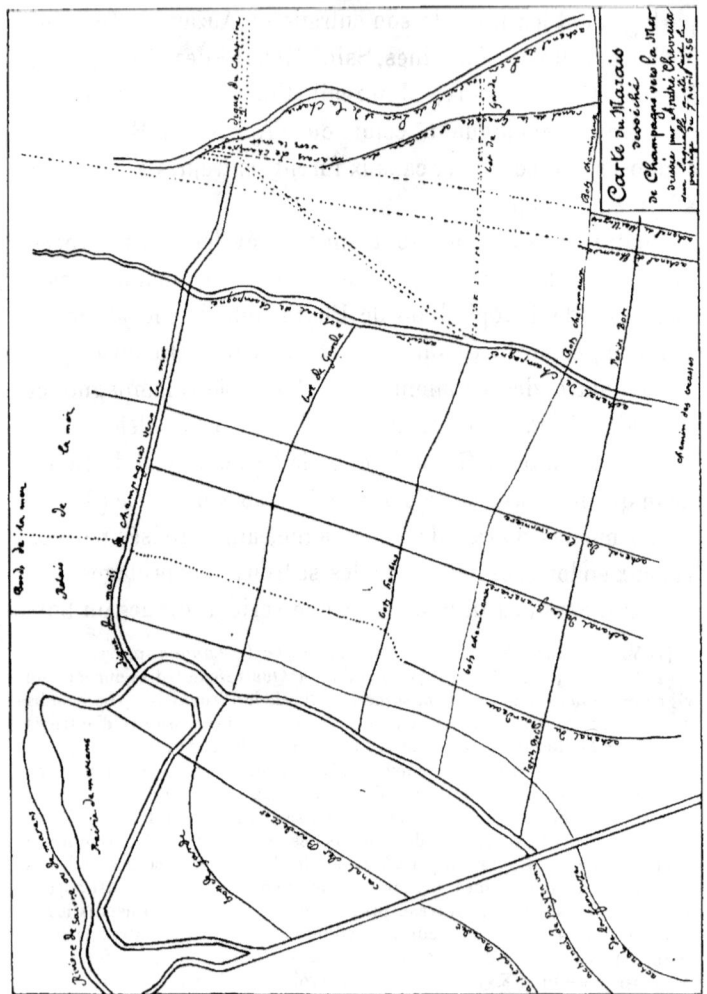

Planche III. — Marais de Champagné.

ce lieu « au commencement de l'habitation qu'ils y firent », puis les Bots Cheminaux, établis un peu plus près des côtes aussitôt qu'un nouveau retrait de mer l'avait permis; au delà s'élevaient les Vieux Bots ou Bot Herbu; enfin une dernière digue, la plus rapprochée de la mer, portait le nom significatif de bots de Relais ou bots de Garde (1).

De l'autre côté de l'achenal de Luçon une levée de même nature protégeait les marais de Triaize et du Vigneau (2); un achenal partant de Luçon passait entre la Dune et Saint-Michel-en-l'Herm, et se jetait dans la mer sous le nom d'Achenal Vieille (3).

Tels sont les canaux et les digues que nous font connaître les textes du xv° siècle. Bien que nous n'en découvrions l'existence qu'à une époque assez tardive, nous n'hésitons pas à les attribuer aux dessiccateurs du xIII° siècle. Certaines digues même, comme les Petits Bots de Champagné, remonteraient encore plus haut, s'il fallait s'en rapporter aux traditions. Tout porte à croire que la mise au jour de nouveaux documents permettra de donner à ces travaux la place à laquelle ils ont droit dans le grand œuvre des premiers dessiccateurs.

(1) V. pièce just. XVIII et pl. III. — 1450, 19 décembre. Hommage de Jean de la Vergne pour la Rabaudière, qui « se tient d'un cousté aux Boutz des Relais et au Bout Cheminau ». Bibl. Niort., cart. 144, n° 1, fol. 13.

(2) 1426, 13 octobre. Bail, par le chapitre de Luçon à Laurent Pageaud, des terrains des Petits Vigneaux à condition d'y construire une maison. « Lors de cette concession il y avait une digue ou bot de garde dont il reste encore des vestiges entre le village du Vignaud et la mer. » Cité dans une instance entre le sieur Pepin et les chanoines de Luçon, 1734. Arch. Nat., Q¹, 1598.

(3) 1347, 21 mai (n. st.). « Tenebitur capitulum canales et excursus facere et reficere ratione rerum. » Partage entre Rainaud, évêque de Luçon, et son chapitre. D. Fonteneau, t. XIV, fol. 11 et 301. Cf. La Fontenelle, *Histoire du monastère de Luçon*, t. I, p. 70. — 1472, 8 avril. « L'Achenau Veille... qui separet les seigneurie de Luçon et de Saint-Michel. » Bail de quelques pêcheries par les religieux de Saint-Michel-en-l'Herm. D. Fonteneau, t. VIII, fol. 61. — Cf. La Popelinière, ff. 153, 155, 374.

CHAPITRE IV

Vaines tentatives de restauration au ~~XIV~~e siècle.

Incurie des possesseurs du sol au début du xvie siècle. Les marais du nord de la Sèvre retombent à l'état sauvage.
Visites de 1526-1527 : Relèvement du Bot de Garde. Les achenaux : l'achenal de Luçon ; ouverture de l'achenal du Langon (1528-1530); son peu d'importance au point de vue des desséchements. — Aide levée « pour la réparation des digues de la mer » (avant 1554). — Visites et réparations de 1560-1563. — Visite de 1568.
Guerres de religion : la guerre au marais ; les Bas-Poitevins provoquent eux-mêmes la rupture des digues ; le pays est submergé. Cartes du xvie siècle. — Réparations isolées. — A la fin du xvie siècle un dernier effort est tenté : visite des 6 et 7 mars 1597 ; assignations ; poursuites ; nouvelle visite en 1598 ; sentence dilatoire du 28 janvier 1599. — Inutilité des procédures. — Henri IV appelle les Hollandais.

Un demi-siècle après l'expulsion des Anglais, nous retrouvons les marais de la Sèvre et du Lay dans l'état où la guerre de Cent ans les avait laissés. Les marais de Champagné eux-mêmes, qui semblaient avoir un moment retrouvé leur ancienne prospérité, étaient redevenus « sauvages ». Aux environs de l'année 1507, tous les achenaux qui découpaient le marais entre l'achenal de Bot-Neuf et celui de Luçon avaient « esté laissez atterer et remplir de bouhe »; les bots tombaient en ruine, l'eau circulait librement et tous les hivers inondait la contrée (1). Les cultiva-

(1) V. pièce just. XIII. — Sauf avis contraire, tous les renseignements qui vont suivre sont puisés à cette pièce et aux deux suivantes.

teurs désertaient en masse un pays désormais inhabitable, et se réfugiaient sur les îles ou les terres hautes des environs. Plus de communications ni par eau, ni par terre : la Sèvre ensablée ne permettait plus aux gabarres de remonter jusqu'à Niort (1), et la route de Nantes à la Rochelle, elle-même, était devenue impraticable. Quelques tentatives sans portée n'avaient amené que des améliorations secondaires et passagères (2). La faute n'en revenait pas à la guerre ou aux troubles : si le marais retombait à l'état sauvage, c'était uniquement « par deffaut de réparations ».

Au bout de vingt ans seulement l'autorité royale se décida à intervenir de façon énergique pour mettre fin au désastre. Le 11 août 1526, le roi manda au sénéchal de Poitou ou à son lieutenant de Fontenay-le-Comte, de contraindre ou faire contraindre « tous evesques, abbez et aultres gens d'église, nobles, rosturiers » à faire et payer les réparations nécessaires sous peine de saisie de leurs biens. Le procureur du roi poursuivit les principaux contribuables. Le 7 mars 1527, le lieutenant de Fontenay, E. Tiraqueau (3), nomma quatre commissaires : Etienne Chopin, Colas Siméon, Mathurin Paradis et Micheau Barbier pour visiter les marais et opérer la répartition des frais de réparations.

Ces quatre commissaires présentèrent leur mandat à l'évêque de Maillezais, à l'abbé de Moreilles « tant en son nom que comme ayant charge de l'abbé de Jard », à la

(1) 1507. Lettres de Louis XII pour le récurement de la Sèvre. Arch. comm. de Niort, n° 483. Cf. Gouget, *le Commerce à Niort*, p. 14.
(2) 1507, 13 décembre. « Enquête faite au sujet du canal des Cinq Abbés, signée : Rarefort, et scellée. » Mention dans un inventaire. *Arch. hist. Saintonge et Aunis*, t. XXVII.
(3) La généalogie des Tiraqueau dressée par Fillon (*Histoire de Fontenay*, t. II, p. 17) ne donne pour cette époque aucun prénom commençant par un E.

demoiselle d'Oulmes, à frère Mathieu Bastard, fermier de la commanderie de Puyravault, à maître Pierre Baudet, procureur, Pierre Denfer, receveur de la seigneurie de Champagné, au prieur de Sainte-Radegonde et à plusieurs autres propriétaires de la région. Aucun ne fit de difficultés pour reconnaître la nécessité des réparations.

De l'avis de tous, l'opération la plus urgente était le relèvement des digues de défense. Les travaux furent immédiatement commencés : les commissaires ayant fixé comme dernier délai le 24 juin, il fallut reconstruire en trois mois les bots de Garde sur une longueur de près de quatre mille toises, soit plus de sept kilomètres. Tous les jours les commissaires se portèrent sur les lieux et surveillèrent l'exécution.

Bientôt ils s'aperçurent que plusieurs intéressés avaient échappé à leurs investigations. Le seigneur de Nesmy, qui possédait le tiers de la châtellenie de Champagné, ne figurait pas sur les listes ; le prieur de Sainte-Radegonde n'avait acquitté qu'une part dérisoire de sa contribution. En outre, des parcelles de terrain se trouvaient sans propriétaire avoué que l'on pût contraindre à payer comme les autres. Le manque d'argent interrompait les travaux : une enquête plus approfondie s'imposait.

Le procureur du roi intervint alors pour la seconde fois, et fit dresser de nouvelles « lettres de commission » par le lieutenant de Fontenay (12 juin). Ces lettres convoquaient à la date du 17 juin, devant la porte de l'hôtel du Bourdeau, à Champagné, les gens d'églises, nobles et « anciens du pais ». Ce furent ces derniers qui vinrent en plus grand nombre ; l'abbé de Moreilles et un prêtre inconnu, messire Jean Bretin, sans doute desservant de quelque paroisse voisine représentèrent seuls les religieux ; aucun seigneur ne comparut.

Les vingt-deux personnes qui composaient cette assemblée s'acheminèrent à travers le marais, accompagnées des commissaires, se firent montrer les travaux commencés et « les eurent en grande estime ». On mesura ce qui restait à faire : le total se montait à cinq cent vingt toises, un peu plus d'un kilomètre, ce qui, à raison de neuf sols six deniers par toise, exigeait encore une somme de cent cinquante-six livres tournois. De plus, les experts proposèrent de flanquer d'un revêtement chaque côté du nouveau bot pour boucher les fentes que la sécheresse y avait causées. Ce supplément de travail, évalué à dix-huit deniers par toise, se montait pour l'ensemble à près de trois cents livres (1).

Pour opérer la répartition de ces nouveaux frais, les commissaires, sur les indications fournies par les experts, dressèrent un véritable cadastre de tout le pays compris entre l'achenal de Bot-Neuf et celui de Luçon, notant en marge de chaque article si le propriétaire avait ou non acquitté sa contribution. La taxe fut fixée à dix sols par septrée (2). Pour les terres vacantes, — et il y en avait un certain nombre, — le seigneur foncier fut déclaré responsable.

Cette visite minutieuse, où les dires des notables étaient contrôlés « par papiers anciens sur le faict des dites réparations », dura près d'un mois et demi : commencée le 17 juin, elle ne fut terminée que le 31 août. A la suite de l'enquête, les travaux furent repris et le bot de Garde

---

(1) Nous regrettons de ne pas pouvoir donner de chiffres précis, mais nous ne connaissons pas le nombre exact de toises. V. pièce just. XV.

(2) « La septrée est constamment reconnue au pays de Luçon contenir seize boissellées de terre. » Mémoire de 1753. Arch. Nat., Q1 1598. — Donc 243 ares 20 centiares. Cf. Astier, p. 30.

entièrement reconstruit. Il dut coûter dans son ensemble plus de deux mille livres tournois.

Un tel effort ne resta pas inutile : les cultivateurs revinrent au pays. Trente ans plus tard, devant l'importance du résultat, ils oublièrent qu'on avait simplement rétabli un état antérieur, et en arrivèrent à considérer les réparations de 1527 comme une véritable création (1).

Pourtant cette entreprise n'exerça d'action véritable que sur les marais compris entre Champagné, Puyravault, Sainte-Radegonde et la mer. Au delà des coteaux de Champagné, les eaux restèrent stagnantes : entre le bot de l'OEuvre et le bot de Vendée on ne trouvait que « maroys sauvages et pastoureaux (2) ».

C'est qu'en effet, si le relèvement du bot de Garde était l'entreprise la plus urgente, ce n'était pas la seule nécessaire : il eût fallu encore remettre en état les achenaux, travail dont le procès-verbal reconnaissait l'utilité sans rien dire de son exécution. Peut-être cette opération fut-elle laissé à l'initiative individuelle, et, en ce cas, il devient difficile d'établir si chacun s'acquitta comme il le devait de ses obligations.

C'est ainsi que les choses se passèrent pour l'achenal de Luçon. Ce canal, où remontaient des « navires portant hune », jouait un rôle aussi important comme œuvre de desséchement que comme voie de communication. Il recevait à l'ouest

---

(1) V. pièce just. XVIII.
(2) 1547, 7 mars. « Ung tenement appellé le Forcin qui souloit anciennement estre logis de maison... lesquelles maisons, terres et prés sont de present maroys sauvages et pasturaux tenant d'une part au maroys de Blanche Coulsdre... et d'aultre part au bot de la Vendée, et d'aultre part au bot de l'Euvre. » Aveu de Champagné. Communiqué par Mme Charier-Fillon, à Fontenay-le-Comte.

les eaux du marais de Triaise par le bot des Fontenelles (1) ; à l'est, celles du marais de Champagné par l'Achenal-le-Roi, le bot de Vendée, le bot de l'OEuvre et l'étier du Bois. Son entretien incombait à la fois à l'évêque, au chapitre de Luçon, et au seigneur de Champagné, mais les trois intéressés, en continuel désaccord au sujet des réparations, n'en voulaient chacun faire que le moins possible. Aux xive et xve siècles, des contestations s'étaient élevées sans que les transactions qui les avaient terminées eussent donné jamais de solution définitive (2).

Au xvie siècle, sous l'évêque de Luçon Mile d'Illiers, les débats recommencèrent : « Le roi donna ordre de faire
« contribuer les seigneurs de la Trimouille et de Cham-
« pagné à son entretien, en mentionnant que, de toute
« ancienneté, il était navigable ; que sans lui les marchan-
« dises ne pourraient pas arriver dans l'intérieur et qu'il
« était de plus utile aux seigneurs à cause des droits qu'ils
« percevaient. Les commissaires nommés déclarent le sei-
« gneur de la Trémouille tenu des réparations depuis le
« port et hâvre jusqu'au marais Taillefer (3), et celui de
« Champagné depuis le marais Taillefer jusqu'à la mer (4).
« Le seigneur de la Flocellière est aussi condamné pour

---

(1) 1599, 28 janvier. Procès-verbal de visite des achenaux. Arch. Nat., Q^1 1597, fol. 22.

(2) Transactions : du 28 février 1363 (v. st.) mentionnée dans un registre de 1780. Arch. Vendée G 39, p. 35, et dans une transaction du 3 mars 1760; Bibl. Niort, cart. 153. La Fontenelle (t. I, p. 77) donne comme date 1368. — du 13 juillet 1463 et du 23 juillet 1470. Cf. La Fontenelle, t. I, pp. 132 et 144, fol. 20.

(3) Environ à trois quarts de lieue de Luçon. Visite des achenaux. Arch. Nat., Q^1 1597.

(4) L'embouchure de l'achenal de Luçon était un peu en aval du lieu dit les portes des Amarres : « L'achenal de Luçon... conduisant audit lieu de la Charie aux Amarres et de la en la mer. » 1599, 28 janvier. Procès-verbal de visite. Arch. Nat., Q^1 1597, fol. 9.

« une part à ces réparations. Mais ces seigneurs forment
« opposition à l'ordonnance des commissaires et assignent
« devant le sénéchal de Poitou. Sur cela, le roi fait saisir
« par provision les droits et péages du canal pour les em-
« ployer aussi par provision, aux réparations. Pendant ce
« temps l'achenal tombe en ruine. Enfin le 4 mai 1532, le
« roi prend une décision définitive, conforme à la première,
« et les seigneurs sont contraints de réparer une voie d'eau
« si nécessaire pour la prospérité du pays. »

Là, s'arrête le récit de La Fontenelle de Vaudoré, emprunté à un « mémoire manuscrit » dont il n'indique pas la provenance(1). Le procès qui se rattache évidemment aux visites de 1527 n'était cependant pas terminé. En 1535 s'ouvrit une nouvelle enquête dirigée par le lieutenant Tiraqueau que nous avons déjà vu intervenir dans une circonstance analogue (2). A la suite de cette information le sénéchal de Poitou, Antoine Desprez, prononça une (3) sentence enjoignant aux parties d'effectuer les réparations (1537, 26 mars) (4). Cette fois on pouvait croire la question réglée. Il n'en était rien : en 1539 elle traînait encore (5). Pendant que les intéressés se rejetaient les uns sur les autres les responsabilités et se dépensaient en assignations, appels ou oppositions, l'achenal de Luçon continuait à s'envaser, les marais, jadis si fertiles, disparaissaient sous les eaux stagnantes auxquelles un débouché faisait défaut.

Dans toutes ces contestations, la question du desséchement

---

(1) *Histoire du monastère et des évêques de Luçon*, t. I, p. 220.
(2) Simple mention dans une transaction du 3 mars 1760. Bibl. Niort, cart. 153.
(3) *Ibid.*
(4) (*n. st.*) Copie vidimée du xviiie siècle. Bibl. Niort, cart. 153.
(5) 1539, mars. Citée en 1760. V. ci-dessus n. 2.

passait au second plan : on s'occupait surtout des communications. C'est ce dernier point de vue qui, entre 1528 et 1530, entraîna Jacques de la Roche, sieur de Germain de Bois-Baudan, non plus seulement à entreprendre des réparations, mais à ouvrir un canal du Langon à Marans. Maître Bernard nous dit en termes formels que cet achenal fut creusé « pour conduire dudit Langon à Marans, car auparavant n'y en avait point (1) ». Son utilité comme voie de transit ressort également de la lettre adressée au duc de la Trémoille par son châtelain de Sainte-Hermine, dans laquelle cet intendant déplore que par le nouvel achenal « se transportent ja beaucoup de bled de la châtellenie » au grand détriment du minage de Sainte-Hermine (2).

Cet achenal du Langon ne pouvait d'ailleurs avoir aucune influence sur le desséchement. Le tracé du nouveau canal utilisait les bots de l'OEuvre-Neuf et du Sableau : l'entreprise se réduisait à l'ouverture d'un achenal entre les huttes de Poil-Rouge et le Langon, coupant l'Achenal-le-Roi à la hauteur du Bouil (3). Mais le fait n'en est pas moins à retenir dans l'histoire des desséchements. C'est la première et la seule fois que nous voyons un seigneur entreprendre une œuvre semblable de sa propre initiative.

Les possesseurs du sol continuaient en effet à montrer la même indifférence pour l'état de plus en plus lamentable des marais. Les inondations ayant repris de plus belle, c'est

(1) *Chronique du Langon*, p. 37.
(2) 1531, 22 mai. P. Marchegay, *Recherches historiques...* 2ᵉ série, nº 11.— *Ann. Soc. émulation de la Vendée*, 1864, p. 150.
(3) Cf. *Cadastre*.— D'ailleurs, on ne voit pas bien le seigneur du Langon entreprenant des travaux dans la seigneurie de Marans, et, si le chroniqueur s'étend complaisamment sur l'allongement de l'achenal effectué à deux reprises jusqu'au centre du Langon (p. 40), il ne nous dit rien des travaux de bien autre importance qu'il eût fallu entreprendre au sud du Sableau.

encore l'autorité royale qui dut intervenir. Vers le milieu du xvɪ° siècle, une aide de six deniers par livre fut levée sur les habitants de l'élection de Niort « pour employer en réparations des digues de la mer » ; mais les Niortais demandèrent à appliquer directement le produit de cette taille additionnelle au curement de la Sèvre où s'accumulaient les « sables et haraines ». Des lettres royaux du 1ᵉʳ janvier 1554 leur donnèrent gain de cause, et les digues ne furent pas relevées (1).

Ce détournement de fonds n'était pas fait pour encourager les bas-poitevins à entretenir les œuvres de dessèchement. Ils s'obstinèrent dans leur inertie. Las de prodiguer des objurgations inutiles, le substitut du procureur du roi à Fontenay envoya au sénéchal de Poitou une requête à la suite de laquelle le roi François II ordonna de contraindre les intéressés à faire les réparations nécessaires. En vertu des lettres patentes du 23 janvier 1568 (*n. st.*), des assignations furent lancées à diverses personnes de la région, entre autres à « demoiselle Loyse de Saincte Marthe », dame de Champagné (2), et à messire René Pichon, abbé de Moreilles (3). A grands frais, ce dernier se décida à réparer les achenaux de Bot-Neuf, de Vendée et de la Grenetière, et à construire une porte d'évacuation ou portereau sur l'achenal de Bot-Neuf (4).

(1) Arch. comm. de Niort, n° 1155. — Cf. Gouget, *le Commerce à Niort*, pp. 454-8.
(2) V. pièce just. XVII.
(3) René Pinchon, doyen de Luçon, se désista en 1580. — Cf. Aillery, *Pouillé*, p. 141.
(4) 1599, 28 janvier. « Et pour le regard des achenaux qu'ils pretendent que ledict sieur abbé doit entretenir, a remonstré que suivant les lettres royaux du roy François Second, en datte du vingt troisiesme jour de janvier mil cinq cens cinquante neuf, obtenues à la requeste de monsieur le substitut du procureur du roy à Fontenay, adroissante a monsieur le

A Champagné, on fut probablement forcé de suivre cet exemple. En dehors des travaux directement entrepris par l'autorité seigneuriale, sur lesquels nous n'avons aucun renseignement, on eut recours à un procédé indirect. On transforma, au profit des fermiers, les rentes fixes ou devoirs en droits de terrage ou redevances proportionnelles à la récolte, mais on exigea des tenanciers l'engagement de refaire les bots à neuf.

C'est ici que le délabrement du marais s'accuse dans toute son étendue. Il n'est plus question, comme en 1527, de réparer les bots de Garde ou même les Vieux Bots, ce sont les Petits-Bots, les plus éloignés de la côte, qui sont en cause. En quelques années, la mer avait ruiné les trois barrières intermédiaires qui lui avaient été successivement opposées à plusieurs siècles d'intervalle (1).

En 1568, nouvelle intervention royale, motivée cette fois par une requête du seigneur du Langon. Jean de Pons, seigneur de Plassac, obtint de la cour des lettres de commission pour faire récurer l'Achenal-le-Roi, l'achenal du Langon et autres, « pour évacuer les eaux à la mer ». L'achenal du Langon profita seul de cette visite et des réparations qui la suivirent (2).

Au sud de la Sèvre, le défaut de documents ne permet pas de se faire une idée de l'état des marais. Sans rien

---

seneschal et officier dudit lieu, reverand pere en Dieu, messire René Pichon, lors abbé de ladicte abbaye auroit fait de grands frais en la reparation qu'il fit es annees soixante et ung, soixante et deux et soixante et trois es achenaux de Bot Neuf, de la Vendee et de la Grenetière, et fit faire ung portereau audit achenal de Bot Neuf pour empescher que les eaux de la mer ne submergassent les terres de deça. » Visite des achenaux. Arch. Nat., Q¹ 1597, fol. 13 v.

(1) V. pièce just. XVIII.
(2) Cf. *Chronique du Langon*, p. 120.

conclure, nous nous bornerons à signaler ce fait gros de conséquences : en 1566 une grande partie du bot de la Barbecane n'existait plus ; sur un espace de deux mille pas environ, les voyageurs passaient en bateau (1).

La ruine du pays n'était pourtant pas encore arrivée à son comble ; le pillage et l'incendie allaient l'achever. Pendant la seconde moitié du XVIe siècle, les guerres de religion vinrent renouveler la désolation de la guerre de Cent ans. Les chroniques du temps fourmillent de plaintes et de malédictions contre les gens d'armes, ces « loups enragés ». Les chefs de bande, non contents de prélever sur les paroisses des sommes écrasantes pour l'entretien de leurs troupes, allaient « picorer aux champs pour leurs vivres ». Une année, les cultivateurs laissèrent la récolte se gâter « parce que les soldats l'emmenaient aussitôt qu'elle était à terre (2) ». Certains capitaines, suivant le mot de la Popelinière, ne demandaient « qu'entretenir leurs soldats en repos du travail, perte et entière ruine du bon homme et misérable paysan (3) ».

Avec ses dédales de canaux, ses fondrières, ses routes peu nombreuses et incommodes, quel théâtre admirable que le

---

(1) 1566, 26 juillet, « Lettres de Charles IX portant commission au gouverneur de la Rochelle ou à son lieutenant d'informer et dresser procès-verbal de la commodité ou incommodité du contenu en la requête de Perrette Carré, dame d'Andilly, tendante à ce qu'il luy fut permis de faire construire une chaussée sur les marais dépendants de ladite seigneurie d'Andilly, contenans deux mille pas ou environ, à l'effet de servir au lieu de batteau qu'elle tenoit sur lesdits marais pour passer les marchands et autres personnes... comme aussi de percevoir sur lesdites chaussées tel droit qu'il plairroit à Sa Majesté d'ordonner, tant pour fournir aux frais desdits ouvrages que pour les réparations et entretiens d'iceux. » — Extrait d'un arrêt du Conseil d'Etat du 19 décembre 1730. Arch. Nat., H4 3064, n° 1387.
(2) Cf. *Chronique du Langon*, pp. 139, 141, 149, 154 et passim.
(3) Cf. La Popelinière, liv. XI, fol. 336 v.

marais pour une guerre de partisans ! Nulle part, le terrain ne se prêtait à une bataille rangée ; les engagements ne pouvaient se produire qu'auprès des gués ou sur les bots.

Pour rendre toutes précautions inutiles, éviter les forts improvisés, et faire passer leurs troupes ailleurs qu'aux passages gardés, les capitaines rivalisaient d'audace et d'ingéniosité. Tel, sans souci du péril, s'engageait sur un sol trompeur où les chevaux se déferraient, où les soldats enfonçaient parfois jusqu'à la ceinture (1). Tel autre imaginait de joncher de roseaux « les bouës des marescs » et sur ce pont fragile traversait toute une troupe (2). Certains allaient jusqu'à faire ouvrir par les paysans de nouvelles routes à travers les bois des marais mouillés comme au travers d'une forêt vierge (3).

Si les gens d'une religion s'efforçaient de rétablir ou d'improviser des communications, ceux du parti adverse avaient tout intérêt à les détruire. Bientôt on démolit les portereaux, on provoqua la rupture des digues pour « faire desgorger la mer sur tout le pays (4) », comme le feront cent ans plus

(1) *Ib.* 331. V. aussi 318 v. et *Chronique du Langon*, p. 145; *Poitou et Vendée; Armes trouvées dans la Vendée*, p. 14.
(2) 1569, novembre. « La rousaye de Puy Gaillard. » Cf. La Popelinière, liv. XI, fol. 32.
(3) 1569, novembre. « Faisant couper bois derrière le Gué presque jusqu'à Marans et y furent... plus de cent personnes par jour pour faire le chemin. » *Chronique du Langon*, p. 137.
(4) 1569, janvier. Cf. La Popelinière, liv. V, fol. 156.—1599, 28 janvier. « Lequel portereau [de Bot-Neuf] fut bientost apres et tous les materiaux d'icelluy prins et emporté par ceux de la pretendue religion qui s'estenerent lors et prindrent et leverent les fruits de ladite abbaye qu'ils ont levé jusques a l'annee soixante et dix sept et depuis ces annees quatre vingt sept, huict, neuf, dix, onze, douse et trese jusques a present quequesoit la plupart du temps et que durant icelluy toutes les reparations qu'avoit faict faire ledict sieur Pichon, abbé, avoyent esté ruinees tant par les gens de guerre qu'autrement par le general desordre qu'avoit apporté la guerre. » Visite des achenaux. Arch. Nat., Q¹ 1597, fol. 14.

tard les Hollandais en présence de l'invasion française.

Il n'y a donc pas lieu de nous étonner si nous voyons, sur les premières cartes du marais dressées à la fin du xvi⁰ siècle et au début du xvii⁰, Luçon transformé en port de mer au fond d'une petite baie, et les îles de Marans et de Charron au milieu de vastes marécages (1). Toutes grossières que soient ces cartes, elles confirment les documents qui nous attestent « les grandes et fréquentes innondacions des eaulx tant de mer que doulces provenants des ryvières de la Sayvre, Vandée, la chenault des Cinq Abbez et le Bonneau qui sont tellement ruynez » que tous les pays d'alentour sont « gastez et inutiles (2) ». A Angles, à Fontaines, « la mer a submergé et submerge journellement par la rupture qu'elle a faict des digues et levées qui l'empeschoyent d'entrer (3) ». En 1598 encore, « tous les marois d'eau douce et sauvages pres la mer sont tous submergés (4) ».

Les troubles de la guerre civile furent longs à s'apaiser. Plusieurs années après l'avènement d'Henri IV, « les soldats tenoient le pays de Poictou, tantost d'une religion, tantost de l'autre ». Au milieu de ces temps « turbullants », on ne pouvait songer à reprendre les travaux qu'on négligeait déjà en pleine paix ; le pays était à bout de forces, les dégâts irréparables. Les religieux de Fontaines évaluaient

---

(1) Jean Jolivet, *Galliæ regni potentissimi descriptio*, 1560. — André Thevet, *la Cosmographie universelle*. Paris, 1575, in-fol., liv. II, fol. 515 v. — Boisseau, *Tableau portatif des Gaules*. Paris, 1646, in-4°, feuille 3. — *Carte du pays de Xaintonge*. Amsterdam, Hondius, s. d. — Bibl. Nat., Estampes, Cart. Charente-Inf.

(2) 1571, 15 juin. Enquête au sujet des métairies de Beauvoir et de Petit-Trizay. Bibl. Niort, cart. 142.

(3) 1595, 28 mars. Aliénation du temporel de Fontaines. Arch. Vendée, H 83, n° 44.

(4) 1599, 28 janvier. Visite des achenaux. Arch. Nat., Q¹ 1597, fol. 10.

à cinq années de leur revenu la somme nécessaire pour relever seulement les digues (1).

En 1582 pourtant, à la suite de lettres-patentes du roi (2), une longue procédure fut entamée au sujet de l'achenal de Luçon. Il y eut un commencement d'exécution et des travaux notables effectués durant les années 1585, 1586 et 1587. On redressa le cours de l'achenal pour faciliter l'écoulement des eaux, mais l'entreprise s'arrêta là (3).

Ce n'est qu'à l'extrême fin du XVIe siècle que l'autorité judiciaire se décida à intervenir de nouveau. Une requête du procureur du roi provoqua, les 6 et 7 mars 1597, une première visite conduite par Pierre Brisson, sénéchal de Fontenay-le-Comte. La sentence prononcée, on assigna toutes les personnes ayant une part de responsabilité dans l'œuvre de desséchement. Parmi les notabilités on distinguait l'évêque de Maillezais, Henri d'Escoubleau, l'évêque de Luçon, François Yver, les abbés de Nieul-sur-l'Autize, de Moreilles, de Saint-Michel-en-l'Herm, de l'Absie, le

---

(1) 1595, 28 mars. V. ci-dessus, p. 72, n. 3.
(2) Mentionnées dans la transaction du 3 mars 1760. Bibl. Niort, cart. 153.
(3) 1599, 28 janvier. « [Brescard, sieur de la Corbiniere, pour ladite dame de la Boullaie] dit que sans raison l'assignation presente et autres precedentes ont esté prinses et donnees, d'autant que la chose de laquelle il s'agist est vuidee longtemps a, par lettres patentes du roy, proces verbaux de messieurs les thresoriers a Poitiers et adjudication au rabais faictes desdites reparations des les annees quatre vingt cinq, quatre vingt six, quatre vingt sept, qu'il faut reprendre et suivre sans autre nouvelle forme parce que la chose a esté encommancee et en partie executee, pour laquelle execution il a mesme esté couppé des terres dudit Champagné pour donner cours plus facile à l'achenal [de Luçon], ce que ne voulust lors ladicte dame empescher en consideration du bien public et pour la recompansse qu'elle a tousjours esperé et espere pour ladicte tierce partie [de Champagné]. » Visite des achenaux. Arch. Nat., Q¹ 1597, fol. 12 v. — Tous les renseignements qui vont suivre ont été puisés à cette pièce importante que ses dimensions ont seules empêché de mettre parmi nos pièces justificatives.

commandeur de Puyravault, le seigneur de Champagné, Pierre des Villattes, Renée de Vivonne, dame de la Châtaigneraie, Marie du Fou, dame de la Boulaye et de la Bretonnière (1). Le roi lui-même était représenté en la personne de son receveur du domaine.

Presque tous les appelés firent opposition, et cherchèrent des prétextes pour se dérober à leurs obligations. Les uns objectèrent que leurs possessions étaient dérisoires et qu'elles ne pouvaient servir à justifier une taxe, si minime fût-elle. Les autres protestaient du parfait acquittement de leurs devoirs, et imputaient aux voisins les dégâts qui s'étaient produits dans leurs bots. L'abbé de Saint-Michel-en-l'Herm dit sans ambages « qu'il n'a aucune part esdictes reparations et que ceux a qui les dommaines appartiennent les doivent faire, comme il est tenu faire celles de son abbaie, qui consistent aussi en plusieurs et grandes réparations tant contre et le long de la mer que les achenaux, digues et levees (2) ».

A la requête du procureur du roi, Pierre Brisson fit alors une deuxième visite (1598, 10 septembre) qui porta sur les achenaux de Luçon, de la Pironnière, de la Grenetière, du Bourdeau, de Puyravault, de Bot-Neuf et des Cinq-Abbés. Il n'est pas parlé dans le procès-verbal des bots de Garde,

---

(1) Renée de Vivonne était citée comme dame de la Pironnière, et Marie du Fou comme dame de la tierce partie de Champagné.

(2) « En 1596, il se fit un marché pour... tirer un canal a prendre a lachenal de la Vache et conduire a Sainct Michel. » 1753, 3 juin. Mémoire envoyé à M. de Blossac. Arch. Nat., Q¹ 1598. En marge on a rectifié achenal de la Raque. Cf. Masse, 9ᵉ partie. — A la fin du xvıᵉ siècle, l'achenal de la Raque s'ensablait. Souvent il s'asséchait et les bestiaux de l'île de l'Aiguillon passaient sur la terre de Saint-Michel-en-l'Herm, faute d' « eau pour la divise entre icelluy ysle et la terre de Sainct Michel ». Lettre du châtelain de Talmont datée du 28 janvier 1569. *Lettres missives originales*, p. 209. — Sur l'achenal de la Raque, v. ci-dessous, p. 135, n. 3.

sauf quelques mots assez sensés du commandeur de Puyravault dont les commissaires semblent n'avoir tenu aucun compte. Ainsi, à l'opposé de ce qui avait été fait en 1527, on laissait complètement de côté les digues pour ne s'occuper que des achenaux.

La sentence qui suivit cette visite, prononcée le 28 janvier 1599, n'eut d'ailleurs rien de définitif. C'était une invite aux diverses parties à faire valoir leurs droits et la justesse de leurs réclamations. Seulement il fut ordonné par provision « attendu le péril éminent qui pourroit advenir aux pays circonvoisins desdicts achenaux » que les intéressés fissent faire les réparations nécessaires en payant chacun leur contribution. « Deux notables marchands du païs », laissés à leur choix, devaient centraliser les sommes et en régler l'emploi. Pas plus que les précédentes, cette tentative ne put aboutir : il fallait, pour réussir, une autre autorité que celle d'un simple lieutenant.

En 1586, Henri de Navarre passa à Marans. Sans doute la guerre avait épargné ce coin du pays, car le marais d'alentour, parsemé de jardins, avec ses canaux à l'eau claire et paisible, où les barques chargées de bois glissaient sans bruit, avec ses cabanes dont la Sèvre effleurait le seuil, ses « infinis moulins et mestairies insulées », lui apparut comme un lieu de délices, où l'on pouvait « estre plaisamment en paix et seurement en guerre », où l'on avait tout loisir de « se resjouir avec ce que l'on aime et plaindre une absence ». « Ha! que je vous y souhaitay, » écrivait-il à sa maîtresse, « c'est le lieu le plus selon vostre humeur que j'aye jamais veu (1). »

Henri IV n'oublia pas le merveilleux pays où Henri de

(1) *Coll. doc. inéd.: Lettres missives de Henri IV*, t. II, p. 224.

Navarre avait trouvé un instant de repos. En 1599, une ordonnance fit accourir en France d'habiles ingénieurs hollandais, qui, avec le secours de leur expérience et de leurs capitaux, allaient donner au desséchement un essor définitif.

CHAPITRE V

Les auteurs du desséchement.

Difficultés des desséchements. Au xiiie siècle l'Église était seule à pouvoir les entreprendre.
Rôle des religieux : ils forment entre eux des sociétés de desséchement. — Dès le xive siècle ils se désintéressent des travaux.
Rôle des seigneurs : leur indifférence. Ils se bornent à autoriser les travaux dans l'étendue de leurs domaines, ou à concéder des marais à dessécher. Parfois, mais rarement, ils entreprennent des œuvres plus ou moins importantes.
Rôle des paysans : ils exécutent les travaux conçus par les abbés ou les seigneurs, sont appelés à donner leur avis, entrent dans plusieurs associations, font des desséchements pour leur propre compte.
Défaut d'entente entre les trois classes. La royauté s'efforce de grouper ces éléments dissociés par l'intermédiaire de commissaires : — les commissaires sur le fait des marais, leurs attributions, difficultés qu'ils rencontrent dans l'exercice de leurs fonctions. — Inutilité de leur intervention.

Nous venons de passer en revue l'histoire des desséchements opérés dans les marais de la Sèvre et du Lay du xe à la fin du xvie siècle. Cette esquisse rapide demande à être complétée par quelques détails sur les dessiccateurs eux-mêmes, et sur les conditions de groupement ou d'entreprise individuelle qui ont présidé à leurs travaux.

Pour concevoir et mener à bien une œuvre aussi vaste que celle des desséchements, il fallait une association puissamment organisée, et disposant de capitaux considérables. Au xiiie siècle, les seigneurs ne s'intéressaient guère aux travaux agricoles, et les paysans n'étaient ni assez riches, ni assez indépendants pour se permettre des spéculations aussi risquées. L'Église seule remplissait les conditions requises et pouvait assumer les difficultés d'une pareille tâche.

C'est en effet au clergé régulier, bénédictins, cisterciens et templiers, que sont dus en grande partie les premiers travaux d'ensemble. De leur propre initiative, les religieux élevèrent des digues, creusèrent des canaux et mirent le marais en exploitation. Nul doute qu'au début, durant le cours du xiie siècle, lorsque les règles ascétiques de saint Bernard gardaient toute leur rigueur, ils n'aient eux-mêmes manié la pioche et la pelle comme faisaient dans le même temps leurs confrères de Roussillon (1) et de Flandre (2). Pendant tout le xiiie siècle, ils ne cessèrent de multiplier et de perfectionner leurs travaux d'art. Enumérer leurs entreprises serait reprendre presque complètement l'histoire des premiers dessèchements. Un mot suffit d'ailleurs pour expliquer leur réussite : ils s'entr'aidaient.

L'ouverture d'un canal, la construction d'une digue, nécessitaient de longs et coûteux efforts. Les communautés assez riches et assez puissantes pour en supporter la charge, ou assez hardies pour risquer un capital dans une spéculation aussi hasardée, étaient relativement peu nombreuses. Une dizaine d'abbayes, tout au plus, se partageaient les travaux. Leurs rivales, moins fortunées ou moins industrieuses, s'adressaient à elles et, moyennant rétribution, obtenaient de se servir de leurs canaux pour dessécher leurs propres marais. Le plus souvent des associations se formaient entre deux, trois, quatre et même cinq communautés,

---

(1) Cf. Brutails, *Conditions des populations rurales en Roussillon*, pp. 3-5.
(2) Cf. Pirenne, *op. cit.*, p. 274.

pour ouvrir un achenal comme celui des Cinq-Abbés ou celui de la Brune.

Ces associations, très rudimentaires, n'avaient ni statuts ni règlements. Les membres qui les composaient agissaient à leur guise, et ne s'occupaient que des complications d'ordre physique qui pouvaient surgir au cours de leurs travaux.

Avec une organisation aussi primitive, des contestations se produisaient à tout propos, pour l'entretien d'un achenal ou pour la propriété d'un bot. Des transactions y mettaient fin, et l'on prenait des dispositions nouvelles pour que le cas litigieux ne se reproduisît plus. Bientôt un autre point se trouvait contesté et l'on réglait encore la question à l'amiable. Chaque conflit nouveau engendrait de nouveaux usages. Peu à peu s'élaborait un droit des marais.

Lorsqu'un achenal, par exemple, desséchait plusieurs marais à la fois, chaque associé prenait l'engagement de n'y envoyer que la quantité d'eau à laquelle il avait droit (1) : celui qui y possédait une porte était contraint de l'ouvrir toute grande à la première réquisition pour que les eaux, s'accumulant en amont, n'allassent point submerger les marais d'autrui (2). Quand un bot se trouvait mitoyen à deux achenaux appartenant à différents propriétaires, on y jetait d'un côté comme de l'autre les boues provenant du curage sans qu'il y eût pour cela d'époque déterminée. Chacun veillait seulement à ne pas projeter trop violemment la terre, de peur qu'elle n'allât tomber dans l'achenal du voisin. Si le cas se produisait, c'était au maladroit ou au malveillant

---

(1) V. pièces just. III et VI.
(2) 1249, février (n. st.). Accord entre les abbés de la Grâce-Dieu et de Saint-Léonard. — V. ci-dessus, p. 40.

à réparer les dégâts qu'il avait causés (1) ; mais s'il s'agissait de réparations normales ou d'amendements nécessaires, les associés se partageaient les frais (2). Peut-être même dans certaines sociétés y avait-il une cotisation périodique à payer (3).

Les dernières traces de ces associations disparurent avec le xiiie siècle, une fois les desséchements achevés. Dès le début du xive siècle, les religieux donnèrent les marais à bail à des particuliers, à l'instar des cisterciens de Flandre, qui, à la fin des défrichements, renvoyaient leurs frères convers, et louaient un bon prix à des laïcs les polders mis en valeur (4). Peu à peu, les abbayes poitevines et aunisiennes se désintéressèrent du desséchement : on en vit, au xive siècle, invoquer le retrait de la mer, qui avait fait leur fortune, pour excuser le délabrement de leurs domaines et se dispenser d'en payer les redevances (5). Aux xve et xvie siècles, prieurs et abbés s'en remettaient pour la plupart à leurs fermiers du soin d'entretenir les œuvres de desséchement ; ce n'est que contraints par l'autorité judiciaire qu'ils consentaient de temps à autre à effectuer quelques travaux.

---

(1) 1241, mars (n. st.). Accord au sujet du bot de l'Alouette. *Arch. hist. Saintonge et Aunis*, t. XI, p. 26.

(2) *Ib.* — V. aussi pièce just. VI.

(3) 1294, 8 mars (n. st.). Guillaume, abbé de Saint-Maixent, concède les marais de Vouillé au prieur de Marsais, « ea conditione et missionibus super [eis] certam pensionem solveret ». Bibl. Nat., ms. lat. 13818, fol. 284. — Cf. *Arch. hist. Poitou*, t. XVI, p. lxxxiv.

(4) Cf. Pirenne, *op. cit.*, pp. 274, 275.

(5) 1374, 14 août. « Dictum pratum ad tantam sterilitatem devenerat propter recessum maris, quod a dicto prato longe retrocesserat, quod dictum pratum penitus inutile factum extiterat, adeo quod, a longo tempore citra, nihil commodi affere potuerat nec sperabatur quod afferet in futurum. » Arrêt du Parlement condamnant les religieux de Moreilles sur le vu d'une charte de 1276 (v. ci-dessus p. 46, n° 1), à acquitter une redevance. Arch. Nat., X[1a] 23, fol. 450.

Si le clergé régulier peut être considéré comme le promoteur des grands desséchements, on ne doit accorder qu'un rôle bien secondaire à la noblesse bas-poitevine. Alors qu'en Flandre, au xiiie siècle, de grands seigneurs faisaient exécuter à leurs frais des endiguements considérables (1), les sires de Velluire, de Marans, de Luçon se contentaient, à la même époque, d'autoriser les entreprises sans y prendre une part directe. Parfois même, leur indifférence se changeait en hostilité à l'égard des industrieux abbés, témoin l'acte incroyable du chevalier Maurice de Velluire, brisant par pur caprice la levée de Bot-Neuf, appartenant aux religieux de Moreilles (2).

Ces procédés, hâtons-nous de le dire, étaient exceptionnels. Plus d'un seigneur, sans vouloir intervenir personnellement dans le desséchement, en comprenait les avantages et en favorisait le développement. Sa protection s'exerçait de plusieurs façons : tantôt il se bornait à autoriser les travaux dans l'étendue de son domaine ; tantôt il concédait une portion de marais à desséchsr suivant des conditions variant avec chaque traité ; enfin, mais plus rarement, il faisait exécuter à ses frais, seul ou de concert avec d'autres personnages, des œuvres plus ou moins importantes.

Le premier cas se rencontre surtout à la fin du xiie et au début du xiiie siècle, c'est-à-dire au moment où les entreprises se multiplient, où les grandes transformations se dessinent le mieux. La concession portait sur deux points : le droit de construire des bots, *abbotamentum* (3), et le

(1) Cf. Pirenne, *op. cit.*, p. 280.
(2) V. pièce just. IX.
(3) Arcère (t. I, p. 25) traduit *abotamentum* par batardeau « qu'on nomme aboteau dans l'Aunis ». Aboteau est un terme encore usité, avec

droit de creuser des achenaux, *exaium* (1). C'était parfois pour dessécher un marais hors du domaine que la demande était présentée; il fallait alors s'adresser à deux seigneurs différents. Les termes de l'autorisation, généralement assez vagues, laissaient toute latitude à l'entrepreneur ; parfois cependant ils indiquaient la direction approximative à donner au canal, moins pour formuler une condition que pour rappeler une convention (2).

Le second cas qui pouvait amener un seigneur à participer au desséchement était la concession d'un marais moyennant sa mise en culture. Quand la valeur des marais était encore mal connue, lorsque le pacage des bestiaux semblait en constituer la meilleure, presque l'unique ressource, les concessions étaient souvent gratuites, mais, avec les progrès de l'exploitation, elles changèrent vite de caractère.

Nous n'en voulons pour exemple que Pierre de Velluire, premier du nom, seigneur de Chaillé : fort habilement il sut répartir ses marécages entre plusieurs communautés et en tirer des rentes. De l'abbé de Moreilles (3), il recevait des redevances en nature, des abbés de l'Absie (4) et de Maillezais (5), chacun cinquante sols, de celui de Nieul-sur-l'Autize, soixante. Mais un des plus curieux

---

cette signification qui ne peut venir d'*abotamentum* ni avoir le même sens. P. Marchegay, le premier (*Ann. Soc. émulation de la Vendée*, 1898, p. 142 n. 1) a donné la véritable traduction.

(1) P. Marchegay (*loc. cit.*) ayant lu *excursum*, il n'y a pas lieu de tenir compte de sa traduction. *Exaium* est nettement opposé à *abbotamentum*. Plus tard « essai » a pris un autre sens. V. ci-dessus, p. 99, n. 5.

(2) V. pièces just. I et II, VII et VIII, et ci-dessus, chap. II, passim.

(3) V. pièce just. II.

(4) V. pièce just. III.

(5) 1207. Don par Pierre de Velluire aux abbayes de Maillezais et de Nieul du marais d'Aimeri de Reisse moyennant un cens de soixante sols ainsi réparti : cinquante dus par la première, dix par la seconde. — V. ci-dessus, p. 28, n. 4, et p. 31, n. 2.

fermages est celui qu'il passa en 1211 avec ses hommes de Chaillé. Il leur concéda à titre héréditaire les marais situés à l'ouest de leur île, entre ceux de la Grâce-Dieu, de Saint-Maixent et de Guillaume Chasteigner, moyennant le payement d'un cens annuel. Comme le marais n'était pas encore desséché, on ne pouvait déterminer à l'avance la quantité de terrain qui pourrait être livrée à la culture. Aussi Pierre de Velluire se garda bien de demander une somme fixe pour toute la concession ; il se fit payer une redevance pour chaque brasse de terrain desséché. En principe, il donnait quatorze cents brasses, mais s'il s'en trouvait davantage une fois l'exploitation commencée, il s'engageait à comprendre ce supplément dans les termes du traité. La redevance consistait en trois sols par cent brasses « jusqu'à ce que la terre du marais portât moisson » ; à ce moment le payement en nature devait se substituer au payement en argent, et les trois sols faire place à un setier de froment (1).

Dans le cas que nous venons d'examiner, le seigneur avait aliéné ses marais par une série de contrats successifs indépendants les uns des autres ; il pouvait le faire aussi suivant une méthode un peu mieux réglée.

Au début du XIIIe siècle, Guillaume de Mauléon, sire de Talmont, distribua par fractions à plusieurs concessionnaires ses marais de Curzon pour les clore et les mettre en culture. Il les divisa en cinq parts, en donna quatre, et se réserva la cinquième. Les preneurs des quatre premières parts s'engagèrent à les exploiter et à y établir, chacun dans leur lot, une étable, un jardin, une aire et une habitation. Ils devaient payer au seigneur la dîme et le terrage

(1) V. pièce just. V.

et lui offrir chaque année un bélier à cause de leur étable (1).
Dans ce contrat, la cinquième part, celle du seigneur, devait
rester inculte et servir au pacage des bestiaux.

Rarement, on le voit, le seigneur s'occupait directement
de culture. C'est à peine si, de loin en loin, certains textes
laissent à penser qu'un chevalier ait fait exploiter à ses
propres frais quelque coin de marais (2.) Le caractère même
du noble y répugnait. Un seigneur avait-il dans son domaine
des biens qu'il voulût mettre en rapport, tout en en gardant la
jouissance, il s'adressait à un abbé voisin qui, moyennant
la cession d'une partie de ses marais, cultivait le reste (3),
ou lui permettait d'user de ses canaux.

C'est ainsi qu'en 1274 Pierre de Velluire, troisième du
nom, voulant dessécher un pré situé dans la paroisse de
Chaillé, sans faire de frais inutiles, pria l'abbé de Moreilles, frère Aymeri, de lui prêter pour cinq ans son achenal
de Bot-Neuf. Comme il obtint gratuitement l'autorisation
demandée, n'ayant donné en échange que de vagues pro-
messes d'appui et de protection, ses dépenses se limitèrent
à l'ouverture de quelques fossés d'écoulement (4).

Les seuls canaux qu'on puisse attribuer à l'initiative seigneuriale sont peut-être l'achenal du Langon dont nous
avons montré le peu d'importance, et l'achenal de la

---

(1) 1205 (?). P. Marchegay, *Cartulaires du Bas-Poitou*, p. 272. — Masse
a écrit à propos de ce marais (9ᵉ partie) : « Marais pouvant être desse-
ché ».

(2) V. ci-dessus, p. 28, n. 5, ci-dessous, p. 92, n. 3, et pièce just. III :
« Exaquarium meum » dit Pierre de Velluire.

(3) 1275, novembre. Cession de quelques terres incultes à l'abbaye de
Maillezais par Aimeri du Verger, à condition qu'il lui en reviendra une
partie après la culture. D. Fonteneau, t. XXV, fol. 115. Lacurie, p. 335.

(4) V. pièce just. X.

Pironnière, « ung fossé seulement, mesme qu'il n'y a bateau si petit qui y puisse entrer (1) ». Encore pensons-nous, pour ce dernier, que le sire de la Pironnière avait dû être de moitié avec l'abbé de Trizay (2).

Dans tous les cas, si les travaux de desséchement furent conçus et dirigés par les religieux, et, pour une faible part, par les seigneurs, la partie matérielle de l'entreprise fut l'œuvre des paysans, du « povre peuple » de la Chronique du Langon.

Les textes relatifs aux populations rurales sont extrêmement rares, surtout dans la région qui nous occupe. Si pourtant l'on joint à ceux que l'on connaît quelques renseignements épars, on arrive à pressentir le rôle important joué par les manants dans l'histoire des desséchements. D'abord, leur activité avait sur bien des points précédé les religieux dans leur tâche. Si, dès le xiiie siècle, on trouve certains cultivateurs recevant des abbayes des marais déjà desséchés (3), par contre, on remarque que plusieurs des marais appartenant aux communautés avaient été mis en valeur par de simples particuliers (4). De plus, en exécutant tant de travaux, soit pour leur compte, soit pour celui d'autrui, les paysans avaient acquis à la longue, en matière de desséchement, une compétence qui ne le cédait en rien à celle des religieux. Aussi, dans bien des circonstances, voyons-nous ces derniers demander conseil aux « prud'hommes », soit qu'il s'agisse d'opérer un desséchement ou de régler la

---

(1) 1599, 28 janvier. Visite des achenaux. Arch. Nat., Q¹ 1597, fol. 13.
(2) V. pièce just. XVII.
(3) V. entre autres (1241) *Arch. hist. Saintonge et Aunis*, t. XXVII, p. 155.
(4) Concessions de 1002 (V. ci-dessus, p. 21, n. 2, et p. 22, n. 1), de 1200 (*Cartulaires du Bas-Poitou*, p. 261), de 1231 (*Arch. hist. Saintonge et Aunis*, t. XXVII, p. 150), de 1277 (V. ci-dessus, p. 46, n. 1).

méthode à suivre dans les réparations (1), soit qu'il faille trancher des différends comme il en surgissait à tout moment au sujet du droit de propriété (2).

Bien mieux, à plusieurs reprises, nous voyons des manants entreprendre eux-mêmes des dessèchements sur le même pied que leurs seigneurs « spirituels et temporels ». L'abbé de Saint-Léonard-des-Chaumes prend des associés laïques aussi bien au nord qu'au sud de la Sèvre, et ces associés sont, à n'en pas douter, d'une humble condition (3). A Champagné, le rôle des paysans se dessine : de leur propre initiative, on les voit élever les bots de garde, échelonnés vers la mer, et canaliser, ou peut-être creuser entièrement, les achenaux de l'Houmeau, de Champagné et du Bourdeau (4).

Une véritable méthode présidait à leurs opérations. Pour assurer l'entretien de l'achenal de Champagné, les hommes valides de la paroisse étaient répartis en onze équipes de dix travailleurs. Chaque équipe ou dizaine travaillait à son tour aux réparations, sous les ordres d'un dizainier. Le dizainier avait charge de réunir ses hommes en temps et lieux, et était responsable de leurs actes. Quand la nécessité s'en faisait sentir, le notaire de l'endroit dressait une nouvelle liste, et comblait les vides occasionnés par les décès dans la première (5).

(1) V. pièces just. II, XIV et XVIII.
(2) Actes de 1210 (*Cartulaires du Bas-Poitou*, p. 262), 1211 (*Arch. hist. Poitou*, t. XXV, p. 140), 1249 (*Arch. hist. Saintonge et Aunis*, t. XXVII, p. 162), 1314 (*Ib.*, t. XII, p. 124). — V. pièces just. IV, VIII, IX.
(3) V. pièce just. VI et acte de 1249 (*Arch. hist. Saintonge et Aunis, loc. cit.*).
(4) V. pièce just. XVII et XVIII. Pour les achenaux nous n'avons pas de données bien certaines. Les conjectures que nous avançons sont fondées sur le régime suivi dans les réparations.
(5) V. pièces just. XVI et XVII.

Rappelons enfin que l'Achenal-le-Roi fut entrepris sur la demande des habitants de cinq paroisses, association assez rare en Bas-Poitou pour qu'on la fasse remarquer. Alors, en effet, qu'en Flandre s'étaient constituées des *wateringues* ou communautés de travailleurs, qu'en Provence des *levadiers* veillaient constamment à la solidité des digues et au bon état des canaux, comme les « maîtres de la mer » hollandais (1), il n'existait sur les bords de la Sèvre et du Lay aucune institution équivalente.

Dans ces conditions, une autorité supérieure pouvait seule suppléer au défaut d'entente entre les intéressés, religieux et paysans, et réunir par la contrainte ces éléments dissociés. Seul le roi pouvait efficacement intervenir dans les questions relatives au desséchement, soit par lettres patentes, soit par des intermédiaires, procureurs ou commissaires spéciaux.

Les commissaires royaux apparaissent pour la première fois au xiii° siècle. A cette époque, ils conduisent des travaux de création comme le bot de l'Anglée ou l'Achenal-le-Roi, et probablement l'achenal Traversain (2). Au xiv° siècle, aucun témoignage n'atteste leur intervention ; mais au début du xv° siècle, ils reparaissent, et ne cessent plus leurs fonctions jusqu'à la fin du xvi° siècle. Ils sont alors « comis à faire visiter et reparer les achenaux », ou, « commissaires sur le fait de la réparation des marais (3) » : leur rôle se dessine, et devient prépondérant dans l'histoire des tentatives de restauration opérées dans le cours de ces deux derniers siècles.

---

(1) Cf. Pirenne, *op. cit.*, p. 135, et de Dienne, p. 262.
(2) V. ci-dessus, pp. 29, 36 et 55.
(3) Actes de 1409 et 1439, ci-dessus pp. 49, n. 2, et 50, n. 1.

Ces agents du roi avaient des attributions assez complexes : ils devaient dresser la liste des contribuables, les contraindre à payer leur quote-part, visiter les marais, déterminer les travaux à entreprendre, en surveiller l'exécution. Pour remplir des fonctions aussi spéciales, on choisissait de préférence des gens du pays ayant déjà une certaine expérience. Au début, les commissaires étaient des personnages importants, puis on les recruta parmi des gens de condition plus humble. D'un seigneur ou d'un évêque on passa à de simples particuliers. A la fin du xvi° siècle, c'était le plus souvent un fonctionnaire du roi qui recevait la commission (1).

La tâche la plus difficile de cette charge, toujours essentiellement temporaire, résidait dans l'établissement des responsabilités. Pour chaque achenal, il fallait rechercher les personnes auxquelles incombait l'entretien : bien entendu, celles-ci n'allaient pas au devant des recherches, mais au contraire s'efforçaient d'y échapper. Les commissaires se voyaient contraints de s'aider, pour accomplir leur mission, des procès-verbaux antérieurs (2), et

---

(1) Liste chronologique des commissaires royaux sur le fait des marais :

Jean de Masle, évêque de Maillezais....................	1409
Guillaume Taveau, seigneur de Mortemer................	1409
Guillaume de Bonnessay...............................	av. 1439
Jehan Besuchet, secrétaire du roi......................	1442
Jean Angelet, écuyer..................................	1455
Geoffroy Vassal......................................	1455
Estienne Choppin.....................................	1527
Colas Siméon, fermier de la Billaudère, à Champagné.....	1527
Mathurin Paradis.....................................	1527
Micheau Barbier......................................	1527
François Brisson, lieutenant particulier à Fontenay.......	1560
Nicolas Gaudineau, sergent royal à Fontenay.............	1568
Pierre Brisson, sénéchal à Fontenay....................	1598

(2) V. pièce just. XVI.

surtout des dénonciations réciproques des intéressés (1).

Sitôt qu'un seigneur ou un abbé se trouvait assigné en raison de sa négligence, il rejetait la faute sur ses voisins. Il objectait que toutes les réparations qu'il pourrait faire, en admettant qu'il s'y reconnût obligé, n'auraient aucun résultat si elles n'étaient précédées d'opérations plus urgentes. Certains allaient jusqu'à prétendre qu'une tentative isolée « non « sulement seroit inutile, mais beaucoup dommagable et « prejudiciable, parce que ce seroit attirer les eaux douces « et sallees sur les terres y adjassantes et faire submerger « toutes lesdictes terres (2) ». Chacun s'empressait de désigner aux commissaires les autres achenaux en ruines, et de nommer les personnes qu'il jugeait tenues de les réparer.

Pour les bots, la difficulté était moindre. Tout le monde devant redresser le bot et curer le contrebot « au droit soi », il suffisait de rechercher les propriétaires des domaines riverains. Mais la question se compliquait quand le bot ou l'achenal servait de voie de communication. La Coutume de Poitou, qui reste muette en ce qui concerne les marais, n'est même pas catégorique à propos de l'entretien des chaussées : « Le seigneur qui a droit de péage « doibt tenir en réparation les ponts, ports et passages « sur les chemins, rivières et ruisseaux du grand che- « min, sinon qu'autres par devoir y fussent venus (3). » Ces quatre lignes de l'article XII suffiraient à expliquer

(1) V., entre autres, pièce just. XVII et la visite de 1599. Arch. Nat., Q¹ 1597.
(2) 1599, 28 janvier. Visite des achenaux. Arch. Nat., Q¹ 1597, fol. 14 v.
(3) *Coutumes du pays et comté de Poitou*. Poitiers, Marnef, 1606, in-4°, pp. 7-8. — L'article XII est invoqué en 1598 par la dame de la Coudraye contre le sire de Champagné. Procès-verbal du 28 janvier 1599. Arch. Nat. Q¹ 1597, fol. 15.

à elles seules les nombreuses contestations auxquelles donnait lieu l'entretien d'un achenal, par exemple celui de Luçon (1).

D'ailleurs, quand bien même les commissaires s'acquittaient en conscience de leurs fonctions, réussissaient à dresser la liste des personnes responsables, leur activité s'exerçait en vain. Pendant le temps que duraient les procédures, les canaux s'envasaient, l'eau envahissait les marais, et les chanoines de Luçon, effrayés pour leurs métairies de Triaise, pouvaient soutenir avec raison « que la nécessité des repa-
« rations est parfois si pressive et le danger si éminent que
« le remede de justice seroit trop lent pour y mettre
« ordre (2) ».

Ainsi s'évertuèrent, sans résultat appréciable, ces commissaires du roi dont le rôle aurait pu être si important pour grouper les trois classes de dessiccateurs, religieux, seigneurs et paysans. A une autre époque, avec des pouvoirs de contrainte plus considérables, leur intervention saura concilier tous ces intérêts souvent opposés, et les fera concourir, sous une direction unique, à l'œuvre du desséchement. Il appartiendra à l'autorité royale, enfin maîtresse de toutes les forces de la France, de reprendre l'entreprise et de la faire aboutir définitivement.

(1) V. ci-dessus, pp. 64-65.
(2) 1599, 28 janvier. Visite des achenaux. Arch. Nat., Q¹ 1597, fol. 5.

CHAPITRE VI

Exposé des procédés de desséchement.

Les premiers desséchements ont été entrepris dans le voisinage des côtes. — Origine maritime des atterrissements. — Laisses et relais.
Procédés de desséchement : l'*achenal* ; achenaux naturels et achenaux artificiels ; le *bot* ; bots de garde ; le *contrebot*. — Défaut de précision de ces termes. — Vocables empruntés par les dessiccateurs aux sauniers. — Le *coi*. — Le *portereau*. — A défaut de l'unité de plan, les desséchements avaient l'unité de méthode.

Jusqu'ici nous avons essayé d'établir, autant que les documents nous l'ont permis, la part de chacun dans les travaux entrepris. Nous pouvons envisager maintenant le côté matériel de l'œuvre, et décrire les différents procédés auxquels ont eu recours les auteurs de ces desséchements.

A plusieurs reprises, nous avons signalé un fait très important : les premiers desséchements ont été entrepris dans le voisinage de la mer. Ce phénomène constant tient à plusieurs causes qui peuvent se ramener à une seule : l'origine maritime des atterrissements.

Depuis longtemps il est reconnu que le comblement du golfe du Poitou ne peut pas s'expliquer par des apports fluviaux. Dans sa *Géographie de la Gaule*, M. E. Desjardins l'avait déjà établi (1) ; M. Gelin, dans une *Etude sur la formation de la vallée de la Sèvre*, a précisé encore cette

(1) Tome I, p. 268.

théorie. Il a démontré que, par sa composition même, le *bri* ou argile grise à pâte fine qui constitue la plus grande partie du fond des marais est un apport des courants marins (1).

C'était la mer qui formait les premiers dépôts avec les matières en suspension dans ses eaux. Elle s'opposait ainsi à elle-même une barrière, et, devant les atterrissements que son flux engendrait, elle reculait toujours par une progression lente et insensible, identique à celle que l'on observe encore dans la baie de l'Aiguillon (2).

Les documents positifs viennent à l'appui de cette théorie, au moins pour les xiie, xiiie et xive siècles, et le retrait de la mer, *recessum maris*, s'y trouve très clairement exprimé (3). D'où vient pourtant qu'aux xve et xvie siècles il ne soit plus question que d'inondations? Faut-il voir là un nouveau caprice de l'Océan, reconquérant un terrain qu'il avait abandonné ?

La contradiction n'est qu'apparente : nul besoin, pour l'expliquer, de supposer une interruption momentanée des apports maritimes. Il suffit de faire intervenir un phénomène bien connu : l'affaissement naturel qui se produit à la longue dans les terrains d'alluvions (4). A l'abri des digues, les atterrissements s'assèchent en peu de temps et deviennent labourables ; mais en perdant son humidité, le sol s'abaisse, et si les digues viennent à se

(1) *Mém. Soc. de statistique des Deux-Sèvres*, 1887, 3e série, t. IV, p. 165.

(2) « La mer abandonne chaque année une superficie de trente hectares. » Cf. Cavoleau, p. 44. — « La mer recule chaque année de dix mètres. » Cf. Gelin, *loc. cit*.

(3) Actes de 1146 et de 1314 (*Arch. hist. Saintonge et Aunis*, t. XII, p. 123), de 1241 (*Arch. hist. Saintonge et Aunis*, t. XXVII, p. 155), de 1374 (Arch. Nat., X1a 23, fol. 450. — V. ci-dessus, p. 79, n. 5).

(4) Cf. Gelin, *loc. cit.*; Cavoleau, pp. 64 et 233 ; Pettit, *Marais du bassin de la Sèvre*, p. 5.

rompre, la mer recouvre les terres qui lui faisaient obstacle quand elles étaient encore mouillées, mais qui en séchant sont descendues au-dessous du niveau des marées.

Les atterrissements naissaient de préférence sur les côtes, où les courants marins venaient déposer les matières en suspension dans leurs eaux. Ils étaient désignés communément dans les textes sous les noms de *laisses* et de *relais*. On trouve, au XVIe siècle, des relais sur des points assez éloignés de l'Océan comme Marans et l'Ile-d'Elle (1), mais jamais dans la partie du marais la plus enfoncée dans les terres, comme Damvix et Coulon. D'ailleurs, en cet endroit, « les alluvions qui composent le sol des marais de la Sèvre n'ont plus la même origine, elles sont constituées en partie par des graviers et des dépôts tourbeux formés de débris d'herbes aquatiques (2) ».

C'est sur les relais, dans le voisinage des côtes, auprès des cours d'eau naturels qui se frayaient un passage vers la mer, que furent tentés les premiers essais d'exploitation. On commença par cultiver de simples parcelles de marais en les choisissant de préférence dans les atterrissements les plus solides. On entoura le terrain adopté par un fossé pour l'isoler des marais voisins (3). La terre enlevée, et rejetée

(1) 1584, 2 octobre. « La maison de la Gressauderie scize et située en la seigneurie de Marans, avecq ses... relais ». Arch. Charente-Inf., E 92. — 1571,12 février : « Item la quarte partye de l'escluse de Tabarite et pescherye d'icelle avec les boys, maroys et relays. » Partage entre Denis et Jean Gorron et François Martineau. Bibl. Nat. ms. fr. 26363, fol. 44. — 1596,16 septembre : « Item la moictié d'une pièce de prés appellé le Prés de Pain sis audict Marans tenant d'une part au relais de la dame de Marans, d'aultre au relais de dame Françoise Poibelleau. » Vente par Christophe Goguet à Pierre et Etienne Franchards. Arch. Nat., P 773 71.
(2) Cf. Pettit, p. 4.
(3) 1090, Angles. « Omne maresium præter claudicium illud clauserat. » *Cartulaires du Bas-Poitou*, p. 95. — 1098, Angles. « Verum etiam jamdictum mariscum violenter invadens, maximam partem ipsius ad

en forme de talus à l'intérieur, opposa une barrière aux eaux venant du dehors. Au pied de ce talus, dans le marais clos, on creusa un second fossé, destiné à recevoir les eaux du terrain cultivable, soit directement, soit par l'intermédiaire de rigoles, et la terre provenant de ce fossé intérieur vint encore grossir le talus.

Dans le cadre si simple de ces opérations, peuvent rentrer tous les procédés employés jusqu'à la fin du xvie siècle pour le desséchement des marais de l'Aunis et du Bas-Poitou. Le fossé extérieur prit le nom d'*achenal*, le talus de *bot*, et le fossé intérieur de *contrebot*.

L'achenal, du latin *canalis*, est, dans son acception la plus large, un cours d'eau artificiel ou naturel susceptible d'être réglementé dans un but de navigation ou de desséchement. Les noms divers portés par l'achenal sont : la chenal, le chenal, la cheneau, l'achenau et l'escheneau. On a même étendu ces noms à de véritables rivières comme la Sèvre et le Lay (1).

Ce qui distinguait l'achenal proprement dit de la rivière, c'était l'élévation artificielle de ses bords. Les achenaux pouvaient se définir, suivant La Popelinière, « de grandes et larges fosses du terrein et gazons desquelles on a rehaussé

---

claudendum retinuit. » *Ib.*, p. 101. — 1200, Champagné. « Maresium quod ipsi clauserant. » *Ib.*, p. 261. — 1205, Curzon. « Concessi maresium Cursonii ad claudendum et ad excolendum ». *Ib.*, p. 272. — 1211, l'Anglée. « De maresio clauso... De maresio non clauso. » *Arch. hist. Poitou*, t. XXV, p. 140. — 1218, Curzon. « Quod maresium Johannes de Jart, miles, dudum clauserat. » *Cartulaires du Bas-Poitou*, p. 271. — 1244, l'Anglée. « Omnia maresia mea de Langlee culta et inculta, clausa et non clausa. » *Arch. hist. du Poitou*, t. XXV, p. 170.

(1) La Sèvre est fréquemment appelée l'achenal de Marans ou l'achenal de la mer. Le Lay est presque exclusivement nommé l'achenal de Saint-Benoît.

l'un et l'autre bord (1) ». Ces bords ainsi exhaussés s'appelaient les *jets* de l'achenal (2).

La largeur des achenaux variait en proportion de leur importance et de la longueur de leur cours. A côté de l'Achenal-le-Roi, qui atteignait quinze toises, soit une trentaine de mètres (3), on trouvait l'achenal de la Pironnière, qui n'avait que deux toises, c'est-à-dire quinze pieds de largeur (4), et l'achenal d'Andilly (5), qui ne dépassait pas vingt-cinq pieds. Souvent on étendait le nom d'achenal à de simples fossés (6).

Les variations devaient être moins sensibles pour la profondeur, qui ne pouvait jamais être très grande, par suite de la tendance des achenaux à s'envaser. Théoriquement l'achenal du Langon devait avoir trois pieds de profondeur (7) ; l'achenal de la Brune (8), au sud de la Sèvre, n'était pas beaucoup plus profond.

D'après leur direction, on peut classer les achenaux en deux catégories : les uns suivaient la déclivité naturelle

---

(1) La Popelinière, liv. V, fol. 155 v.

(2) V. pièce just. XIX.

(3) V. pièce just. XVII. Cette assertion n'est rien moins que certaine.

(4) 1571, 15 juin. « Ladicte achenault de la Pironnière qui est longue d'une lieue et demye pour le moins et deux toyses de largeur vallans quinze pieds a la façon dudict maraiz. » Enquête au sujet de Beauvoir et de Petit-Trizay. Bibl. Niort, cart. 142.

(5) 1249, février (n. st.). *Arch. hist. Saintonge et Aunis*, t. XXVII, p. 162.

(6) 1540, 2 avril. « L'achenal de Pierre Regnault », près du pré de Lenfernau à Marans. Déclaration de Bernay. Bibl. Nat., Dupuy, 822, fol. 241 V. — 1558, 22 février, Nuaillé. « L'achenault desdits Dubois et Pierre Desbegnes. » Echange entre B. Dubois et M. Dubois. Communiq. par M. Charrier, à Niort.

(7) V. pièce just. XIX.

(8) 1588 juillet. « Cherbonnière qui menoit la teste du costé de la Brune... aiant apris d'une pique qu'il mit dans le canal qu'il n'en auroit que jusqu'aux épaules.... se jeta a corps perdu. » D'Aubigné, *Histoire universelle*, liv. XII, chap. 2 (t. VII, p. 299).

du terrain vers la mer ; les autres étaient tracés perpendiculairement à ceux-ci, et les coupaient à angle droit.

Les achenaux de la première catégorie étaient les plus nombreux, parce qu'ils exigeaient des entrepreneurs une somme d'efforts beaucoup moindre. En suivant la pente des eaux, les dessiccateurs trouvaient souvent à utiliser des cours d'eau naturels, qui portaient le nom d'*étiers* avant d'être appelés achenaux (1). Ils n'éprouvaient de réelles difficultés que lorsqu'il leur fallait ouvrir une tranchée au milieu des terres fermes, comme dans les îles de Champagné et de Vouillé, qu'ils percèrent en plusieurs endroits pour livrer passage à des canaux.

Les achenaux de la seconde catégorie, dont l'existence ne relevait que du travail de l'homme, se rencontraient bien moins fréquemment. Outre la nécessité de creuser une tranchée de bout en bout, il fallait atteindre sans doute une plus grande profondeur pour compenser l'absence de toute pente naturelle.

L'envasement formait le plus grand obstacle au bon fonctionnement des achenaux. On y remédiait en pratiquant des curages, et en rejetant la boue sur les bords ou jets. Cette opération s'appelait, au xiii° siècle, « reverser (2) ». C'est l'équivalent du mot « récaler » que l'on rencontre au xv° siècle, et qui s'est conservé jusqu'à nos jours (3).

---

(1) V. ci-dessus, pp. 27-28.

(2) 1241, mars (*n. st.*). « Recurare et revolvere, quod reversere dicitur in vulgari, dictum canale quotiens et quantum vellent, et projicere lutum et recurramenta canalis super dictum botum. » Transaction relative au bot de l'Alouette. *Arch. hist. Saintonge et Aunis*, t. XI, p. 26.

(3) 1436, 26 avril. Commission donnée par le parlement de Poitiers aux religieux de la Grâce-Dieu pour faire réparer et récaler l'achenal de Picarnault. *Arch. hist. Saintonge et Aunis*, t. XXVII, p. 224. (L'achenal de Picarnault ou mieux de Pied Arrenault, dans le marais des Alouettes, allait

L'expression « ferrayer » beaucoup plus fréquente, s'appliquait à l'étayage du jet au moyen de pieux et de fascines : elle était usitée dans le même sens à propos du bot (1).

Lorsque le jet atteignait une certaine dimension, il prenait le nom de bot. Tout achenal de quelque importance avait ses deux bots. Ceux-ci n'étaient pas toujours de même importance : fréquemment on renforçait celui qui protégeait les terres les plus menacées. D'accessoire, le bot devenait alors le principal ; l'achenal passait en second rang. On ne bâtissait plus le bot pour se débarrasser de la terre de l'achenal, mais on creusait l'achenal pour pouvoir élever le bot. Prenant la partie pour le tout, le langage vulgaire comprenait alors l'ensemble de l'ouvrage sous le terme unique de bot. De là les noms de bot de Vendée, bot de l'OEuvre, bot de l'Anglée, qui désignaient à la fois l'achenal et le bot.

du Gros Aubier à la mer. *Ib.* p. 328.) — V. *Usages locaux de la Vendée*, p. 144.

(1) V. pièces just. XVI, XVII, XIX. — 1599, 28 janvier. « Il faudroit planter de grans paulx et fescines pour remettre la terre des bots et levées en son antien lieu. » Visite des achenaux. Arch. Nat., Q¹ 1597, fol. 7 v.

La Popelinière (liv. XIII, fol. 374) voyait dans le mot « bot » le « mot corrompu de bords ». Le Père Arcère (t. I, p. 24) rejeta cette étymologie un peu fantaisiste et fit remarquer que « Bot est un mot celtique qui signifie bout, extrémité, » mais il se méprit sur le véritable sens du mot. Les érudits modernes (Cf. G. Musset, *Vocabulaire*, dans *Association française pour l'avancement des sciences*, session 1882, p. 911) adoptent l'origine celtique conforme à l'explication donnée par Ducange au mot *batum*. Mais batum devrait donner bout et non bot. — Il est vrai que nous trouvons la forme « bout » au lieu de bot dans plusieurs textes du moyen-âge : 1301, 1ᵉʳ septembre. « Le bout de l'Anglée ». *Arch. hist. du Poitou*, t. XXV, p. 203. — 1315, 3 avril. « Il a, de tot son temps, veu uxer et expleter a toz ceux qui ont fié joute la mer, les tantes et les bouz a l'androit de leur terre, comme leur chacun en droit soy pour deffendre leurs terres de la mer. » Enquête au sujet de la métairie de la Minzottière dépendant de Fontaines. Arch. Vendée, II 83, n° 36. — 1478, 15 janvier (*n. st.*). « Le bout pavé où est la Barbecanne de Marant. » Aveu d'Andilly. Arch. Nat., P 585, n° c VIII. — V. ci-dessus p. 58, n. 1, et pièce just. XVI.

Nous nous bornerons, sans rien conclure, à faire remarquer l'analogie du mot *bot* avec les termes apparentés *bout, but, butte*.

EXPOSÉ DES PROCÉDÉS DE DESSÉCHEMENT

Par suite le mot bot fut fréquemment employé dans un sens tout opposé à celui qu'il avait à l'origine, et servit à désigner l'achenal lui-même (1). C'est ce qu'on remarque pour le bras de la Sèvre, en amont de Marans, qui portait l'appellation singulière de « Bots Courants (2) ».

L'achenal et le bot, tels que nous venons de les étudier, servaient à défendre les marais contre les débordements des rivières, en un mot contre l'eau douce. Mais le bot pouvait exister indépendamment de tout achenal : en ce cas il formait une simple digue destinée à empêcher « les inondations de la mer ». Les « bots de garde », comme on les appelait, apparaissent assez tard dans les textes, peut-être parce que leur emploi ne devint réellement nécessaire qu'après un premier asséchement, pour protéger le terrain conquis. Mais lorsque l'affaissement des alluvions eut commencé à se produire, leur rôle devint capital. Seuls, ils empêchaient les marais d'être submergés, et l'on put dire en 1527 que leur relèvement était « la chose la plus profficc « table et laquelle debvoit preceder toutes aultres (3) ».

La matière commune à tous les bots était la terre, qu'on laissait le plus souvent se couvrir de gazon (4). On prévenait les éboulements en plantant de distance en distance des arbres dont les racines maintenaient solidement les terres, mais cette coutume semble être restée particulière à certaines

---

(1) « On nomme bot un large fossé dominé par un bossis ou bord assez élevé du côté du desséchement. » Arcère, t. I, p. 24.

(2) 1571, 12 février. « La riviere descendans des Bots Courants au port de Marans. » Partage entre Denis et Jean Gorron et François Martineau. Bibl. Nat., ms. fr. 26363, fol. 44. — *Carte de Maire*, pl. 4 et 5 B.

(3) V. pièce just. XIV.

(4) Le terme de Bot-Herbu pourrait être interprété à tort comme l'indice d'un caractère exceptionnel et distinctif ; tout porte à croire, au contraire, que c'était le cas le plus général.

parties du marais (1). Aux endroits les plus fréquentés, on faisait usage de la pierre, soit pour un simple passage (2), soit pour un bot entier (3). On renonçait à l'emploi du bois, assez rare dans les marais desséchés (4).

Ainsi que le canal, le bot servait à deux fins : au desséchement des marais et à l'établissement des communications. En outre, si l'achenal offrait les ressources de la pêche, le bot pouvait être mis en culture. C'est du moins ce qui ressort d'un curieux accord passé entre les possesseurs du marais des Alouettes. L'abbé des Alleux revendiquait le bot commun « pour y faire de la culture » ; ses associés lui reconnurent ce droit, mais déclinèrent toute responsabilité à cet égard. Ils envisageaient parfaitement la possibilité du labourage ou de travaux analogues, mais entendaient faire payer à leur co-intéressé les dégâts que sa tentative pourrait occasionner (5).

Cet arrangement, passé au XIIIe siècle, est tout à fait

---

(1) 1581, 31 octobre, Le Langon. « Ung passage... et sur la levee y affiant et plantant des boys comme l'on a accoustumé faire au païs des marois. » Enquête relative au bot du Breuil. Arch. comm. du Langon. — V. pièce just. XIX.

(2) 1581, 31 octobre. « Ung passage et levee de pierres... lequel bot ou nouere est couvert d'eau et pavé de pierres soubz la dicte eau. » *Ib.*

(3) V. ci-dessus p. 96, n. 1.

(4) 1571, 15 juin, Champagné. « Et n'y a au pays ne boys ne matiere pour les remettre et reediffier et est fort difficile a y en mener et charroyer au moien des caulx et passages qui ne sont entretenuz au pays. » Enquête au sujet de Beauvoir et Petit-Trizay. Bibl. Niort, cart. 142.

Signalons ici l'intéressante hypothèse de M. de Quatrefages qui voit, dans les buttes huîtrières de Saint-Michel-en-l'Herm, un premier travail d'endiguement contre l'Océan, fait au IXe siècle, peut-être pour l'établissement d'un port. Nous laissons au savant naturaliste la responsabilité de son opinion. Nous nous bornons à constater que nulle part nous n'avons trouvé trace de l'emploi des huîtres dans la construction des digues ou des bots.

(5) 1241, mars (*n. st.*). « Quittaverunt... dictum botum ad faciendam ibidem culturam si voluerimus... » « Aramentum vel aliud opus... » *Arch. hist. Saintonge et Aunis*, t. XI, p. 26.

exceptionnel. Dans la suite on ne trouve pas de traces de culture sur les bots : à peine si l'on permettait parfois le « schaige » de l'herbe qui y poussait librement (1). La plupart du temps on empêchait les bestiaux d'y paître (2), en mettant bon ordre aux empiétements ou « surprinses » des propriétaires voisins qui ne craignaient pas de pousser la charrue jusque sur le bot (3).

Le complément indispensable du bot était le contrebot, canal creusé, comme son nom l'indique, au pied du bot. Le contrebot recevait les eaux du marais desséché, et protégeait en même temps le bot des déprédations des bestiaux. Son rôle, assez secondaire, dépassait cependant parfois en importance celui du bot lui-même : le terme de contrebot s'employait alors de préférence, pour désigner à la fois la digue et le fossé. Tel était le cas du Contrebot-le-Roi.

Ce n'est pas la seule fois où l'on peut reprocher à la terminologie des dessèchements de manquer de précision. Bien des vocables ont perdu leur signification première. Sous les noms d'*écours* (4), d'*essay* (5), d'*étier* (6) ou de *coi*,

(1) V. pièce just. XVII.
(2) Le seigneur de Champagné avait droit de faire saisir « toutes sortes de bestes » sur les bots de l'achenal de Luçon et de percevoir jusqu'à soixante sols d'amende « pour la conservation du bot ». Aveu du 21 janvier 1559 (*n. st.*). Arch. Vienne, C 361, fol. 29. — V. pièce just. VIII.
(3) 1599, 28 janvier. Visite des achenaux. Arch. Nat., Q¹ 1597, fol. 19.
(4) Ecours, d'*excursus*, est un mot employé actuellement comme synonyme de cours d'eau. On dit plutôt fossé d'écours qu'écours tout seul. Cf. Musset, *Usages locaux de la Charente-Inférieure*, p. 60.
(5) L'essai ou essay, de *exaium*, dérivé de *exaquare*, a désigné d'abord le dessèchement en général, puis s'est restreint au sens de canal. Le terme est encore usité dans les marais de Talmont. Cf. *Usages locaux du département de la Vendée*, p. 147.
C'est l'esseau ou essiau du Nord. Cf. Ducange, v° *Essaynm*, et Godefroy, *Dictionnaire de l'ancienne langue française*, t. III, p. 257, col. 2.
(6) Etier désigne encore un canal amenant l'eau de la mer dans les marais salants.

on aurait peine à retrouver l'achenal, non plus que le bot sous les termes de *taillées* (1) ou *nouères* (2). Primitivement chacune de ces expressions devait avoir un sens différent et précis, mais avec le temps elles finirent par devenir synonymes. Il est à remarquer seulement que plusieurs paraissent empruntées au vocabulaire des sauniers, dont les travaux, d'une antiquité incontestable, ont peut-être servi de modèles aux dessiccateurs bas-poitevins.

Remarquons-le, dès une époque très reculée, sans doute antérieure au viie siècle, les côtes de Saintonge et d'Aunis étaient couvertes de salines (3). Au xe siècle, les « aires » entrecroisaient leurs lignes géométriques sur les bords du marais, au sud de la Sèvre (4), et longtemps encore l'industrie du sel se maintint plus ou moins florissante à côté de la culture du sol. Au xvie siècle, les mêmes achenaux, qui servaient « à vuider » les eaux douces, « fournissaient d'eau de mer » quelques marais salants (5). Bien loin de se nuire, l'art du dessiccateur et l'art du saunier fraternisaient. Les habitants de Sainte-Radegonde, interrogés par les commissaires royaux, pouvaient attester en toute sincérité « que,

---

(1) 1315, 21 mai. « *Et les coex, les pourfens, les delis et les taillées* per dictum tempus tenere... in bono statu. » Arrentement de la Mareschaucée par le prieur de Fontaines. Arch. Vendée, H 83, 33. — La taillée est une chaussée dans les marais salants. Cf. Le Terme, p. 37. — Les délis devaient être la même chose que les relais. — Quant aux pourfens, nous n'avons même pas d'hypothèse à proposer à leur sujet.

(2) Spécial au Langon. V. ci-dessus p. 98, n. 2.

(3) La première mention des salines du Poitou remonte à Dagobert. Pour les ixe, x^e et xie siècles, voir D. Fonteneau, t. XXVII *bis* et *ter*.

(4) 939 mars (*n. st.*). Don, par Guillaume Tête-d'Étoupe, à un certain Agenus de cent aires de marais salants à la Tranche en Aunis près Villedoux. *Arch. hist. du Poitou*, t. XVI, p. 26.

(5) 1599, 28 janvier « Et outre lesdits abbés et religieux de Moureuilles ont a cause de ladicte maison de la Grenetiere des salines joignant ledict achenal, lesquelles salines estoint cy devant fournies d'eau par ledict achenal. » Visite des achenaux, Arch. Nat., Q^t 1597, fol. 25 v.

lorsque l'achenal de Bot-Neuf estoit en bon estat, il se faisoit du sel es marois y estans et du blé (1) ».

Un des emprunts les mieux caractérisés faits à la saunerie est certainement le coi. Latinisé *coyum* (2), le mot coi se présente encore dans les textes sous les formes coez; coex (3), couas (4), coix et coy (5). C'est le coi des salines de Marennes et de Brouage (6), le coëf de Noirmoutier et des Sables : « Un acqueduc placé dans une chaussée et « ordinairement formé d'un tronc d'arbre creux dont on « ouvre ou ferme l'orifice selon que l'on veut avoir de l'eau « ou que l'on veut au contraire cesser de la laisser arriver « au marais (7). » Le sens était à peu près le même en matière de dessèchement. On appelait coi un conduit en bois, au moins à l'origine, établi au travers d'un bot pour faire communiquer ensemble deux canaux (8). Plus tard, le terme prit une signification plus large, et désigna un fossé d'écoulement (9), muni ou non d'un système de fermeture.

Afin de réglementer le cours de l'eau dans les achenaux, on se servait de portes mobiles qui affectaient probablement

---

(1) *Ib.*, fol. 26.
(2) 1270, juin. Charte de l'achenal de la Brune. Arcère, t. II, p. 633.
(3) 1311, 23 mars (*n. st.*) « Ad faciendum *le relès et le coex* novum et vetus. » Arrentement par le prieur de Fontaines de la ferme de la Minzottière. Arch. Vendée, H 83, 32. Voir ci-dessus, p. 100, n. 1.
(4) 1599, 28 janvier. « Le couas du bot de l'Œuvre. » Visite des achenaux. Arch. Nat., Q¹ 1597.
(5) V. pièces just. XI et XVII.
(6) Cf. Le Terme, p. 38.
(7) Cf. *Usages locaux du département de la Vendée*, p. 151.
(8) V. pièce just. VI. — 1241, mars (*n. st.*). « Usque ad duos conductus ligneos inferius sitos qui dicuntur *ccs*. » Transaction au sujet du bot de l'Alouette. *Arch. hist. Saintonge et Aunis*, t. XI, p. 26. *Ces* est évidemment une faute de lecture pour *coes*. Le copiste du xviiie siècle, qui nous a transmis cette charte, aura mal lu ou mal compris.
(9) Cf. G. Musset, *Vocabulaire* (loc. cit., p. 915). M. Musset fait dériver coi de *aquagium*.

la forme d'une vanne qu'on abaissait ou qu'on relevait pour fermer ou ouvrir le passage. Telle était la porte de fer établie au xiiie siècle à l'amorce du bot de l'Anglée. Ces portes, très simples de mécanisme, étaient employées à relier les achenaux les uns aux autres.

Pour faire communiquer les achenaux avec la mer, on faisait usage de portes plus compliquées appelées *portereaux*, en latin *porterellum, fuernæ* (1). Ces portereaux, véritables portes à clapet, s'ouvraient automatiquement pour laisser écouler les eaux du marais, et se refermaient à l'arrivée du flux. Le Père Arcère avait pu voir encore des portereaux. Il nous en a laissé une description minutieuse : « Deux massifs de « pierre soutiennent une grande traverse à laquelle est atta- « chée une coulisse qu'on laisse tomber lorsque la marée « monte ; et pour empêcher qu'elle n'enfonce cette barrière, « deux vantaux ou portes enchâssées dans des pivots sont « disposées de manière que les eaux du flot les ferment. « Ces portes ainsi réunies forment un angle devant la cou- « lisse (2). »

Cette description concorde assez bien avec ce que nous dit La Popelinière « de fortes portes bien barrées de fer... que l'eau mesme ferme quand elle vient ». Elles sont « faites neantmoins de telle sorte que la mer ne les « peut si pres serrer qu'elle ne trouve des fentes et per- « tuis pour passer outre ; et ainsi peu à peu appaisant sa « cholere, elle passe et va tousjours six heures durant, aug- « mentant et croissant d'eau. Puis, ce temps fini, elle fait

---

(1) 1249, février (*n. st.*). Accord entre l'abbaye de la Grâce-Dieu et les religieux de Saint-Léonard-des-Chaumes. *Arch. hist. Saintonge et Aunis*, t. XXVII, p. 162. — Cette traduction de *fuernæ* est due à Arcère (t. II, p. 631, n. 1) qui y voit les vantaux du portereau (?).

(2) *Ib.*, t. I, p. 24. — V. pièce just. VIII.

« son retour en autant d'heures ; lors elle fait ouvrir ces por-
« tes, et, baissant d'eau, peu à peu amoindrit en ces chenaux,
« allant ainsi et venant deux fois par jour (1) ».

Tous les achenaux qui se déversaient dans la baie de l'Aiguillon étaient munis de portereaux, mais ces portereaux n'étaient peut-être pas tous à la même distance de l'embouchure. La Popelinière les plaçait « presque au milieu des canaux », mais on sait qu'il avait seulement en vue les marais de Saint-Michel-en-l'Herm. Les achenaux de Champagné, de Puyravault et de Sainte-Radegonde avaient tous leurs portereaux à l'endroit où ils coupaient la digue de protection, le bot de Garde ; cependant on envisageait très bien la possibilité d'en établir à plusieurs kilomètres de la mer, près du pont de Champagné (2).

La vérité est que plusieurs portereaux pouvaient s'échelonner sur le cours d'un même achenal (3). D'après les dires du chapitre de Luçon, le seigneur de Champagné devait entretenir « un portereau de pierre, au lieu appellé le Couas,
« et en plusieurs autres endroits le long de l'achenal de Luçon (4) ».

Voilà, dans leurs grandes lignes, les moyens mis en œuvre pour le desséchement des marais. Des tentatives partielles avaient provoqué des entreprises de plus en plus générales. Ce qui, à l'origine, était l'intérêt de quelques-uns

---

(1) La Popelinière, liv. V, fol. 155 v. — V. pièce just. XVII.
(2) V. pièce just. XVII.
(3) Par exemple l'achenal des Cinq-Abbés (V. pièce just. VIII). Un de ses portereaux était situé aux Gironnières, lieu-dit d'une certaine importance au xvi° siècle (Cf. Aveu de Marans, 16 sept. 1508. Arch. Nat., P555¹ cxxxvii) à sept ou huit cent mètres des portes actuelles. Cf. *Atlas cantonal de la Charente-Inférieure.* — D'énormes pieux bardés de fer sont encore fichés dans la vase au fond de l'achenal.
(4) 1599, 28 janvier, Visite des achenaux. Arch. Nat. Q¹ 1597, fol. 23.

était devenu l'intérêt de tous. Ainsi, petit à petit, par un lent et patient travail, s'était établi un vaste système de dessèchement qui, à défaut de l'unité de plan, avait l'unité de méthode. De Longeville à la Vendée, de Luçon à Andilly, tout le marais était sillonné de canaux artificiels ou naturels, ramifiés à l'infini. Les eaux s'écoulaient de fossés en fossés toujours plus grands jusqu'aux achenaux déployés autour de la baie de l'Aiguillon comme les branches d'un éventail. La mer venait impuissante se briser sur les digues, ou « appaiser sa cholère » entre les joints des portereaux.

CHAPITRE VII

Les productions du marais.

Marais mouillés et marais desséchés. — Productions des marais mouillés : la *rouche*, le roseau. — Abondance des bois ; plantations de bois : les *terrées* et *levées;* essences principales : aune, saule, osier. — Chanvre et lin.

Productions des marais desséchés : blé, fèves, vignes. — Ressources communes au marais mouillé et au marais desséché : le pâturage. — L'importance de l'élevage ressort de la prédominance des pâturages — prés fauchables ou prés non fauchables — et des droits seigneuriaux — *carvane*, pacage, moutonnage et dîme — levés sur les troupeaux.

Un tel ensemble de travaux, poursuivis avec des alternatives d'incurie et d'activité intelligente au cours de quatre siècles, ne pouvait s'accomplir sans apporter de profondes modifications au régime économique du pays. Si le pâturage, cette « mamelle de la France », resta toujours l'essence même de la vie agricole du marais, la conquête d'un sol inépuisablement fertile et d'immenses prairies naturelles lui donna un nouvel et puissant essor. Des cultures variées, le blé, la vigne, le chanvre, l'exploitation des bois de toutes sortes, l'élevage des troupeaux, devinrent autant de sources de richesse. Le desséchement transforma en terres fécondes le pays désolé des colliberts.

Si l'on veut étudier le marais au point de vue de la production agricole, il faut y distinguer deux grandes divisions : les marais mouillés et les marais desséchés.

Comme les efforts des dessiccateurs, pour les raisons que nous avons énumérées, s'étaient tout d'abord portés dans le voisinage des côtes, tout le bassin supérieur de la Sèvre, de la Vendée et du Lay, était resté à l'écart des grands travaux. Au delà du bot de l'Anglée qui venait, du nord au sud, couper le marais à peu près dans son milieu, on retrouvait le marais sauvage, tel que nous l'avons décrit avant les desséchements du xiii° siècle (1). C'était un vaste terrain spongieux, s'asséchant rapidement en été, et disparaissant l'hiver sous une immense nappe d'eau provenant du débordement des rivières : çà et là émergeaient quelques mottes boisées, autour desquelles les joncs et les roseaux s'étendaient à perte de vue.

Ce marais mouillé n'était pourtant point improductif : l'industrie de ses habitants savait tirer parti de tout ce que la nature mettait à leur portée. Nous parlerons plus loin des réserves inépuisables de poissons que leur fournissaient les eaux, et des troupes innombrables d'oiseaux que leurs filets arrêtaient au passage. Voyons tout d'abord quel profit leur pouvait venir des productions proprement dites du marais.

Le paysan trouvait une grande ressource dans les plantes aquatiques, la *rouche* et le roseau, qui croissaient spontané-

---

(1) Nous ne prétendons pas donner ces limites comme absolues : les marais compris entre la Vendée et Marans notamment portaient le nom « marais sauvage » (1596, 16 septembre. Vente par Christophe Goguet à Pierre et Etienne Franchards. Arch. Nat., P 773, 71) ; d'autre part, il y avait beaucoup de « prises », de « nouvelles prinses », c'est-à-dire de desséchements partiels dans les marais mouillés. Cf. Terrier de Benet. Arch. Nat., P 1037, fol. 59, 60. Censier de la Nevoire. *Arch. hist. Saintonge et Aunis*, t. XXVII, p. 81. — M. Pawlowski (p. 336) fait remonter au xv° siècle la levée de Boere au sud de la Sèvre, se fondant sans doute sur ce que Masse en 1720 (parties 45-46) indique cette digue comme ruinée, mais elle date des desséchements de Taugon (1657).

ment dans le marais mouillé. Fraîchement coupée, la *rouche*, nom vulgaire de la laiche ou iris d'eau, servait à la pâture de son bétail ; séchée, elle formait le toit de sa cabane ou alimentait le feu de son foyer (1). Le roseau était également employé à ces deux derniers usages. Près du Mazeau on recueillait une sorte de roseau qu'on utilisait « pour faire des chandelles (2) ». C'était probablement des joncs que l'on faisait sécher, et que l'on trempait dans du suif ou de l'huile.

Le bois ne manquait pas non plus dans les marais mouillés. Les arbres y croissaient à profusion, si bien que « bois » et « marais » étaient deux termes inséparables, et tellement synonymes qu'on les employait indifféremment l'un pour l'autre. Nous trouvons au nord de la Sèvre des bois à Coulon, Damvix, Aziré, Maillezais, Chaix, Bourgneuf, Doix, Fontaines et l'Ile-d'Elle (3); au sud, à Arçais, Montfaucon,

---

(1) 1303, 9 février (*n. st.*). « Sauve l'usage ausdits religieux de coillir rouche et de la faire porter à l'usage de leur maison de Chouppeau et y mettre pestre leurs bestes de ladite maison. » Transaction entre les religieux de Luçon et Guillaume Lescuyer ayant-cause du roi. D. Fonteneau, t. XIV, fol. 293. Cf. La Fontenelle, t. I, p. 45. — 1427, 18 mars (*n. st.*). « Item auront en outre ledict Masse et les siens leurs exploict es marois comme a bourrees et a rouches pour l'esploict de leur hostel seullement... ne pourront vandre ne donner nul desdis bois, chauffages, ramilles, bourrees ne rouches a nulle personne quelconque. » Bail par Guillaume Dupont, prieur de Saint-Pierre de Mauzé, de domaines à Jouet. Arch. Vienne, H 67. — V. pièces just., XII. — Dans le marais de Longeville les huttes couvertes de bourrées sont appelées *bourrines*. Cf. B. Fillon, *Poitou et Vendée*. Eau-forte de Rochebrune. Planche hors texte, n° 38.

(2) 1471. « Jehan Rondet, Jehan Cochard, Pierre Gelé et Pierre Martelet, du Mazeau sur deux bayees de maroys pour afondre rouse a faire chandelez. » Terrier de Benet. Arch. Nat., P 1037, fol. 40. — 1488, 11 juillet : « Sens que iceux manans et habitans dudit Mazeau puisent vendre aucun bois pris esdit marais ny autre fruit, fors le roux pour faire chandelles qu'ils pourront vendre. » Transaction entre Hardouin Viault, seigneur de Penchin, et les habitants du Mazeau. V. ci-dessous p. 152, n.

(3) 1275, mars (*n. st.*). « Totum nemus quod habebam in insula de Ella... juxta terram domini de Maranto ». Don par Aimeri Vigier à l'abbaye de

108   LES MARAIS DE LA SÈVRE NIORTAISE ET DU LAY

et Sazay (1), c'est-à-dire dans presque toute l'étendue des marais mouillés.

Maillezais. D. Fonteneau, t. XXVII *ter*, p. 209.— 1390. « Les hers Johan Mazea... sur une piece de boys tenant d'une part aux prez de Banzay, et au maroys.» Terrier de la commanderie de Sainte-Gemme, près Benet. Arch. Vienne H³ 405, fol. xxiv.— « Item une piece de boys assize au pays d'Aziré tenans d'une part a befz qui vant a Marant... et d'autre part au marès. » *Ib.*, fol. cix. — « Item en Aziré une piece de boys appellé le boys du Temple, tenant d'une part au marès. » *Ib.* — 1462, 8 février (*n. st.*). « S'ensuivent certains boys *seu* maroys : primo une pièce de bois assis devant le Port Myeteau, tenant d'une part au boys de Philipon Symonneau a cause de sa femme et d'autre a la route de l'ayve de Fontaines et d'autre part au boys de Jehan Regnault, ung foussé entre deux, a cueillir ung cent de fagotz ou environ. » Aveu de la Pointe. Arch. Nat., P 590, fol. xj. — 1474, 25 mars (*n. st.*) « Une piece de bois *seu* marois entre la Sevre et la Prée dudit lieu de Coulons. » Bail à rente par Pierre de Maillé à Lucas Meurea. Communiqué par Mme Charier-Fillon à Fontenay (coll. B. Fillon). — 1476, 10 mai « Une piece de bois, asix prois le bout de la Culace de l'Eguillon tenant... a la route comme l'on va de Soil a Maillezais. » Vente par Pierre Daillet, laboureur, à Jean Tuandon, prêtre. Arch. Vendée, G 29. — 1562, juin. Echange entre les religieux de Maillezais et Robert de Puybernier de deux pièces de marais plantées en bois à Saint-Pierre-le-Vieux contre d'autres domaines. Bibl. Niort, cart. 146.— 1572, 12 février (*n.st.*). « Une piece de boys et maroys appellé la Coustette... certains boys et maroys appellez Groussault tenant d'ung bout... au bouchault appellez le Coings de Bynecte et a la fontaine de Foussebrye, d'ung cousté au maroys de Pissargent tirant a l'alée de Poumerre... » Partage entre Denis et Jean Gorron et François Martineau. Bibl. Nat., ms. fr. 26363, fol. 44. — 1596, 16 septembre. « Item le grand marrest qui tient ausdicts esclusea appellés [Soulleces et Puy Sergent] estant partye en bois et partye en roche ». Vente par Christophe Goguet à Pierre et Estienne Franchards. Arch. Nat., P 773, 71. — 1599, 27 décembre. « Ung lopin de maray planté en boys, le chemboz alentour, sis pres ledit village de Doux. » Echange passé entre André Pacaut et Guillaume Durand. Communiqué par Mme Charier-Fillon à Fontenay. (Coll. B. Fillon.)

(1) 1450, 24 octobre. « Item les boys de la Chauvelere assis près du peré de la Rivère. » Aveu de Sazay. Arch. Soc. de Statistique des Deux-Sèvres, fonds Briquet, n° 16. — 1464, 20 mars (*n. st.*) « Un boys et maroys... tenant d'un des boutz a l'esclousea Penarde. » Baillette par Jean Yver, sénéchal d'Arçais, à Jean Jourdain, demeurant à la Rivière. Arch. Vienne, G 690. — 1535, 5 mai « Une piece de boys et maroys ». Déclaration aux chanoines de Saint-Hilaire de la seigneurie de la Mothe Viauld à Arçais. Arch. Vienne, G 691.— 1539, 20 mars (*n. st.*). « Item une piece de boys et maroys... assis et situé a la Palud, tenant d'une part au boys des Borreau et d'ung des bout a l'escheneau. » Déclaration de Symon Jourdain. *Ib.*

En plusieurs endroits les arbres étaient l'objet d'une culture spéciale. On les plantait sur des *terrées* ou levées parallèles, séparées les unes des autres par des fossés dont la terre avait servi à les édifier. L'hiver, les eaux des crues s'écoulaient dans les fossés, entre les rangées d'arbres auxquels elles communiquaient l'humidité nécessaire à leur croissance, sans les submerger complètement (1). A Fontaines, où plusieurs tenanciers payaient leurs redevances en fagots, les talus sur lesquels, étaient disposés les arbres avaient reçu le nom caractéristique de « chaussées de bois (2) ».

Peu de variété cependant dans les essences : sur les îles, croissaient les chênes, les frênes ; dans le marais, l'aune, plus connu sous le nom de vergne, l'aubier et le saule au feuillage argenté. A l'aubier était assimilé parfois l'osier, mais d'ordinaire, à côté des *vrignées* (3), des *sausoyes* (4) et des *aubarées* (5), on distinguait les *oysilières* comme des

(1) Cf. Cavoleau, p. 579. — 1483, 8 mars (*n. st.*). « Une piece de boys et levees... tenant au filet de l'aive qui va dudit lieu de Poiré a l'Anglee et d'autre bout a l'oysillere de Hilairet l'aynné. » Vente de Pierre Chabot à Jean Barlot. Arch. Vendée, E 43. — 1553, 26 mai, l'Anglée. « Levee de bois... levee et bois. » Transaction entre René Barlot et Jacques Dumont. Arch. Vendée, E 44.
(2) 1462, 8 février (*n. st.*). « Item une autre piece de boys tenant d'une part a une chaussée de boys..., et d'autre part a la route de l'ayve par laquelle l'on vait de Bourneuf au Laisi Martineau a cueillir trois cens de fagotz ou environ... Item une autre petite chaussé de boys tenant d'une part au boys du curé de Fontaines... d'autre bout a la route de l'ayve par laquelle l'on vait de Port Byou au pré de la Poincte. » Aveu de la Pointe. Arch. Nat., P 590, fol. xj.
(3) 1471. « Jehan Got de Dampvix... sur sa vrignee assise ondit longier de Garine. iiij. d. — Micheau Esmer et ses parçonniers... sur leur vrignee d'Amourettes tenant es biefz de Dampvix. j. denier obole. » Terrier de trand. j. Benet. Arch. Nat., P 1037, fol. 62 v. et 63.
(4) « Micheau Veau... sur sa sauzoye de Rouhe Blanchet. ij. deniers — Gabriel Got... sur sa sauzoye de Rouil tenant a la sauzoye de Pierre Berdenier. » *Ib.* fol. 62 et 64.
(5) « Ledit Mauzé... sur ses terrées et aubarees tenant... au maroys commun. » *Ib.* fol. 109. — 1390. « Jehan Pages... sur les ayves et aubarees de

plantations spéciales. L'osier, dit encore *oysil* ou *oysif*, était cultivé à Coulon, à Vix et sur les bords de la Vendée. Il était particulièrement recherché par les pays de vignobles, et les lourdes gabarres qui remontaient la Sèvre en transportaient des chargements jusqu'au port de Niort avec le bois destiné au chauffage (1).

On plantait aussi des arbres fruitiers, mais seulement dans le voisinage des habitations, qui s'entouraient alors d'un jardin maraîcher appelé *chambaut* (2). Au Langon, « il sembloit que ce fut un bois de délices par la quantité de

---

Sainte Gemme assises au Mazea, ij. sols. vj. deniers. » Terrier de Sainte-Gemme. Arch. Vienne, H³ 405, fol. xxxiv. — 1460, 20 décembre. « Mottes et auberoyes » près du Pas de Seiller. Aveu de Sainte-Gemme-la-Plaine. Bibl. Niort, cart. 144, p. 22.

(1) 1377, 1ᵉʳ juillet. Lettres d'établissement de la coutume de la Sèvre. Arch. commun. de Niort, n° 1715. — 1394, 7 mars (*n. st.*). « Item une oysillere *seu* auberée .. tenant a la Sçayvre. » Accord entre Tristan de Verrue et Huguet de Payré à Coulon. Arch. Nat. H⁴ 3215. — 1493, 8 juillet, Velluire. « Item une oyzillere assise au port de la Doulce tenant d'une part a l'oyzillere que tient de present Mery Alleneau ». Partage entre Phelippon Furneraz, Marguerite Fournerasse et autres. Arch. Vendée, E 41. — 1529, 28 décembre « Une oyzillere et levee... tenant a la levée de la cure de Coussaye. » Vente par Lucas Arnaudeau à Joachim Barlot. Arch. Vendée, E 45. — 1559. Vente par Laurens Morin, marchand du Mazeau, à Pierre Coché demeurant au port de Niort, de quatre gabarres de grands fagots « a deux reortes, de chaignes, fragne et vergne bons marchais ». Minutes de Mᵉ Jousset, notaire à Niort, année 1559, art. vii. — 1585, 23 février. « Une piesse de maroys plantée en oyzifz sise en l'isle de Vix on terhouer du Trougnard .. tenant à la route d'eau par lequel l'on va dudit lieu de Vix a la Cullaces. » Vente par Louis et Pierre Saulnier à Etienne Berjoneau. Arch. Vendée, G 57.

(2) 1540, 2 avril. « Une motte plantée en bois et fruictiers... estant ondit maroix dudit Dorbet » Déclaration de la commanderie de Bernay. Bibl. Nat., Dupuy 822, fol. 241.

Av. 1450. « Ledit Girart pour son chambaut qui fut Jehanne Perroque tenant a l'esclusea de ladicte Perroque... xviij. deniers. » Censier de Margot. Arch. Vienne, H³ 838. — 1583, 21 mai. « *Item* une ouche contenant a semer deux ray de chamboz. » Déclaration de Laurent Cardin, laboureur à Saint-Sigismond. Arch. Deux-Sèvres, E 363. — V. ci-dessus, p. 108, n., acte de 1599.

LES PRODUCTIONS DU MARAIS

« poiriers, de pommiers et autres arbres fruitiers qui n'é-
« toient aucunement gâtés (1) ».

Ajoutons à cette liste de productions le chanvre et le lin. Ces plantes textiles se trouvaient bien d'une humidité constante. Il s'en vendait chaque année des quantités notables dans la « cohue » de Fontenay (2), venant de Chaix, de Cram, d'Arçais, de l'île de la Bretonnière et d'Olonne, où, s'il faut en croire Rabelais, qui a décrit le chanvre sous le nom d'herbe Pantagruelion, les tiges atteignaient une dimension exceptionnelle, excédant la hauteur d'une lance, grâce au « terrouoir doux, uligineulx, légier, humide, sans « froidure (3) ».

Ainsi le sol du marais mouillé était loin d'être aussi ingrat qu'on aurait pu le croire à première vue. Livrée à elle-même et sans culture, la nature y entretenait une végétation très vivace. Tout faisait prévoir la prospérité qui attendait le pays lorsque le travail des hommes s'y serait porté.

Bien différent était l'aspect des marais desséchés. A part les abords immédiats de la Vendée et les marais compris

---

(1) Cf. *Chronique du Langon.*

(2) 1218. « Et tertiam partem de terragio lini et cambi quam habet in toto dominio de Cram. » Don par Porteclie, seigneur de Marans et de Mauzé, à l'aumônerie de Mauzé. Bibl. Nat., ms. lat. 17147, fol. 231.— 1245. « De canabio ibidem [apud Cron] vendito, iiij. libras. » Comptes des domaines d'Alphonse de Poitiers. *Arch. hist. du Poitou*, t. IV, p. 105. — 1339, 7 août « Item ge aveu a tenir en icest aveu le terrage et la desme des chambes et des lyns crescens en ladicte terre. » Aveu d'Arçais. Arch. Vienne, G 688. — 1464, 25 juillet. « Item tous les terrages des lings et des cherves de Mortevelle et des trois villages de l'ysle dessus dite. » Aveu de la Bretonnière. Arch. Nat., Q¹ 1597. — 1514, avril « Les dixmes mixtes et prediallles estans en febves, poix, jarousses, lins, chanves... au dedans de ladite paroisse de Chaix. » Revendications du curé de Saint-Etienne de Chaix contre Jean de Chateaupers, seigneur de Massigny. Arch. Vendée, G 4. — V. B. Fillon, *Hist. de Fontenay*, t. I, p. 68.

(3) *Pantagruel*, liv. III, chap. XLIV.

entre l'Achenal-le-Roi et la ligne des terres hautes, l'ensemble de la région était dépourvu de bois. Jadis il s'en trouvait aux environs de Sainte-Radegonde et de Chaillé, mais les défrichements les avaient fait disparaître. Les derniers bois furent supprimés vers la fin du xiii° siècle (1), et, dans la suite, il fallut faire venir de la plaine ou des marais mouillés les matériaux nécessaires à la construction des habitations, des ponts et des autres travaux d'art (2).

Ces inconvénients étaient amplement compensés par la richesse des terrains mis en culture. On récoltait du blé à Chaillé, Champagné, Richebonne, sur les deux rives du Lay (3). On plantait des fèves jusque sur le bord de la mer. La vigne elle-même croissait au marais. Non seulement sur les îles de Marans et de Chaillé, ou sur les coteaux

---

(1) 1273, mars (*n. st.*) « Nemus quod habebam situm versus extremam partem insule de Chaliaco, via publica media inter dictum nemus et vineas de Chaliaco, situm etiam de subtus maresium silvestre de Brolio Herbaudi, ad extirpandum dictum nemus, colendum et expletandum. » Don de Pierre de Velluire à l'abbaye de Maillezais. D. Fonteneau, t. XXV, fol. 221. Lacurie, p. 328. — Lieux-dits le Breuil au nord et au sud de Chaillé.

(2) V. ci-dessus, p. 98, n. 4. — Actuellement encore où les communications sont si faciles, le bois est rare au marais. Pour se chauffer les paysans emploient le fumier. Après l'avoir pétri avec les pieds, ils en font des gâteaux ronds et plats de l'épaisseur de la main qu'ils font sécher au soleil et emploient comme de la tourbe. Au xviii° siècle, le pétrissage des *bouzes* était l'occasion de réunions et de fêtes appelées Noces noires. Cf. Cavoleau p. 575, et *Mémoires de l'Académie celtique*, 1810, t. V, p. 275.

(3) V. pièce just. II, V, et ci-dessus, p. 44, n. 2, 46, n. 1, 53. — 1276, 25 mai. « Dicti religiosi assidebunt... super dictum maresium [domni Petri] novem sextarios frumenti, de maresio Mercatorii ut dictum est [tredecim sextarios frumenti] ad mensuram Luçonii reddendos. » Accord entre Dreux de Mello, sire de Luçon et les religieux de Luçon. Bibl. Nat., nouv. acq. fr. 5041, fol. 83. — 1462, 31 août, « On pays de Talmondoys en allant envers la Faulte et Tranche... les maroys que tiennent les religieux, abbé et couvent de Jart... les plus prouches devers l'eau et la mer... avoient esté tenuz et entretenuz... en labourage, et labourez par chacun an en blez et y estoient tres fertilz. » V. ci-dessus p. 54, n. 3. — « Saint Michel était situé en un lieu plain, entournoyé d'un costé, de la grand mer et des autres, des champs, vignes, prez et garennes. » La Popelinière, liv. V, fol. 155 v.

d'Andilly, mais aussi en plein marais, à Saint-Michel-en-l'Herm, à Champagné, s'alignaient entre les achenaux de longues files de ceps chargés de raisins (1). Toute la contrée, enfin, renfermait d'excellents pâturages où erraient en liberté de nombreux troupeaux.

Ces pâturages faisaient la richesse du pays : c'était, comme nous l'avons dit, le fond même de la vie agricole, le lien commun entre le marais desséché et le marais mouillé. Qu'il s'agisse des grasses plaines de Chaillé ou des marécages de la Ronde et de Damvix, la majeure partie du sol était restée en pâturage : il n'y avait de distinction à faire que pour la valeur des prairies. Dans les meilleures on récoltait du foin, dans les autres on se contentait de faire consommer l'herbe sur place par le bétail : on avait ainsi des prés fauchables et des prés non fauchables.

Les prés non fauchables se nommaient communément « pastoureaux (2) ». Les *mizottières*, qui bordaient la côte

(1) 1218. Don par Porteclie, sire de Mauzé et de Marans, à l'aumônerie de Mauzé de trente-six sommes de vendanges du complant de Marans. Bibl. Nat., ms. lat. 17147, fol. 231. — 1428, 31 mai. « Item pour le sallaire et despense de v. charroys qui, de Chaillé, amenerent au port du Gué de Velluire .x. pippes de vin de ladicte recepte... » Comptes de la seigneurie de Fontenay-le-Comte. Bibl. Nat., ms. fr. 8818, fol. 95. — 1431, 17 août. « Dit que Vincent, ou lieu d'Andilly, en ses heritages, cuilly l'an passé bien. xlv. tonneaulx de vin et par l'achenal de la mer les fit traynner jusques a Esnande. » Procès intenté à Jean Vincent pour n'avoir pas payé la traite. Arch. Nat., X 1a, 9201, fol. 61. — 1442, 7 juillet. « Quatre vingt dix journaux de vigne entre l'achenal de Champagné et celle de la Pironniere... lesquelx complans povent bien valoir sept tonneaux de vin ou environ chacun, et ledit terrage puet bien valoir une mine de blé ou environ pour ce que les groyes, qui souloyent estre terres labourables sont plantees en vignes de present. » Aveu de la Pironnière. Bibl. Niort, cart. 164, n° 1, fol. 39 v. et 40. — V. aussi, 1457, 11 juin. Aveu de Jean Racodet à Champagné. Ib., f. 45.

(2) 1553, 21 mars (n. st.). « Plus tiens a mon domayne les maroys a prez non faulchables et servans a pasturaige situés au dedens du destroict de ma dicte seigneurie appellés les maroys des Mothes, tenent d'une part a mon maroys sallans et d'aultre es maroys de Fontayne et pasturaiges de l'abbaye d'Angles. » Aveu de Moricq. Arch. Vendée, Talmont 28, fol. 3. — V. ci-dessus p. 63, n. 2.

au delà des digues, étaient des prés pastoureaux. L'herbe y croissait assez haute pour la pâture du bétail, mais trop peu fournie pour qu'on pût la faucher. La mer n'y venait que deux fois l'an, en *malines* (1), puis les flots, reculant continuellement, cessaient bientôt des visites déjà si espacées, et la mizottière, que l'eau salée ne gâtait plus, devenait fauchable (2).

Les prés non fauchables s'appelaient encore *raes* et *marate* sur les bords du Lay (3), ou, plus simplement et un peu partout, « maroys aux vaches » (4). L'expression *marchaussée* ou *marchaussie*, que l'on rencontre dès la fin du xie siècle, s'appliquait sans doute, au moins à l'origine, à des marais à chevaux (5).

(1) Marées d'équinoxe.
(2) 1316, 3 avril (*n. st.*). « Requis par son serment combien il a qu'elles [les tantes de la Minzotière] furent premierement fauchées, dit par son serment que environ. xij. ans et davant estoient pasturaux aux bestes. » Enquête au sujet de la métairie de la Minzottière, près Angles. Arch. Vendée, H 83, 36.
(3) 1445, 30 décembre. « Item une marate contenant ung jornau de pré tenant d'une part aux poyrez de Pousserebez et d'autre aux marates de la Cornete. » Bail de quelques masuraux à Angles par le prieur de Fontaines. Arch. Vendée, H 83, 43. — 1560, 26 mai. « Item tous les droits... es marroystz appellés la raes Clou Buert et le Quart, destiné a pasturager, tenant a la raes de monseigneur de Moriq. » Déclaration de Pierre Ligray au prieuré de Fontaines. Arch. Vendée, H 83, 2. — 1584, 18 juin. « La marate des Lavachet à Fontaine tenant... aux Botz Cornetz, charriere entre deulx. » Déclaration de Vincent Frappier au prieuré de Fontaines. Arch. Vendée. H 83, 2. — Lieu dit : la Morate entre Curzon et Saint-Benoît.) *Carte de l'Etat-major.*
(4) 1473. « Maroys aux Vaches » à Bausay. Terrier de Benet. Arch. Nat., P 1037, fol. 214. — 1540, 2 avril. « Maroys aux Vaches » à Bernay. Déclaration de Bernay. Bibl. Nat., Dupuy 822, fol. 239 v. — 1554, 4 février (*n. st.*). « Troys aultres journaulx tenant on Maroys des Vaches, lesquelz troys journaulx la mer a de present submergé. » Déclaration de N.-D. de Longeville. Arch. Vendée, G 27, fol. 4 v.
(5) 1090. « Supra dicta claudicia eo tempore quo mariscalchia vel pasticium erant, hanc consuetudinem... habere... quod eorum boves cum œquis ad pascendum intrabant. » Accord entre Pepin de Talmont et les religieux de Fontaines. *Cartulaires du Bas-Poitou*, p. 96. — 1183-1189. « Partem

Les prairies fauchables portaient elles aussi des noms divers, assez imprécis, qui pourraient dans bien des cas s'appliquer à des prés pastoureaux. C'était l'*herber* ou l'*herbier* (1), le *pré cloux* (2), le *pré de maroys* (3). La *levée de pré* (4) offrait les mêmes caractères que les *levées* et *terrées* de bois dont nous avons déjà parlé. Lorsque le pré bordait un cours d'eau, il était dit « en rivière » (5), sans doute parce que sa situation l'exposait plus qu'un autre aux inondations ; on l'appelait aussi *roussière* sur les bords du

quam habet in marisco de Longa Villa et marescalciciam ejusdem marisci. » Don de Richard Cœur-de-Lion au prieuré de Fontaines. *Ib.*, p. 108. — 1315, 21 mai. Bail par le prieur de Fontaines à Etienne Narbonneau du *manerium* de la Mareschaucée. Arch. Vendée, H 83, 33. — 1572, 12 février (*n. st.*). « *Item* une pièce de bois pres les Marchaussies. » Partage à l'Ile-d'Elle entre Denis et Jean Gorron, et François Martineau. Bibl. Nat., ms. fr. 26363, fol. 44.

(1) 1473. « Le seigneur de Senssay pour André Chappea... sur leur herber assis a la Sayvre, et tient icelluy herber du grand islea jusques aux betz du Vaneau, .xviij. sols. » Terrier de Benet. Arch. Nat., P 1037, fol. 238 v.

(2) 1525, 5 septembre. « *Item* ung journau de pré assis en pré cloux. » Aveu de Coulon. Communiqué par Mme Charier-Fillon à Fontenay (Coll. B. Fillon).

(3) 1467, 7 mars (*n. st.*). « Deux pieces de pré de maroys assis en la riviere de Longeville, l'une desquelles est nommée Clou Fretereau contenant deux cent jornaux de homme de pré ou environ, et l'autre piece est appellée vulgauement le Clou Guyton contenant six vingt jornaux de homme ou plus. » Accord entre Louis d'Amboise, prince de Talmont, et les religieux de Lieu-Dieu en Jard. Arch. Vendée, Talmont 12. — 1544, 23 octobre. « Ung journault de pré de maroys tenant d'ung bout a l'achenault du bot de l'Anglée. » Vente par Thomas Chabot à Joachim Barlot. Arch. Vendée, E 49.

(4) 1521, 13 juillet, le Poiré. « Demi journal de pré ou environ estant en levees. » Vente par Jean Arnaudeau à Joachim Barlot. Arch. Vendée, E 43. — V. 1531, 6 mai, *ib*.

(5) 1525, 5 septembre. « *Item* deux journaulx de pré assis en la riviere de ladite pré [de Coullons]. » Aveu de Coulon. V. ci-dessus p. 115, n. 2. — Av. 1187. « Unum quarterium prati in riparia Vendeæ. » Don d'Hugues d'Auzay aux moines de l'Absie. *Arch. hist. Poitou*, t. XXV, p. 119. — V. ci-dessus, n. 3.

Lay (1). Les prés les meilleurs étaient ceux des marais desséchés, comme les cinq ou six mille journaux d'un seul tenant que possédait l'abbaye de Maillezais sur les rives de l'achenal de Bot-Neuf (2).

Cette prédominance des pâturages en « païs de marois » devait nécessairement donner un développement particulier à l'élevage des bestiaux :

> Quel heur d'avoir de moutons et d'oailles
> Deux ou trois mille au marais et d'aumailles
> Autant !.........

s'écrie ironiquement, sur le bord de son « Loi doux-coulant », le bucolique Jacques Béreau (3). Les « cabaniers » ne partageaient pas sa manière de voir, et n'affectaient pas le même dédain pour « vaine richesse ». Les grands et robustes troupeaux, qui erraient librement dans cette autre Camargue, faisaient tout leur orgueil, et la chronique d'Antoine Bernard témoigne à tout moment de la sollicitude du maraichin pour ses aumailles.

L'importance de l'élevage ressort encore des droits seigneuriaux qui en découlaient. Alors que, sur la culture elle-même, le seigneur percevait, comme partout ailleurs, des redevances fixes, — cens et rentes, en argent ou en nature — et des redevances proportionnelles, — dîmes, terrages et complants de vignes (4), — il levait sur les

---

(1) 1195 (?). « Maresium de Rosseria. » Don d'Aliénor d'Aquitaine à la baillie d'Angles. *Cartulaires du Bas-Poitou*, p. 109. — V. *Usages locaux de la Vendée*, p. 56.
(2) 1599, 28 janvier. Procès-verbal de visite des achenaux. Arch. Nat., Q¹ 1597, fol. 26.
(3) *Œuvres poétiques*. Niort, L. Clouzot, 1884, in-12. Eglogue, I, p. 7.
(4) V. les censiers de Sainte-Gemme, 1390 (Arch. Vienne, H³ 405); de Margot, av. 1450 (Arch. Vienne, H³ 838); de Benet, 1470 (Arch. Nat., P 1037); de Bernay, 1501 (Bibl. la Rochelle, ms. 299), 1540, 2 avril (Bibl. Nat., Dupuy 822, fol. 239 sqq.) et aveux de Champagné, 1559, 21 janvier

bestiaux des droits spéciaux qui méritent d'appeler l'attention. Ces droits étaient la *carvane*, le *moutonnage*, le *pacage* et la *dîme*. Le droit de carvane se prélevait principalement sur les bœufs, le moutonnage, comme son nom l'indique, sur les moutons ; la dîme et le pacage, plus généraux, portaient sur tous les animaux sans distinction, bœufs, chevaux, moutons et porcs.

Quand venait le moment de conduire les bœufs au pâturage, les habitants d'une ou plusieurs paroisses assemblaient leurs animaux et en formaient une caravane. La caravane, ou mieux *carvane* ou *carvain*, gagnait alors les marais communs de telle ou telle seigneurie, sous la conduite d'un ou plusieurs bergers. A la carvane envoyait ses bêtes qui voulait : ce n'était pas une charge imposée, mais au contraire une commodité offerte aux éleveurs (1).

(n. st.). (Arch. Vienne, C 361), 1597, 1er mai (Bibl. Niort, cart. 144). — Le terrage était particulièrement usité dans les marais desséchés : il consistait le plus souvent dans le sexte ou le quint des fruits de la récolte. (V. pièces just. XI et XVIII, et ci-dessous, p. 135, n. 3). Les redevances en nature portaient sur les produits les plus divers : nous avons vu les redevances en fagots, nous en verrons en oiseaux d'eau, en poissons et surtout en anguilles. Le plus souvent on offrait des chapons, des gelines ou des oies. Dans le bail de la Minzottière du 23 mars 1311 (Arch. Vendée, H 83, n° 32), le prieur de Fontaines réclame une douzaine de fromages bons et suffisants. La redevance la plus curieuse est la « livre de poyvre » perçue par le seigneur de Benet sur les tenanciers de l'écluse de Forges à Damvix. (Terrier de Benet., Arch. Nat., P 1037, fol. 254.)

(1) 1467, 7 mars (n. st.). « Lesquelx [religieux] disoient plus que en iceulx prez (V. ci-dessus p. 115, n. 3), pour le prouffit d'entre eulx et du pays, ils ont acoustumé d'avoir et tenir par chacun an une carvane de grosses bestes aumailles, tant a eulx que a autres qui les y veulent mettre pour pasturer en poyant salaire selon la forme sur ce ordonnée et accoustumee. » Accord entre Louis d'Amboise, sire de Talmont, et les religieux de Lieu-Dieu en Jard. Arch. Vendée, Talmont 12. — 1538, 28 mars (n. st.). « Et ce qui procédoit des harats et carvains des bestes qu'ils avoyent et tenoyent es prayries et marroys [de Triaise]. » Sentence du sénéchal de Poitou pour la réparation de l'achenal de Luçon. Bibl. Niort, cart. 153. — 1567, 10 juin. « Le marais appellé la prée de Saint Micheau, droit de carvanne, entrées et issues qui est appellée Bot l'Abé... joignant le tout l'un

Une hypothèse assez heureuse, justifiée d'ailleurs par la philologie, a fait dire que la carvane n'était autre que la caravane turque importée en Bas-Poitou par les croisés. De même que les marchands de l'Orient s'assemblaient en troupes pour entreprendre de longs voyages, et obtenaient garde et protection des princes dont ils traversaient les territoires, de même plusieurs villages de la plaine ou simplement plusieurs métayers réunissaient leurs bestiaux et les conduisaient au pacage, d'une seigneurie à une autre, en payant au seigneur un droit de garde et protection qui fut appelé après les croisades, droit de carvane (1).

Cet ingénieux rapprochement peut expliquer, dans une certaine mesure, l'origine de la carvane, mais il ne saurait suffire à préciser la nature de ce droit. Dans leurs marais de Longeville, les religieux de Lieu-Dieu en Jard faisaient garder une carvane, à laquelle quiconque le désirait pouvait envoyer son bétail « en poyant salaire selon la forme sur ce ordonnée et accoustumée (2) ». Au Langon, un texte un peu plus explicite nous apprend que le droit de carvane

---

a l'autre tenant d'un bout a l'Achenaud le Roi, d'autre bout au Contrebot le Roi. » Echange passé entre Léon Rataud, prieur, et les habitants du Langon. Arch. communales du Langon.

(1) *Réponse du maire et des habitans de la commune du Langon au mémoire publié contre eux par les héritiers Maynard*. Poitiers, 1812, in-4°. — Cf. *Chronique du Langon*, p. 13.

Parmi les seigneurs bas-poitevins qui se rendirent en Terre-Sainte, nous pouvons citer Porteclie, seigneur de Marans et de Mauzé (Charte de 1218 pour Sainte-Croix de Mauzé donnée *in obsidione Damiette*. Bibl. Nat., ms. lat. 17147, fol. 231 v.), Pierre de Velluire, seigneur de Chaillé (Cf. *Cartulaires du Bas-Poitou*, p. 273), et Raoul de Mauléon (D. Fontenau, t. XXV, p. 189. Bibl. Nat., Dupuy 499, fol. 54. Lacurie, p. 79). — « Or vos dirai k'est carvane. Li marcheant sarazin quant ils voelent aler en marcheandise en lointaines tieres si parolent ensemble pour faire carvane... dont les fait garder li sires en qui tiere, ils sont par nuit et par jour et conduire fors de sa tiere pour le travers k'il en a, et ensi font tout li seignor parmi qui tiere il passent. » Cité par Ducange, v° *Caravanna*.

(2) V. ci-dessus, p. 117, n. 1.

s'y élevait à deux ou trois sols par couple de bœufs étranger à la seigneurie (1).

En réalité, le droit de carvane a pu n'être à l'origine qu'un droit de garde et de protection, mais de bonne heure, il a pris le caractère de droit d'entrée et issue (2). Il finit, sous cette dernière forme, par se confondre avec le droit de faire paître l'herbe, c'est-à-dire le droit de pacage.

Le droit de pacage, ou *pasquier*, était un cens levé par le propriétaire ou le seigneur d'un marais sur les troupeaux qu'on y menait paître (3). Parfois le pasquier s'acquittait en nature, c'est-à-dire qu'au lieu d'argent on portait au seigneur une ou plusieurs des bêtes du troupeau, généralement un mouton. De là le nom de « droit de moutonnage » que l'on rencontre sur les bords du Lay (4).

(1) 1524, 3 septembre. « Et le pasturage d'iceulx [maroix] dit estre commun pour les manans et habitans de la ville et parroisse du Langon, et en iceulx lesdits habitans de temps immemorial y ont mys et mettent leurs bestes pasturager de jour en jour, et aucuns aultres estrangiers n'ont droict ne possession d'y mectre auchunes bestes sans le congé ou permission dudit seigneur et dame, ausquelx pour ce faire ilz paient ung certain devoir qu'on appellet la carvanne, qui est. ij. sols. vj. deniers ou. iij. sols pour couble de beufz. Et se et quant aulchuns estrangiers y mectent leursdictes bestes sans le dit congé ou permission ilz en sont amandablez. » Enquête au sujet d'un vol de foin. Arch. communales du Langon.

(2) V. ci-dessus p. 117, n. 1. — Le gué entre le Poiré et Velluire s'appelait la Carvane. Cf. *Chronique du Langon*, p. 20 ; Fillon, *Histoire de Fontenay*, t. I, p. 39. — Dès la fin du xiie siècle apparaît un droit d'entrée et d'issue distinc du droit de pacage (1200.)« De animalibus vero nec decimam nec pascerium reddent, nec pedagium de animalibus que causa nutrire vel agriculture in predictum maresium introducent. » Affranchissement par Raoul de Tonnay du marais des religieux de Bois-Grolland à Champagné. *Cartulaires du Bas-Poitou*, p. 262). — Mais le terme de carvane n'est employé qu'au xiiie siècle (1289. « Pro feno maresii booti de Langlee... et de cabvano (?) animalium. » Comptes des anciens domaines d'Alphonse de Poitiers. Arch. Nat., K 496 n° 2).

(3) Cf. le curieux « pasquier de Sainte-Gemme » dans le censier de 1390. Arch. Vienne, H³ 405. En latin pasquier est *pascuarium, pascerium, pasquerium*. Cf. *Cartulaires du Bas-Poitou*, p. 273, et *Arch. hist. du Poitou*, t. XI, p. 409, t. XVI, p. 148, et t. XXV, p. 132.

(4) 1467, 7 mars. Louis d'Amboise, prince de Talmont, prétendait sur

Cependant, en certaines contrées, le pacage semble avoir été concédé à titre gratuit. C'était tantôt le droit accordé par un seigneur à qui bon lui semblait de mener paître des bestiaux sur son propre domaine, tantôt le droit que prenait un seigneur d'envoyer des animaux de ses étables sur les prés de ses sujets. Comme exemple de ce second cas nous citerons les châtelains de Moricq qui, tous les ans, entre Pâques-Fleuries et la Saint-Jean-Baptiste, faisaient mener dix-huit bœufs et une jument « suitée », sous la garde d'un pasteur, dans les prairies comprises entre Longeville et la pointe de l'Aiguillon. Ce troupeau nomade, que l'on serait tenté d'appeler carvane, ne devait jamais séjourner plus d'un jour et une nuit au même endroit (1).

l'abbaye de Lieu-Dieu en Jard un droit de moutonnage à cause du marais appelé Clou-Robert. Arch. Vendée, Talmont 12. — 1535, 25 mai. Arrêt du parlement de Paris qui déclare les religieux de Bois-Grolland débiteurs envers les prieurs de Talmont d'une rente de deux moutons d'un an sur des marais situés près de la Tranche. Arch. Vendée, Talmont 45.

(1) 1395, 23 décembre. « Super eo inter cetera quod, licet ad causam dicti dominii, ipsi et eorum predecessores essent et fuissent in possessione et saisina habendi et tenendi cuilibet faciendi custodire et pascere per unum custodem seu pastorem, cum gardia facta, anno quolibet, inter diem Ramis Palmarum sive Pasche Floridi et sequens festum Sancti Johannis Baptiste decem et octo boves, unum jumentum cum suo pullo, in certis pratis sive pasturis inter confines dictos *Longeville* et *le Bec de l'Aguillon* situatis et existentibus, per unum diem integrum et unam noctem in qualibet pecia cujuslibet, inter dictos fines prata seu pascua possidentis ; in possessioneque et saisina contradicendi et impediendi quod aliquis boves predictos, jumentum et pullum in pratis sive pascuis predictis existentes, tempore predicto durante, capere, saisire vel arrestare seu imprisionare possit vel debeat ; dictis que possessionibus et saisinis usi fuissent et eorum predecessores predicti per tantum tempus de cujus contrario hominum memoria non extabat, aut saltem sufficiens ad omnem bonam possessionem acquirendam et retinendam. » Arrêt du parlement de Paris renvoyant à la cour du gouverneur de la Rochelle, le procès pendant entre Jean Girard et Jean de Vaux, seigneurs de Moricq, d'une part, et les religieux de Sainte-Croix de Talmont de l'autre. Arch. Nat., X¹ᴬ 43, fol. 87 v. — Comme autre exemple de pacage libre, voir : 1158. Don des marais de l'Angléc par Hugues d'Auzay à l'abbaye de l'Absie. *Arch. hist. Poitou*, t. XXV, p. 117.

En outre de ces droits particuliers au marais, l'élevage des troupeaux était soumis comme ailleurs à la dîme. On payait des dîmes de laines, levées sur les « aigneaux et autres bestes belines (1) », des dîmes de « gorrons », c'est-à-dire de cochons de lait, voire même des dîmes de taureaux, de juments et de bétail de toute sorte (2). Au xv° siècle, les religieux de Saint-Michel-en-l'Herm se disaient « gene-
« raulx dixmiers des bestes belines, porceaux et laynnes
« croyssans es parroysses de Champeigné, de Saincte Radegonde des Maroys et autres lieux illec environ » (3).

Telles sont les principales ressources en culture et en élevage offertes par ce pays qu'au premier abord on aurait pu croire à peu près sauvage. Sans doute toute l'étendue n'en était point également favorisée, et d'un point à un autre la production agricole devait subir de très grandes variations;

(1) 1311, 23 mars (*n. st.*). « Salva, retenta et excepta, specialiter et expresse, predicto priori de Fontanis et ejus successoribus, decima lanarum ovium, arietum et agnorum meorum vel aliorum, si contigerit quod condu-cantur et pascant in predictis terris, predictis pasturagiis tempore quo de-cima ovium et agnorum levari et percipi consuevit. » Arrentement de la Minzottière par le prieur de Fontaines à Etienne Narbonneau. Arch. Ven-dée, H 83, 32, — 1339, 8 août. « Item la desme des agneas ge prient des le quint en jus, laquele appartient on tout a moi et a mon parsoner. » Aveu d'Arçais. Arch. Vienne, G 688. — 1363, 27 août. « Toutes desmes et pas-quages d'aigneaux, de laynnes et de toutes autres bestes belines. » Aveu de Marans. Arch. Nat., P 584, fol. xlv.
(2) 1508, 16 septembre. « Pascage de bestes belines et porceaux avecques la disme des aygneaulx et gorrons on village de Cérigné en la parroisse de Andillé le Maroys. » Aveu de Marans. Arch. Nat., P 555¹, fol. cxxxvij. — Cf. Ducange, v° *Gorrinare*. — 1157. « Concedo eis vicariam, in predicta villa Cadupellis, qui de porcis et ovibus exigitur. » Don d'Henri II Planta-genêt à l'abbaye de Luçon. Arcère, t. II, p. 635. — Av. 1187. « Universam decimam cunctorum animalium omnium domorum arbergamenti Nucariæ quod Ugo de Ozay eis dedit. » Don de Gilbert de Velluire à l'abbaye de l'Absie. *Arch. hist. du Poitou*, t. XXV, p. 121. — 1218. « Dedit adhuc... decimam annorum, ovium, porcorum, taurorum et omnium animalium suo-rum... preter equarum et pullarum. » Don de Porteclie, seigneur de Marans, à l'aumônerie de Mauzé. Bibl. Nat., ms. lat. 17147, fol. 231 v.
(3) 1566, 20 avril. Mémoire judiciaire. Bibl. Niort, cart. 143.

mais on peut affirmer que certaines régions arrivèrent à une véritable richesse, telles, par exemple, les propriétés du chapitre de Luçon, autour de Triaize, dont la rumeur publique estimait le produit, à la fin du xvie siècle, à dix-huit ou vingt mille livres de revenu, sur le rapport de « neuf ou « dix belles grandes mestairies scises es prairies près de « l'achenal (1) ».

(1) 1599, 28 janvier. Procès-verbal de visite des achenaux. Arch. Nat., Q¹ 1597, fol. 15 v.

CHAPITRE VIII

La pêche et la chasse.

La pêche au marais : abondance des poissons : poissons d'eau douce, anguilles ; des poissons de mer remontent le cours des achenaux. — Pêcheries : l'écluse, l'écluseau, le bouchaud. — Engins proprement dits de fil et d'osier. — Droits de pêche : cens perçus sur les rivières, fermage des achenaux, droits de poisson royal et d'entrenuit.
La chasse au marais : chasse seigneuriale au faucon ; chasse aux rets pratiquée par les paysans. — Analogie de la chasse et de la pêche. — Les tendes. — Droits seigneuriaux : l'oiselage, l'entrenuit. — Variétés innombrables d'oiseaux. Les oiseaux légendaires.

Malgré la transformation que le desséchement avait fait subir au pays, les habitants n'avaient pu s'accoutumer à une vie complètement agricole : ils avaient conservé leur goût inné pour la pêche et la chasse, jadis les seuls moyens d'existence de leurs ancêtres.

Les eaux du marais abondaient en poissons de tout genre. Dans les innombrables canaux alimentés par la Vendée, l'Autize ou la Sèvre, les poissons d'eau douce affluaient : « De « poisson, c'est une monstruosité que la quantité, la gran- « deur et le prix, » écrivait Henri de Navarre, et le jeune prince s'étonnait des prix dérisoires du marché de Marans : « Une grande carpe trois sols et cinq un brochet (1). »

A côté du poisson blanc, « guerdons et dars (2), » le

---

(1) 1586, 17 juin. *Lettres missives de Henri IV*, t. II, p. 224. (*Documents inédits.*)

(2) Au XIIe siècle, l'abbé de Saint-Maixent percevait au Poiré de Velluire

pays tirait une grande ressource des anguilles, l'hôte du marais par excellence. Dans les vases des achenaux, dans les moindres cours d'eau, elles pullulaient, se multipliaient à l'aise (1). On distinguait communément les noires; moins recherchées, et les blanches, dites marchandes (2). A Damvix, on les salait (3) ; peut-être en exportait-on. A Marans une pêcherie portait le nom significatif de l'Anguillez (4). Très souvent l'anguille figurait dans les

«. c. pisces qui vocantur dars ». *Arch. hist. du Poitou*, t. XVIII, p. 3. — 1464, 25 juillet. « *Item* la moitié du poisson blanc de la levee des verveux des Caresmes Prenens jusqu'à la Sainte-Croix des vendenges ; c'est a savoir trois jours de la sepmaine, le lundy, le mercredy et le vendredy, partens o le seigneur de la Bretonnere, qui puyt valoir trois sols de rente ou environ. » Aveu de Mortevieille. Arch. Nat., Q¹ 1597.

(1) 1410, 11 mars (*n. st.*). « Deffant de poissons d'anguilles ou biez de l'isle » à Jouet. [L'Ile-Bapaume.] Aveu rendu par Maurice de la Clote, prieur de Sainte-Croix de Mauzé. Arch. Vienne, H 67. — 1460, 16 mai. Baillette d'un marais à Besgues par les moines de la Grâce-Dieu moyennant 12 deniers de cens et « cinquente anguelles » de marais. *Arch. hist. Saintonge et Aunis*, t. XXVII, p. 81. — 1473. « Anguylles fresches dehues a Monseigneur… a cause de son aigagerie, et querables ou village de Dampvys. Et premierement les heritiers Jehan et Colas Bouchayres, Collas et Phelippon Avrars, et Phelipon Pleure a cause de sa femme sur leur excluse de Sçayvre de Pierre, six cens… » Terrier de Benet. Arch. Nat, P 1037, fol. 255. — 1535, 8 août. Sentence d'assise prononcée à Montfaucon contre Guillaume Bechillon, seigneur de l'Ile Reaulx, par deffaut de payement de trois cents anguilles dues pour ses pêcheries de Piget. Arch. Vienne, G 691. — Le droit de pêche à Mortevieille et à la Bretonnière rapportait au seigneur quinze livres et un millier d'anguilles. Aveu du 13 mai 1473. Arch. Nat., Q¹ 1597.

(2) 1501. Censier de Bernay. Bibl. la Rochelle, ms. 299, fol. 24.

(3) 1464, 25 juillet. « *Item* le quint de la moitié des anguilles blanches et la moitié des noires partens o le dict seigneur de la Bretonere et o les hommes de Morteveille et de l'Ysle. » Aveu de Mortevieille. Arch. Nat., Q¹ 1597. — 1572, 12 avril. « Pecheries et marais de la chenaut de Pisse Argent, 20 sols. Fête Notre-Dame de Mars : 200 anguilles blanches marchandes. » Censier de la Nevoire. *Arch. hist. Saintonge et Aunis*, t. XXVII, p. 81.

(4) 1473. « Anguylles sallées dehues a Monseigneur… Le curé de Dampvys sur ses excluses et betz de Dampvys ung cinquante… » Terrier de Benet. Arch. Nat., P 1037, fol. 254. — Cf. *Mém. Soc. statistique*, 3ᵉ série, t. III, p. 44.

contrats comme redevance ; elle constituait presque une monnaie.

Dans le voisinage des côtes, étiers et achenaux offraient des ressources encore plus variées. Dans les eaux mi-douces mi-salées, que l'on dénommait encore « mer » au xv° siècle (1), on pêchait plus de poissons de mer que de poissons d'eau douce. Ils abandonnaient la baie de l'Aiguillon pour remonter les « grands chenaux » de Saint-Benoit, de Marans et de Luçon. Merlus, saumons, seiches et aloses, s'il faut en croire Estienne, se laissaient pêcher à Luçon (2).

La seiche était particulièrement recherchée aux xi° et xii° siècles (3), soit pour le parti qu'on pouvait tirer dans la fabrication de l'encre de la liqueur qu'elle secrète (4), soit plus probablement pour l'alimentation. Une coutume évidemment ancienne avait persisté en Bas-Poitou jusqu'au xvi° siècle : la première seiche pêchée de l'année dans l'achenal de Saint-Benoît devait être apportée à la demeure

(1) 1461, 20 septembre. « *Item* on pays de Poictou avons et tenons nostre isle, lieu, église et prieurté de Vitz, assis près du fleuve de la Seuvre, et o... pescheries par toute la mer environ la dicte isle de Vitz. » Aveu rendu par Jeanne de Villars, abbesse de N.-D. de Saintes. Arch. Nat., P 552², CL.

(2) « Lusson, ville, évesché : Dans la ville vient un brachs de mer procédant de la grand mer, qui est a une lieue et demie de la, et faict le chemin de l'isle de Rez. La se peschent seiches, merluz, saulmons, alozes, marsouyns et balcines. » Dans l'exemplaire de la Bibliothèque Nationale, p. 200, ces poissons sont portés à Mainclaye sur la Smagne entre Bessay et Lusson.

(3) Cf. *Cartulaire de Talmont* (*Mém. Soc. Antiquaires de l'Ouest*, 1re série, t. XXXVI, pp. 67, 321, 329). — 1062-1097. « Adhuc de ipso fevo [Maraant], .c. sepias donoque etiam in capite quadragesime sunt reddende. » Don d'Hugues de Surgères à la Trinité de Vendôme. *Arch. hist. Saintonge et Aunis*, t. XXII, p. 76.

(4) Nous avançons cette hypothèse sans l'étayer d'aucun texte, uniquement pour chercher à expliquer la faveur dont jouissait ce poisson au Moyen-âge. Dans sa *Diversarum artium schedula* (Éd. Lescalopier, p. 71) le moine Théophile donne, pour la fabrication de l'encre, une toute autre recette.

seigneuriale sur une jument blanche, aux cris de : « Nouveauté pour le seigneur de Saint-Benoît » (1) !

La maigre n'était pas moins prisée. De la baie de l'Aiguillon que Bercheure peuplait de sirènes, elle remontait par bandes la Sèvre et le Lay (2), faisant entendre une sorte de cri que le docte Alain comparait au mugissement du taureau (3), et que plus simplement les marins exprimaient en disant : « Elle chante (4). »

Parfois même des cétacés venaient s'échouer sur les côtes. Sans aller jusqu'à admettre, avec l'auteur de *la Guide des chemins de France*, leur présence habituelle à Luçon (5), on s'explique aisément qu'une baleine ou un marsouin pourchassé par quelque squale ait pu s'engager maladroitement dans l'embouchure d'un achenal. Quand un marsouin ou *marsouppe* venait à se prendre dans le Lay, le seigneur de Saint-Benoît avait droit à la tête, « a « deux pieds emprés le cagouet et demy pied devers la « quehe, en sus n'en preconte le baloys de ladite quehe (6) ».

Pour capturer tant de poissons, l'industrie du maraichin avait inventé d'innombrables engins de pêche. L'*écluse* apparaît la première en date dans les textes. Pour la construire on barrait partiellement un cours d'eau au moyen d'îlots factices maintenus par des clayonnages. Dans les étroits passages ainsi créés on tendait des filets ou des pièges d'osier ; mais comme l'eau resserrée eût augmenté de niveau et accéléré son cours outre mesure, on lui ouvrait de

---

(1) 1529, 28 octobre. Aveu de Saint-Benoît. Arch. Vendée, Talmont 18.
(2) « Et se y prent maigres je dois aver de chacune quattre deniers... » *Ib.*
(3) Alain : *De Santonum regione*... Saintes, 1598, in-4°, pp. 12-13.
(4) Cf. Arcère, t. I, p. 140.
(5) V. ci-dessus, p. 125, n. 2.
(6) 1529, 28 octobre. Aveu de Saint-Benoît. Arch. Vendée, Talmont, 18.

nouvelles issues sur chaque rive au moyen de fossés de dérivation appelés *jotières*. Parfois on ajoutait à côté de la grande écluse une autre plus petite appelée *allier* ou *filotte* (1). Le savant géographe Masse a pu voir encore au xviiie siècle quelques-uns de ces barrages, dont il nous a conservé le plan (2).

On appelait *écluseau* une petite écluse établie sur un fossé de dérivation creusé tout exprès. Par extension, écluseau a désigné à la fois l'écluse et le fossé, parfois même le fossé seulement (3).

A côté de l'écluse et de l'écluseau on trouve le *bouchaud* : « Les bouchauds, dit La Bretonnière, sont des barrages « en terre, revêtus de pieux et de fascines, interrompus vers « le milieu du lit de la rivière par un vide de trois à quatre « mètres pour le passage des bateaux ; c'est dans cet inter- « valle que les pêcheurs tendent des filets (4) ».

---

(1) 1584, 19 décembre. « Une excluse sise sur la grand Vandée, vulgairement appellée Herbere... avecques ses appartenances de jotières des deux costez et pescheries a mettre et tendre retz et encrouhes avecques ung allier ou filotte ou petite excluse. » Arch. Vendée, E 48.

(2) Plan de l'écluse de Veclée. Masse: parties 45-46.

(3) 1246, octobre. « Unum exclusellum quod habebamus in maresio nostro de *Lanneré*, quod exclusellum nominatur Roions, et protenditur in longum a boschello de Petra usque ad botum de Langle et cursus aque illius exclusellum durat usque ad exclusam heredum defuncti Galteri de Allemagnia... Insuper volumus et concedimus quod quociens dicti abbas et conventus, eorum successores vel eorum mandatum, voluerint recurare vel amplificare dictum exclusellum, ipsi capiant ex utroque latere teisam nostri maresii a principio usque ad finem exclusellum predicti. » Concession de Etienne Pelletier de la Roche-Bertin à l'abbaye de Saint-Léonard-des-Chaumes. Bibl. Nat., ms. lat. 9231, fol. 2. — V. pièce just. XIX et pl. II.

(4) *Statistique de la Vendée*, p. 70. V. pièce just. XIX. — Il ne faut pas confondre le *bouchaud* de rivière avec le *bouchot* de mer dont La Popelinière (liv. V, fol. 151 v.) nous a laissé la description suivante : « Les « paux de bouchaud sont gros et puissans pieux, fort pres l'un de l'autre, « fichez et coignez en vase de mer, tenans la forme d'un triangle ouvert « toutesfois par le costé auquel la mer veut donner, pour en retournant y

L'écluse, l'écluseau et le bouchaud n'étaient donc pas des engins de pêche proprement dits, mais plutôt des emplacements préparés pour recevoir les engins eux-mêmes, les « texures à pescher », comme on disait parfois (1), fabriqués comme maintenant en fil ou en osier.

Les pièges en osier, généralement destinés à la capture des anguilles, prenaient, suivant leurs formes et leurs dimensions, les noms de paniers, *bourgnes, bourolles* ou *boutterons* (2). Les filets étaient le tramail (3), le

« laisser nombre de poissons qui se trouvent prins entre ces paux et rets « expresseement tendus. » — Le seigneur de Champagné percevait des cens sur trente-deux bouchots. Aveu du 21 janvier 1559 (*n. st.*). Arch. Vienne, C 361. — Il y avait aussi des écluses de mer, fondées sur le même principe. — Sur les bords du Layon se servait d'un engin appelé *barraquine* : 1529, 28 octobre. « *Item* m'est tenu chascun pescheur qui peschet o barraquine en ladicte chenau, rendre en chascune feste de Pasques neuf sols tournois de cens, et chacun moys de l'an par deux fois, scavoir est au renouveau et au plein de la lune, deux deniers ou ung trancheur de poisson a mon choix. » Aveu de Saint-Benoît. Arch. Vendée, Talmont 18. — Lieu dit la Baraquine, sur le Lay.

(1) 1473, 13 mai. Aveu de Mortevieille. Arch. Nat., Q¹ 1597. — Dans les moindres canaux étaient établies des pêcheries au grand détriment de l'exploitation agricole. Car si les premiers travaux de canalisation avaient été facilités par les fossés et écluseaux creusés pour la pêche (v. pièce just. VI), les écluses et les bouchauds que les riverains continuaient à construire empêchaient l'eau de trouver un débouché suffisant à l'époque des crues. Cf. 1249, février. Accord entre les abbés de la Grâce-Dieu et de Saint-Léonard. V. ci-dessus p. 40.

(2) 1427, 18 mars (*n. st.*). « *Item* avons voullu et octroyé en outre que ledit Masse et les siens puissent pescher en nos ayves et dangiers de Jouhet o panyers sullement, par tout le marois, excepté ou port et ou vyvier. » Bail par Guillaume Dupont, prieur de Saint-Pierre de Mauzé, à Masse Ruillières. Arch. Vienne, H 67. — 1447, septembre. « Avoit et tenoit en la rivière du Loy, laquelle passe pres de sondit hostel, et es marois joignant la dite riviere, certains instrumens et engins pour peschier poisson, nommez et appellez borgnes ou borgnons. » Rémission accordée à Jean Bloyn, laboureur à la Claie. *Arch. hist. du Poitou*, t. XXXII, p. 27. — 1550, août. « Prins et mis dans ma brouette deux bourgnes necessaires a prendre poisson, deux boutterons quarré autrement apellé bourolles, ung vergé et quatre paulx. » Procédure relative au droit de pêche à Bernay. Arch. Vienne, H³ 961. — Cf. Littré : Bouterolle.

(3) 1597, 8 février. « Droict de tramailles. » Accord entre Jean Martin de

verveux (1) et l'*encroust* (2), sorte de verveux muni d'ailes. Ajoutons qu'on pêchait à la ligne, soit avec un hameçon, soit à la *vermée* (3), gros paquet de vers enfilés sur des ficelles, qui servaient à prendre les anguilles.

Pour conserver le poisson vivant sans recourir à des viviers, on le mettait dans le *gardou* ou *gardouer*, sorte de caisse en bois percée de trous assez grands pour laisser passer l'eau librement, et trop petits pour que le poisson pût s'échapper (4).

On conçoit que cette industrie de la pêche, si florissante, n'allait pas sans entraîner certains droits féodaux. L'eau appartenait sans conteste au seigneur. Outre son « deffens » dont la pêche lui était exclusivement réservée (5), il percevait des cens sur les pêcheries disséminées dans l'étendue de ses domaines. Les rivières étaient diversement sectionnées : dans la Sèvre, aux eaux du seigneur de

Coulon et Louis Delezay, seigneur du Vanneau, au sujet de l'écluse de la Sotterie. Communiqué par M. Marchet, propriétaire à Irleau.

(1) 1525, 5 septembre. « *Item* la quarte partie du prouffit des verveux mis esdites ayves par les hommes et subgects de Coulon. » Communiqué par Mme Charier-Fillon, à Fontenay (Coll. A. Fillon). — V. ci-dessus, p. 124, n.

(2) 1550, août. « Ancrostz, encroustz. » Procédure citée, n. 2. — V. ci-dessus, p. 127, n. 1. — C'est le nom du verveux en Anjou.

(3) 1258. « Homines piscantes in Vendeia cum hamo, et cum vermeia et cum bochellis. » Enquêtes faites pour Alphonse de Poitiers. Arch. Nat., J 190", n° 61, fol. 4. — Cf. Fillon, *Hist. de Fontenay*, t. I, p. 35.

(4) 1550, août. « Et cincquante piezces de poisson ou environ dedans ung gardouer faict d'une barricque. » Procédure citée, p. 130, n° 2. — Peut-être faut-il voir un gardou dans cette « manicam piscationis » volée à Vix par un malfaiteur au XII° siècle. Grasilier : Cf. *Cartulaire de Notre-Dame de Saintes*, p. 154.

(5) Defens à Vix au XII° siècle. Grasilier, *loc. cit.* — 1462, 16 février (n. st.). Aveu de Pied-Lizet. Arch. Nat., P 585, fol. VII. — 1462, 29 avril. Aveu de Puissec. Arch. Nat., P 590, fol. 18 v. — 1477, 4 août. « *Item* une piece de maroys... appellé les Deffens tenant... aux betz qui tirant d'Arsay a Saint Hillayre de la Palluz. » Transaction entre les chanoines de Saint-Hilaire et François Goulart. Arch. Vienne, G 690. — 1508, 16 septembre. Aveu de Marans. Arch. Nat., P 555¹, CXXXVI.

Benet (1) succédaient celles de l'évêque de Maillezais, puis celles du seigneur de Marans (2). Dans la Vendée, la pêche appartenait au même sire de Marans, de la Sèvre au Gué-de-Velluire (3), puis au prieur de Vouillé (4). A Fontenay, elle était affermée par les receveurs du domaine (5). Sur le Lay, le sire de Saint-Benoît possédait tout droit de pêche depuis l'embouchure de la rivière jusqu'aux prés de Curzon (6). A Curzon, le sire de Talmont affermait « le prouffit des cours des anguilles (7) ». Entre la Claie et le Coteau-Gourdon, c'était au seigneur de la Bretonnière qu'on rendait compte du « peschage (8) ».

(1) 1474, 7 février (v. st.) Aveu rendu par Guyon Chasteigner, seigneur de Saint-Georges-de-Rex, à Hardouin de Maillé, seigneur de Benet, « de toute la rivière de Sayvre, de rive en rive, depuis en un lieu appelé bief Jadeau jusques à l'escluse d'Aiguequée, icelle comprise. » Duchesne, *Généalogie des Chasteigner*. Pr., p. 93. — 1471. Terrier de Benet. Arch. Nat., P 1037.

(2) 1508, 16 septembre. « Et sur la riviere de Sayre, tirant vers Niort, jusques es eaux de l'evesque et chappitre de Maillezays qui sont au bé Sabryn ». Aveu de Marans, *loc. cit*.

(3) « Et tous les maroys et coustaux, pasturages et peschages qui sont depuis le dit Petit-Tayré jucques au gué de Velluire... avecques la moictié de la rivière de la Vendée depuis le port de la Rochelaize descendant de l'Auber Locart et toute la dite riviere depuis le dit Auber jusques a la Sayvre. » *Ib*.

(4) 1585, 13 avril. Vente et adjudication, par François Bruslart, prieur de Vouillé et chanoine à Reims, à Barnabé Brisson, « du droit de pescherie en la rivière de la Vandée de Velluire, du cousté du dit Vouillé, a prendre despuis le quay de Chasteau-Bon, aultrement la Greve, jusques à l'escluze de François Grignon du Pairé de Velluire ». Arch. Vendée, E, 41.

(5) 1288. « De Fontiniaco. Pro piscatura aquarum ibi pro medio. » Comptes des anciens domaines d'Alphonse de Poitiers. Arch. Nat., K 496, 2. — V. aussi Fillon, t. I, p. 35.

(6) 1529, 28 octobre. « *Item* tiens... la chenau de Saint Benoist, ainsi comme elle est de playne ayve, des le betz de l'Aguillon que l'on appellet Pautret, jucques a Rochereau pres Brennessart davent Curzon. » Arch. Vendée, Talmont 18.

(7) 1412. Comptes des chatellenies de Talmont, Curzon et Olonne. Arch. Vendée, Talmont 57, fol., xij.

(8) 1473, 13 mai. « Item la moitié de l'aive et du peschage de la dite riviere a commencer des les Costaux Gourdon en venant au port de La Claye. » Aveu de la Bretonnière. Arch. Nat., Q¹ 1597.

Pour de simples achenaux le seigneur ne levait pas de cens sur les diverses pêcheries qui y étaient établies, mais affermait le tout au plus offrant et dernier enchérisseur (1). La pêche de l'Achenal-le-Roi était ainsi donnée à bail, chaque année, au profit du domaine (2).

Enfin, le seigneur avait en plusieurs endroits le privilège de « poisson royal (3) » et le droit de *fruste* ou d'*entrenuit* (4). Une fois l'an, ou plus fréquemment suivant les localités, il réquisitionnait le poisson pris en une nuit dans les filets. Il n'y avait que les Langonnois qui pussent revendiquer le droit de pêche sans redevance, c'est-à-dire « liberté et privilège de pêcher au marais poisson à cel et à nage » ;

(1) La pêche de l'achenal de Champagné, affermée neuf livres dix sols en 1518 (Arch. Vendée, E 185), ne l'était plus que cinquante sols en 1559 (Arch. Vienne, C 361, p. 7).

(2) Voici quelques chiffres de fermage au xve siècle « des dixmes et pescheries des maroys avecques la Chenau-le-Roy ».

1428-1429..	iiij. livres. x. sols tournois..	Bibl. Nat., ms. fr. 8818, fol. 3.		
1429-1430............	c.	—	—	fol. 6.
1432-1433..	iiij. livres. (Avec réduction de 50 o/o « pour le fait de la guerre »)...	Bib. Nat., ms. fr. 8819, fol. 54.		
1437-1438............	xl. sols tournois..	Arch. Nat., Q¹ 1595.		
1438-1439............	xl.	—	..	— —
1439-1440............	xliij.	—	..	— —
1440-1441............	xliij.	—	..	— —
1441-1442............	xl.	—	..	— —
1448-1449..	iiij. livres. viij.	—	..	Fillon, *Hist. de Fontenay*, I, 95.
1462-1463.. xvj.	—	xij.	—	.. Soc. de statist. Fonds Briquet, 20.

(3) 1597, 1er mai. Aveu de Champagné. Bibl. Niort, cart. 144. — Le même droit se retrouve à Esnandes. Arch. Nat., Q¹ 116.

(4) 1473. « Les heritiers Jehan et Colas Bouchayres, Colas et Phelipon Avrars et Phelipon Pleure, a cause de sa femme, sur leur excluse de Sçayvre de Pierre, une fruste qui est la pesche d'une nuyt laquelle monseigneur voudra eslire en yver ou en esté. » Terrier de Benet. Arch. Nat., P 1037, fol. 255. — 1529, 28 octobre. « *Item* j'ai droit de prendre uneffoy l'an, quelquesfois que je vouldray, tout le poisson que je trouverais prins es cordes et es mailles en ladicte chenau. » Aveu de Saint-Benoît. Arch. Vendée, Talmont 18. — 1473, 13 mai. Aveu de la Bretonnière. Arch. Nat., Q¹ 1597. — Cet usage n'est pas particulier au Bas-Poitou. Il se rencontre aussi en Normandie. Cf. Delisle, *les Classes agricoles en Normandie*, p. 282, et Beaurepaire : *la Vicomté de l'eau à Rouen*, p. 155.

mais nous n'avons pour le prouver que le témoignage d'Antoine Bernard, dont nous connaissons la partialité envers ses compatriotes (1).

Le marais n'avait pas seulement la ressource de ses eaux poissonneuses, c'était encore un pays de chasse par excellence. Sans remonter jusqu'aux époques lointaines où, suivant la tradition, sangliers et autres bêtes sauvages erraient dans les halliers aux alentours de Maillezais, on constate qu'au moyen-âge, lièvres, lapins, faisans et perdrix foisonnaient sur les îles comme au milieu des marécages (2).

Dès le xe siècle, nous voyons Guillaume Fier-à-Bras, duc d'Aquitaine, emmener son épouse en voyage de noce à Maillezais, où il s'était fait construire un pavillon de chasse (3). Au xiie siècle, Henri II Plantegenêt imposa pour condition aux religieux de Luçon, en leur concédant l'île de Choupeau, de ne bâtir aucune habitation sur le chemin du Gué-d'Alleré pour ne pas gêner son passage lorsqu'il irait à la chasse (4). Geoffroi de Lusignan, au xiiie siècle, renonça difficilement à contraindre les religieux de Maillezais à héberger sa suite de fauconniers et de veneurs, ses chevaux,

---

(1) Cf. *Chronique du Langon*, pp. 13, 14, 24, 38.

(2) Pierre de Maillezais, *loc. cit.* — 1245. « De.iiij^{xx}. copulis cuniculorum venditis apud Maarantum. xiij. libras. xiij. solidos. iiij. denarios. » Comptes des domaines d'Alphonse de Poitiers. *Arch. hist. Poitou*, t. IV, p. 117. — 1273, mars (n. st.). « Do etiam... garenam cuniculorum, leporum et avium quam habebam in omnibus rebus superius memoratis. » Don par Pierre de Velluire à l'abbaye de Maillezais de bois et de vignes à Chaillé. D. Fonteneau, t. XXV, fol. 221. Lacurie, p. 329. — 1363, 27 août. « Et touz oiselages de falcons, de buors, et de tous autres oiseaux, toutes garennes de conilz, lievres et perdrix. » Aveu de Marans. Arch. Nat., P 584, fol. xlv. — V. pièces just. II et III.

(3) Pierre de Maillezais, *loc. cit.*

(4) Charte de 1157. D. Fonteneau, t. XIV, ff. 251,255. Arcère, t. II, p. 635. Cf. La Fontenelle, t. I, p. 33.

ses mules, ses chiens et ses oiseaux, dont il ne pouvait, disait-il, se passer (1).

Sur les rives du Lay, le seigneur de Talmont se faisait offrir pour un de ses marais un faùcon lannier de la valeur de six livres. Les religieux de Lieu-Dieu en Jard lui payaient aussi un droit de « faulconnaige (2) ».

Les religieux eux-mêmes se livraient aux plaisirs de la chasse (3). Au XVIe siècle, Jean Ier de Billy, abbé de Saint-Michel-en-l'Herm, s'était acquis une réputation de grand chasseur. Sa brutalité à l'égard des chiens était même passée en proverbe (4).

Nous pourrions multiplier les exemples de ce genre, mais la chasse noble n'est pas celle qui nous intéresse. A côté des seigneurs qui chassaient au chien et à l'oiseau, l'habitant du marais faisait de la chasse comme de la pêche une véritable industrie. Il passait d'autant plus volontiers de l'une à l'autre, qu'il y employait presque les mêmes engins.

Son instrument préféré était un long filet de cinquante à soixante mètres de long, large de un à deux mètres, qu'il

---

(1) 1232, 1er juillet. Labbe, *Nova Biblioteca*, t. II, fol. 245. Lacurie, p. 305.

(2) 1412. « Dudict abbé [d'Angles], le sire de Moric, Nicolas Barillaut, les heriters Colin Mec et leurs personners pour servige qu'ilz doivent par an audit jour… un faucon lenier aprecié a .vj. livres. » Comptes de la chatellenie de Talmont. Arch. Vendée, Talmont 57, fol. 3 v. — Cf. Lettre de Martin Sanson, prieur d'Angles (11 novembre 1537) et procédure. *Ib.* Talmont 24. — 1467, 7 mars (n. st.). Accord entre Louis d'Amboise, sire de Talmont, et les religieux de Lieu-Dieu en Jard. Arch. Vendée, Talmont 12. — Cette fois c'est « ung faulcon gentil » de service.

(3) V. ci dessus, p. 132, n. 2. — Les religieux de la Grâce-Dieu avaient seuls le droit de chasser dans leurs marais de l'Alouette. *Arch. hist. Saintonge et Aunis*, t. XXVII, p. 220.

(4) Jean de Billy, abbé de Saint-Michel-en-l'Herm (1526-1552). — Cf. A. Richard, *Bulletin Soc. Antiquaires de l'Ouest*, 2e série, t. IV, p. 121.

tendait à la surface des vases à marée basse, à une hauteur suffisante pour que la mer pût passer librement au-dessous sans le mouiller (1). Les nuits sans lune, les oiseaux arrivaient de la pleine mer, fatigués, regagnant le marais. Leurs bandes, effleurant l'eau, allaient donner à l'aveuglette dans le filet et se prenaient dans les mailles. Le lendemain les « pêcheurs d'oiseaux », comme on les appelait, venaient chercher leur capture soit en barque à marée haute, soit à marée basse dans les *acons* glissant sur la vase (2).

Les filets s'appelaient *retz*, *vettes* et *vrettez* à Charron, Esnandes, Champagné et Saint-Michel-en-l'Herm; leur emplacement, ou place de mer, *perchiez* et *parchet* (3). Sur les bords du Lay, et plus loin des côtes, on employait le terme de *mervaux* (4).

L'origine de ces retz s'explique aisément. Plus d'une fois sans doute des oiseaux étaient venus maladroitement se faire prendre à marée basse, dans les filets à poissons

---

(1) Faute d'indications précises dans les textes, nous décrivons les filets dont on se sert actuellement à Charron et sur les côtes.

(2) Les *acons* sont de petits bateaux plats que l'on fait avancer sur la vase en poussant avec le pied. Cf. Arcère, t. I, p. 139.

(3) 1472, 8 avril. Bail à rente par l'abbé de Saint-Michel-en-l'Herm à Catherine Serpentine, veuve de Vincent Ribandon, de « deux pieces de perchiez assis en la mer... contenant a mettre et assoir l'un neuf rects appelles vretez » et l'autre quinze. D. Fonteneau, t. XVIII, fol. 61. Cf. La Fontenelle, t. I, p. 145; Brochet, p. 40. — 1559, 21 janvier (*n. st.*).« Jehan Goron de Marans sur son parchet a mectre en la mer douze paus de retz ou vettes, tenant a la dicte Soyvre, 7 sols, 6 deniers tournois. » Aveu de Champagné. Arch. Vienne, C 361. — Le seigneur de Champagné levait des cens sur cinq parquets.

(4) 1464, 25 juillet. « *Item* la moitié des gelines de coublages de ceux qui commencent a mettre les mervaux par le maroys de mon dit seigneur et dudit sieur de la Brethonnière après Noël, qui povent valoir an par aultre deux gelines ou environ. » Aveu de Mortevieille. Arch. Nat., Q¹ 1597. — 1553, 21 mars (*n. st.*) « Et ceux qui tendent et tiennent mervaulx, de troys ayseaux prins auparavant lesdits termes [dimanche avant Noël et Chandeleur] en doyvent ung : soyent grues, cravans, oayes saulvaiges ou aultres oayseaux. » Aveu de Moricq. Arch. Vendée, Talmont 28, fol. 3.

que l'on tendait déjà au x⁰ siècle. Les mêmes engins durent alors être employés indifféremment pour la chasse et la pêche, au moins au début, et, de cette confusion primitive, il résulta une similitude de termes qui rend assez difficile l'interprétation des textes (1).

On disait communément, et pour abréger, « tendre aux oiseaux (2) », si bien que la dénomination resta aux lieux où se faisait la chasse. Il y avait des « tendes » à Andilly, à Champagné, à Moricq (3). Comme ces tendes devaient toujours être placées sur des vases baignées par les flots, à mesure que la mer perdait du terrain les oiseleurs étaient obligés de reporter plus avant leurs engins, et les emplacements des anciennes tendes devenaient des prairies. A Champagné, au xv⁰ siècle, les Tendes Vieilles et les Tendes Neuves, livrées à la culture, attestent par leur nom les étapes successives du retrait de la mer.

(1) 991 (?) « Hoc est in mare ad portum que vocatur Estdempna (*lisez* Estnempda) piscatoria ubi possunt extenderi recia tria et unusquisque in longitudine brascia triginta habet. » Don à l'abbaye de Nouaillé par Adémar et Adelburge sa femme. D. Fonteneau, t. XXVII *ter*, fol. 41. — Les termes cités peuvent s'appliquer aussi bien à la pêche qu'à la chasse.
(2) 1553. « Le droit d'oysellage qui estoit de prendre et percepvoir d'ung chacun homme peschans et tendans es oyzeaulx... ung gros oyzeau appellé quenart, quane ou corbejaud de rente ou debvoir noble. » Mémoire des religieux de Saint-Michel-en-l'Herm contre Pierre des Villattes, seigneur de Champagné. Arch. Vendée, E 185. Bibl. Niort, cart. 143.
(3) 1241. « Tenda que dicitur Petri Bertini » à Andilly. *Arch. hist. Saintonge et Aunis*, t. XXVII, p. 155. — 1553, 21 mars (*n.st.*). « Une piece de maroys doulx appellé les Tendes de Moric, servans a pasturage seullement et se tiennent d'une part a la chenault dudit lieu de Moric, et d'aultre es maroys de l'abbaye de Saint-Michel, la chenault entre deux. » Aveu de Moricq. Arch. Vendée Talmont 28, fol. 3.— 1476, 4 janvier (*n. st.*). « *Item*, droit de terrager et prendre par droit de terrage de unze treizeaux deux en ung terrour et tenement des terres appellées les Tandes Vieilles et Tandes Neufves... tenant d'une part a l'achenau de l'Ospital de Puyraveau, et d'autre au bot appellé le Bot Heibu. » Aveu de Champagné. Arch. Deux-Sèvres, E 184.— Tantes de la Minzotière. V. ci-dessus, p. 114, n. 2.

L'oiselage n'était pas libre. Pour tendre aux oiseaux, il fallait une autorisation seigneuriale, qui n'allait pas sans quelques redevances. Le droit d'oiselage, dit aussi de *mervelage* (1) ou de *coublage* (2), remonte au xie siècle (3). Il variait suivant les contrées, mais généralement l'usage voulait qu'on offrît au seigneur un ou plusieurs oiseaux la première fois de l'année où l'on tendait les filets. A défaut d'oiseaux on présentait des poules. Parfois, comme pour droit de *luzaut* ou de *luysaut* à Moricq (4), cette offrande se faisait à termes fixes, mais toujours en hiver, époque à laquelle la chasse était la plus fructueuse. A Champagné, le seigneur prenait, ainsi que pour la pêche, le droit d'*entrenuit*. « Une fois le mois, dit-il en ses aveux, et au déclin
« de la lune, à tel jour que bon me semble, je fais deffendre
« par mon sergent aux tendeurs de n'aller le lendemain
« matin à leurs retz et engins; par ainsy tels oyseaux qui
« seront pris icelle nuit m'appartiennent, et en dispose
« comme il me plaist (5). »

(1) 1563, 21 octobre. « Tous droits de pescheries, peschages et mervelages... en la dicte rivière du Loix, en la paroisse et terre de la Brethonnière et la Claie. » Echange passé entre Jean de Tallensac, seigneur de Laudrière et Mathurin Suriette, seigneur de l'Aubrays, paroisse de la Réorthe. Arch. Nat., Q¹ 1597.

(2) V. ci-dessus p. 134, n. 4. — Coublage vient sans doute de *cobla*, sorte de filet. Cf. Ducange, v° *Cobla*.

(3) 1090. « Et si auceps inibi volucres cepisset, par volucrum preposito monachorum per consuetudinem reddebat. » Accord entre Pépin de Talmont et Ainou, prieur de Fontaines, au sujet d'un marais à Angles « ab exterio Chadonis usque ad exterium Sancte Marie ». *Cartulaires du Bas-Poitou*, p. 95.

(4) 1553, 21 mars (*n. st.*). « Et oultre, pour droit appellé droit de luzaut, me sont tenus tous tendeurs a lach a ayseaux esdits maroys, et par chacun an et à deux termes, sçavoir est au dymanche devant Nouel deux cerseaux et le dymanche avant la Chandeleur ung autre couple d'ayseaux, et a deffault, pour chacun coupple de cerseaux, ung coupple de poules. » Aveu de Moricq. Arch. Vendée, Talmont 28, fol. 3.

(5) 1597, 1er mai. Aveu de Champagné. Bibl. Niort, cart. 144. — A Charron

Le nombre d'oiseaux qu'on prenait ainsi était prodigieux. Par nuées ils s'abattaient sur ce sol détrempé où ils espéraient trouver la sécurité en même temps qu'une nourriture abondante. Oiseaux de mer, oiseaux de passage, « tant de sortes d'oiseaux qui chantent ! » écrivait le futur Henri IV. Et les lettres du Navarrais enthousiasmé emportaient à la belle Corisande quelques plumes de courlis ou de héron pourpré (1).

Toutes les espèces étaient représentées. C'était « le rêveur des marais », le héron au manteau gris perle (2) ; le butor ou buor, au plumage fauve, au cou plus ramassé, dont les jeunes gens en certains lieux offraient un couple à leur seigneur lorsqu'ils élisaient « un roy de la bachellerie (3) ». Les grues, les corbejaux, les sarcelles, les canards sauvages aux innombrables variétés, entrecroisaient leur vol au-dessus des marais. Ils se mêlaient aux goëlands, aux millouins, aux pluviers et à combien d'autres. Oiseaux

l'époque à laquelle se tendent les rets s'appelle encore l'*entrenègre* — Le droit d'entrenuit s'appelait « nuit noire » à Charron. Arch. Nat., Q¹ 116. — « A la nuit noire du dimanche au lundy 26 novembre 1764 il a été pris : 24 millouins, 9 cannes ou cannards, 12 cerselles, 4 bornettes (?), 2 pluviers et plusieurs petits oiseaux. Il y avait en tout 70 pièces. » Bibl. Niort, cart. 144.

(1) 1586, 17 juin. *Documents inédits. Lettres missives de Henri IV*, t. II, p. 224.

(2) 1571, 18 octobre. « Et deux douzaines d'oyzeaux, sçavoir est : quatre herons, quatre butors, et quatre corbejaux et douze oyzeaux de riviere, canes et canards payables... au terme de Noël. » Acquisition par Pierre des Villattes, seigneur de Champagné des métairies de Beauvoir et Petit-Trizay. Arch. Vendée, E 185. — Au xviiie siècle, le Châtellier-Barlot avait encore une héronnière qui fut supprimée parce que les oiseaux abîmaient les chênes du parc. Arch. Vendée, E 45.

(3) 1393, 7 mars (*n. st.*). « Deux buors que doit le roy de Coulons pour le droit de reaulté de la bachelerie ausdits chevalier et escuyer en chascune feste de Trinité Notre-Seigneur au changement dudit roy. » Accord entre Tristan de Verrue, chevalier, et Huguet de Payré, écuyer. Arch. Nat., H⁴ 3215. — V. ci-dessus p. 132, n. 2. — Ce sont les buours dont Grandgousier festoyait ses hôtes. V. *Gargantua*, liv. I, chap. xxxvii.

de mer, oiseaux de rivière vivaient indistinctement dans le marais, y trouvant chacun leur nourriture préférée (1).

On rencontrait aussi des oiseaux singuliers qu'on eût cherchés vainement ailleurs. A Saint-Michel-en-l'Herm, dit La Popelinière, « les mareans s'enrichissoyent de la chasse et prinse d'oiseaux qui s'y voyent de toutes plumes singulièrement bons : notamment ceux qu'ils appellent Oiseaux de Grat et en grande quantité (2) ».

Sur plusieurs espèces s'étaient formées des légendes. Pierre Bercheure, qui résida longtemps à Maillezais, nous en a transmis quelques-unes. La petite oie cravant, aux chairs délicates et diaphanes, au plumage incertain se confondant avec l'eau, naîtrait spontanément de la mer. « Sur les épaves, dit-il, sur les débris de bois flottant au gré des vagues, se forment des pustules glaireuses engendrées par la décomposition du bois. Ces pustules grossissent peu à peu et se transforment en oiseaux qui restent accrochés par le bec à l'épave. Complètement inanimés, comme des fruits à l'arbre, ils tombent lorsque le faible lien qui les retient vient à se rompre. Alors, au contact de l'eau, ils prennent vie, leurs ailes s'ouvrent, et, avec le temps, ils deviennent les volatiles achevés dont les gourmets recherchent la chair limpide (3). »

---

(1) 1224. Remise par G. de Gart au prieur de Fontaines de dix-neuf couples de sarcelles qu'il percevait annuellement à la Noël « in bocis mareiorum (sic) de Anglis ». *Cartulaires du Bas-Poitou*, p. 122. — V. ci-dessus pp. 134-137.
(2) La Popelinière, liv. V, fol. 150 v.
(3) Cf. P. Berchorius, liv. XIV, chap. xliij, t. II, p. 194. — Ce que les pêcheurs de l'Aunis, contemporains de Bercheure, prenaient pour des canards en voie de formation n'était autre que l'anatife, genre de cirrhipèdes dont les valves sont soutenues sur un pédoncule tubuleux, et qui se rencontre en effet presque exclusivement sur le bois flottant. Littré d'ailleurs voit dans anatife un abrégé d'*anatifère*, d'*anas*, canard, et *ferre*, porter ;

Pierre Bercheure nous parle encore du *pidencul*, dans lequel certains croient reconnaître le grèbe. Cet oiseau, qui affectionnait les alentours de Saint-Michel, ne vivait que dans l'air ou sur l'eau. Maître en deux éléments, il ne connaissait que le ciel et la mer : sur terre on ne le voyait jamais se poser (1).

Arrêtons-nous. Nous ne pouvions terminer mieux que par ces oiseaux fabuleux, évocateurs des contes arabes (2), l'histoire de la chasse dans le légendaire pays du marais.

« parce que, dit-il, dans certains pays du nord, on a cru que ce coquillage produisait des canards sauvages ». Cette croyance se retrouve encore de nos jours sur les côtes d'Aunis et de Saintonge. (Communiqué par M. Léo Desaivre.)

(1) P. Berchorius, *loc. cit.*

(2) « Les oiseaux qui naissent de la nacre marine et dont les petits vivent à la surface des eaux sans jamais voler sur la terre. » *Contes des mille nuits et une nuit*, trad. Mardrus. Paris, 1901, in-8°, t. VI, p. 134.

CHAPITRE IX

Le régime de la propriété.

De droit, le marais est au roi : « La mer appartient au roi ; ce que la mer abandonne d'elle-même revient et doit revenir au roi. » — Rares applications de ce principe : les Marais-le-Roi ; revendication de la Laisse du Roy à Andilly.

De fait le marais est au seigneur justicier. — Délimitation des seigneuries : avant le desséchement elle ne peut être qu'approximative ; les canaux et les digues sont employés comme lignes de démarcation. — La clôture justifie la propriété.

Marais communs : droits d'usage et de pacage moyennant des devoirs ou des redevances. — Le droit d'usage procède du droit de pacage. — Progression constante dans les prétentions des usagers. — Transactions entre seigneurs et usagers. — La propriété reste toujours au seigneur.

Le desséchement des marais, comme de juste, eut une influence très marquée sur le régime de la propriété dans les pays où s'exerça l'effort de l'entreprise. A qui allaient appartenir les nouveaux terrains sortis des eaux : aux dessiccateurs, aux seigneurs fonciers, ou au roi ?

La question était déjà difficile à trancher avant le desséchement. Un principe seul n'était pas douteux : les atterrissements appartenaient au roi.

Dès le xiie siècle, le problème est implicitement résolu dans la charte de Louis VII concédant aux religieux de la Grâce-Dieu les terres qu'ils pourraient soustraire aux inondations de la mer ou des rivières pour les mettre en culture (1). Pendant le xiiie siècle, l'administration d'Alphonse

(1) V. ci-dessus p. 38, n. 1.

de Poitiers permet de constater la persistance de ce droit, inhérent au pouvoir souverain, de disposer à son gré des marécages (1). Au début du xiv° siècle, enfin, l'idée apparaît nettement formulée : « La mer appartient au roi ; ce que la mer abandonne d'elle-même revient et doit revenir au roi (2). » Au xvi° siècle, l'ordonnance de Moulins consacre définitivement ce principe ou plutôt le constate comme une chose évidente par elle-même et depuis longtemps reconnue (3).

Si, en droit, le roi possédait les marais et atterrissements, en fait une bien faible partie rentrait dans son domaine. Bien avant que le pouvoir royal fût assez affermi pour faire valoir son privilège, les retraits successifs de la mer avaient découvert sur plusieurs points des portions de terrains que les plus avisés s'étaient appropriés. Les comtes de Poitou consentirent sans doute à ratifier quelques-unes de ces prises de possession, de même qu'ils confirmaient les premières donations faites aux monastères, mais ils durent aussi se réserver pour leur domaine personnel quelques marais poissonneux, voisins de leurs rendez-vous de chasse (4). Le continuel assèchement des terres permit

---

(1) 1245. « Expleta... Circa Alnisium... Homines de Sauseia . xxv. libras pro maresiis de Closa quos effoderant sine justicia. » Arch. Nat., KK 376, fol. 87. *Arch. hist. du Poitou*, t. IV, p. 98. — La Clouze, au N.-E. de la Sauzaye.

(2) 1314, avril. « Et sic illud quod mare, quod est regis, gratis dimittit, ipsi domino regi accrescit et accrescere debet. » Transaction entre l'abbaye de la Grâce-Dieu et les gens du roi au sujet des marais de la Brie. *Arch. hist. Saintonge et Aunis*, t. XII, p. 121.

(3) 1566, février, Moulins. « Charles, par la grâce de Dieu, roi de France. Estans deuement advertis de la grande quantité de terres, prez, maraiz et palus vagues à nous appartenans estans en plusieurs endroicts pays et provinces de cestuy notre royaume... » Fontanon, t. II, p. 354.

(4) 1154-1157. « Prædium quod dicitur paludense, scilicet mariscum consulare, ubi sita est villa Cadupellis. » Donation d'Henri II, roi d'Angleterre, à

ensuite au roi ou à son représentant de rattacher au domaine de la couronne des atterrissements naturels, pour lesquels ni seigneur ni paroisse ne pouvaient faire valoir un droit de possession immémoriale. Ces marais portaient le nom caractéristique de Marais-le-Roi (1). Ils étaient baillés à cens par les receveurs du domaine (2), absolument comme les Prés-le-Roi si fréquents auprès des grandes villes, sur le bord des rivières.

La revendication par le pouvoir royal d'une terre vague ou d'un marais n'allait pas sans soulever de violentes protestations. Les seigneurs, laïcs ou ecclésiastiques, des fiefs avoisinants criaient à l'injustice, et objectaient une donation antérieure ou un usage de toute ancienneté. Aussi

l'abbaye de Luçon du marais de Choupeau en Aunis. D. Fonteneau, t. XIV, fol. 251,255. Arcère, t. II, p. 635. Cf. La Fontenelle, t. I, p. 33. — Nous traduisons ici avec le Père Arcère *mariscum consulare* par marais appartenant au comte de Poitiers. C'est évidemment le même que nous trouvons plus tard désigné sous le nom de Marais-le-Roi.

(1) Il y avait des Marais-le-Roi près de Choupeau : 1301, 11 juillet (*n. st.*) « Essi cum se levet le droit le roy ensemblement ob les marès darrere Chopeas et ob tot le droit de Chopeas, ob les escluses et ecluseas que l'on apelet vulgaument les Marès le Roy. » Echange de la terre et seigneurie de Rochefort par Philippe le Bel contre divers biens en Aunis. Arch. Nat., J 180 » 45. Arch. Vienne, H 67. Cf. Arcère, t. II, p. 641. — Près de Velluire : 1462, 23 juin. « La vente des prez et pasturages des maroys appellez les Maroys le Roy assis entre Auzay et le Peyré de Velluire pres Combaron, comprins une charge d'avoine que doyt au roy l'abbé de l'Asye en Gastine, par Symon Vryet a neuf livres quatre solz tournois. » Bail des fermes du domaine du roi à Fontenay. Arch. de la Société de statistique.Fonds Briquet, n. 20. — Près de Longeville : 1412-1413. « De la vente de l'erbe du Pré Royau estans en la rivière de Longeville vendue par l'an de cest compte au cappitaine de Talmont et a Thomas Poiraut, comme au plus offran, le priz de. c. solz. » Recettes et dépenses des chatellenies de Talmont, Curzon et Olonne. Arch. Vendée, Talmont 57, fol. xiiij. — Le marais de Riou, en amont de Nuaillé, latinisé au xiiie siècle, *regis ortus*, devait être aussi un Marais-le-Roi : 1293. « De maresio de Rioust affirmato pro toto. lxv. solidos. » Comptes des anciens domaines d'Alphonse de Poitiers. Arch. Nat., K 496, n° 4. Cf. *Arch. hist. Saintonge et Aunis*, t. XXVII, pp. 64 et 158.

(2) Le Pré Royau à Longeville fut baillé à cens dès le xiie siècle. Cf. *Arch. hist. Poitou*, t. XI, p. 407.

rencontrait-on la difficulté la plus grande à démêler le droit du roi au milieu des prétentions, fondées ou non, de ceux qui lui faisaient opposition. Les enquêteurs d'Alphonse de Poitiers, dont les attributions étaient pourtant si étendues, n'aimaient guère à se prononcer dans les questions relatives à la propriété du marais (1). Même les atterrissements récents, qui, par leur nature, écartaient toute prétention de propriété fondée sur une jouissance immémoriale, étaient difficiles à rattacher au domaine royal. Il ne faut donc pas s'étonner de ce que les revendications du pouvoir souverain aient été si peu nombreuses au moment des dessèchements. Nous ne connaissons qu'une seule revendication de cette espèce qui ait abouti, celle de la laisse d'Andilly.

Nous avons signalé à plusieurs reprises la donation royale de 1147 en faveur de la Grâce-Dieu. Louis VII avait concédé aux religieux toutes les terres situées à Andilly entre le moulin de la Brie et celui *de Arconcello*, ainsi que celles qu'ils pourraient soustraire aux eaux douces et salées pour les mettre en culture. Nous avons assisté aux travaux des moines. Nous avons vu qu'au milieu du XIII° siècle leur marais était clos et en pleine exploitation (2). Non contente de ce premier résultat, leur activité voulut s'attaquer à de nouveaux relais, toujours plus avant vers la mer. Des seigneurs voisins se plaignirent, parlèrent de droits

---

(1) 1258. « Versus Fontiniacum... Item de marisco quod petebat [Raginerius Guieneu] nichil terminavimus. » Arch. Nat., J 190⁰, 61, fol. 4. Bibl. Nat., ms. lat. 10918, fol. 3. Cf. Fillon, *Hist. de Fontenay*, t. I, p. 35. — 1261. « Restitutiones. Xantonia. Peticio domni Beraudi de Nuali quantum ad maresia. Fiat restitutio quantum ad explectamenta predicta dicto Beraudo, questione proprietatis domno comiti reservata. » Arch. Nat., J 190⁰, 61, fol. 32.

(2) V. ci-dessus, p. 38 sqq.

usurpés et finalement transigèrent (1). A la fin du xiii° siècle, les religieux de la Grâce-Dieu purent se vanter d'étendre « les bornes de leurs franchises des le pont de la Brune jusqu'a la mer (2) ».

Mais, au début du xiv° siècle, le sénéchal de Saintonge, de concert avec le procureur du roi, leur contesta une partie de leurs possessions. Entre la mer et le dernier bot qu'ils avaient construit, s'étendait sur l'ancien lit des vases une vaste prairie, où le bétail trouvait à se repaître d'une herbe bleuâtre, drue et fine, que les gens du pays appellent encore *mizotte* (3). Le procureur du roi accusa les religieux d'usurper injustement et sans titre les deux tiers de cette prairie que depuis peu la mer avait abandonnée « *gratis* ». Discutant à la lettre la charte de 1147, il montra que les défendeurs ne pouvaient indiquer ni préciser le moulin *de Arconcello* ou son emplacement (4), et insista principalement sur ce point que la mer s'était retirée « *gratis* » sans que les religieux y eussent aidé en rien.

Les débats durèrent longtemps. Enfin, en 1314, une transaction les termina. Le sénéchal reconnut à l'abbaye toutes ses possessions jusqu'à la mer, mais des bornes furent

---

(1) Transactions de 1241 avec Pierre Bertin et de 1284 avec Gautier d'Allemagne, seigneur d'Andilly et de Pied-Lizet. *Arch. hist. Saintonge et Aunis*, t. XXVII, pp. 155 et 177.
(2) Confirmation par Gauthier d'Allemagne de la transaction de 1284, *ib.*, p. 179.
(3) Cf. Cavoleau, p. 347, et Gautier, 2ᵉ partie, p. 20.—V. ci-dessus p. 113.
(4) D. Fonteneau (t. XXVII *ter*, fol. 49) plaçait le moulin *Arconcellum* au lieu dit l'Arceau, entre la Brune et Marans. Son hypothèse est bien improbable. D'abord les possessions de l'abbaye de la Grâce-Dieu ne s'étendaient pas aussi loin. Puis l'Arceau doit être un vocable relativement moderne. Nous n'avons pas rencontré une seule fois ce lieu-dit dans les textes. Au xivᵉ siècle on supposait (*suspicabatur*) que le moulin d'Arconcellum était situé *subtus et prope domum Sancti Egidii, vocatam Lesternure*. — Peut-être La Giloise, *Carte de l'État-Major*.

posées sur le rivage, et l'on convint que tout ce que la mer pourrait laisser à l'avenir appartiendrait au roi. En outre le Trésor reçut en indemnité douze cent vingt livres de petits tournois et cinq cents livres de monnaie courante pour les années précédentes (1309-1313) (1).

Comme on l'avait prévu, de nouveaux atterrissements ne tardèrent pas à se former. A un siècle de là, Guion l'Archevêque rendait au roi l'aveu de « la prayerie ou minzotiere « d'Andillyé appelee la Laisse-du-Roy, qui est des appar- « tenances de la prevosté du dit lieu d'Andilly, tenant « d'une part à la mer, d'autre part aux prez de l'abbé de la « Grâce-Dieu, et d'autre part à l'achenau dudit lieu d'An- « dilly. Lesquelles choses », ajoute Guion dans son aveu, « furent autreffois baillees par le roi nostre dit seigneur a « monseigneur messire Jehan l'Arcevesque, mon frere aisné « que Dieu absoille, avec tel droit que le roi nostre dit « seigneur y avoit de proprieté, seigneurie, reserve a lui « la souverainneté et ressort (2) ».

Le droit du roi avait donc triomphé, mais on peut considérer cette victoire des agents du fisc comme exceptionnelle. Jusqu'au XVIe siècle, nous ne retrouvons aucune revendication de ce genre : les vases de Champagné, aussi bien que les sables de la Tranche, étaient affermés directement par le seigneur haut-justicier, sans que les receveurs du domaine eussent à intervenir (3). Il est même probable que

(1) *Arch. hist. Saintonge et Aunis*, t. XII, p. 121.
(2) Aveu du 31 juillet 1421. Arch. Nat., P 586, fol. iiij^{xx} xj. v. — La Laisse du Roy, appelée dans la suite (Aveux du 17 août 1462. Arch. Nat., P 585, fol. xvi, et du 18 décembre 1483. *Ib.*, P 552², fol. iiij^{xx}) la Laisse d'Andilly, avait été concédée à Jean l'Archevêque en 1409 (*Exposition des droits de M. le marquis de Souil, seigneur de Charon*. — Paris, 1744, in-4°. Arch. Nat., Q¹ 116) « pour cause de certain transport par lui faict de sa terre de Taillebourg que tient le roi ».
(3) Les conches de la Tranche appelées « les sables de monseigneur de

de nouveaux apports vinrent chaque année s'accumuler au sud de Charron sans que l'attention des officiers royaux fût éveillée, et accrurent continuellement cette laisse d'Andilly, qui, d'après les aveux, n'était limitée à l'ouest que par la mer.

Plus avant dans les terres, l'autorité royale s'effaçait complètement devant les conquêtes des dessiccateurs bas-poitevins. Pas le moindre Marais-le-Roi dans la zone des marais desséchés ; à peine si les travaux opérés par les soins des commissaires ménageaient quelques profits à la recette du Trésor(2). Encore fallait-il que les agents administratifs aient plus de scrupules que ce Jean Bonnet, procureur du roi, qui « n'avait pas gardé les droiz » de son maître, « envers pluseurs abbés, pour cause des chenaux des marois et en avoit eu de chascun deux mars d'argent (2) ». D'ailleurs, quand l'ordonnance de Moulins prescrivit au profit du Trésor la mise en adjudication des marais et palus du royaume, elle ne visa que les terrains vagues et non ceux qu'une longue exploitation avait mis en rapport. C'est ce que s'appliquèrent à faire ressortir les gens du Parlement dans le bref

---

Thouars » au xve siècle (1462, 31 août. Procès entre l'abbaye de Jard et Charles Voyer, seigneur de la Naulière. Arch. Nat., S 4348, 2, 6) étaient d'une fertilité remarquable. Elles formaient la plus grosse part des revenus de la seigneurie de Talmont. Cf. censiers, déclarations, comptes des recettes. Arch. Vendée, Fds Talmont. — Le seigneur de Champagné prélevait des cens sur une cinquantaine de relais (Aveu du 21 janvier 1559 *(n. st.)*. Arch. Vienne, C 361, fol. 7) et en baillait quelques-uns à ferme (Bail des fermes de la seigneurie de Champagné, 12 mai 1518. Arch. Vendée, E 185).

(1) 1289. « Pro feno maresii booti de Langlee... et de cabvano animalium. » Comptes des anciens domaines d'Alphonse de Poitiers. Arch. Nat., K 496,2. — 1462, 23 juin. « Les dixmes des pescheries et maroys avecques l'Eschenau le Roy... a seze livres douze sols tournois. » V. ci-dessus p. 131, n 2.

(2) 1350, 15 mai. *Arch. hist. du Poitou*, t. XVII, p. 17.

commentaire dont ils accompagnèrent l'enregistrement de cette ordonnance.

Les véritables propriétaires du marais étaient donc les seigneurs haut-justiciers auxquels il faut ajouter plusieurs abbés que des donations comtales ou seigneuriales avaient gratifiés du droit de haute, moyenne et basse justice. Le régime des marais n'offrait sous ce rapport rien de particulier, mais il peut être intéressant de connaître les règles qui présidaient à la délimitation des diverses seigneuries et à la formation de la petite propriété.

La nature même des marécages en rendait le fractionnement difficile. Comment, en effet, établir des divisions dans une plaine où, à perte de vue, aucun accident de terrain ne pouvait servir de point de repère, sur un sol mouvant, où les atterrissements surgissaient et disparaissaient au caprice des inondations, où les ruisseaux et les rivières, sans cours précis, se déplaçaient presque avec les saisons, et se perdaient l'hiver sous une immense nappe d'eau. Dans un tel pays, les territoires des seigneuries — qui avaient pour centre de juridiction des îles, comme Chaillé et Marans, — ne se trouvaient déterminés que d'une façon fort vague, et les conflits de l'une à l'autre auraient été fréquents si des contestations avaient eu sujet de se produire pour des marais impraticables et de nul profit.

Le desséchement, en donnant une valeur aux marais, aurait certainement ouvert toute grande la voie aux procès ; mais, avec la cause du mal, il portait en lui le remède. Ses fossés et ses canaux formaient d'excellentes lignes de démarcation, précises et invariables. L'absence de limites naturelles était comblée par la création des limites artificielles.

Ce n'est donc qu'à partir du moment où les seigneurs

eurent divisé leurs domaines entre un grand nombre de leurs sujets que leur seigneurie fut nettement délimitée. Auparavant, si, en droit, le seigneur possédait un marécage autour de son île, en fait il en connaissait imparfaitement l'étendue, et n'en tirait aucun profit tant qu'il ne l'avait pas distribué à des concessionnaires pouvant le mettre en culture. Ses droits existaient virtuellement, mais leur exercice réel dépendait de l'exploitation, et, par suite, du fractionnement du marais.

Ce lotissement s'opérait par le creusement d'un premier fossé, qui, tout en préservant le terrain choisi de l'invasion des eaux, servait à le limiter et à préciser les confrontations.

Les procédés employés pour déterminer la direction de ce fossé étaient sommaires. La triangulation, l'art de lever un plan étaient peu familiers aux gens du Bas-Poitou. Une ligne imaginaire entre deux points invariables comme un clocher, un arbre, une maison, était leur unique ressource. Une fois les deux points extrêmes arrêtés, on creusait un fossé dans la direction choisie (1).

Tant que le fossé n'était pas creusé, on ne pouvait évaluer que d'une façon approximative, et pour ainsi dire à vue d'œil, la portion du marais à dessécher. S'il y avait plusieurs associés réunis pour l'entreprise, ils laissaient volontiers leurs domaines en commun sans souci des limites des seigneuries, et n'effectuaient le partage qu'après le desséchement (2).

A mesure que les canaux et les fossés se multipliaient, les délimitations des petites propriétés, comme celles des terres seigneuriales, devenaient plus précises. Les achenaux

(1) V. pièces just. V, V, VI.
(2) V. pièce just. VI.

et les bots servaient dans les aveux de lignes de démarcation (1), justifiant ainsi le mot de la Popelinière : « Les bots « sont vrays bords aux marescs prochains, par lesquels cha- « cun seigneur cognoist mieux les marescs qui luy sont « propres (2). »

Cet usage du bot fut même plusieurs fois mis à profit par des seigneurs peu scrupuleux qui ne craignirent pas d'élever un bot tout exprès pour justifier une propriété usurpée (3).

Au Langon, où des tentatives de ce genre eurent lieu au XVIe siècle aux dépens de la paroisse (4), on raconte encore qu'un ancien seigneur voulut faire clore une partie des marais communs pour s'en assurer la possession. Tout le jour il faisait creuser des fossés et élever des bots de clôture par ses paysans; mais ceux-ci revenaient la nuit détruire leur ouvrage de la journée, voulant conserver intégralement un marais qu'ils considéraient comme leur propre domaine. Le seigneur n'eut raison de leur obstination qu'en faisant surveiller les travaux par ses hommes d'armes.

Vraie ou fausse, cette tradition nous amène à parler d'une

---

(1) V. ci-dessus p. 40, n., p. 42, n. 4, p. 43 n. 1, p. 58 n. 1 et 3, p. 135, n. 3.
(2) La Popelinière, liv. XIII, fol. 374 v.
(3) V. ci-dessus p. 92, n. 3.
(4) 1524, 3 septembre. « Aussi dit bien sçavoir que lesdicts sieur et dame du Langon et leurs predecesseurs, seigneurs dudict lieu, ont droict et sont en possession et saisine, de temps immemorial, de contredire et empescher que nul desdicts habitans ne aultres ne se puyssent approprier d'aulchune piecze desdicts maroix, et mesmement de la dicte piecze dessus desclaree, laquelle Mathieu Gazeau, seigneur de la Brandanniere, sept ou huyt ans a ou environ, fit enclourre de foussez cuydant l'approprier a soy, mais incontinent le deffunct seigneur de Toucheprés pour lors mary de ladicte dame, et aussi ladicte dame, firent rompre et desmolir lesdictz foussez et reduyre a l'usage commung des dicts habitants. » Enquête au sujet d'un vol de foin. Arch. communales du Langon.

condition toute particulière des terres du marais, la communauté entre habitants d'une même paroisse.

Dans beaucoup de localités (1), en effet, il y avait des étendues de marais plus ou moins grandes, plus ou moins délimitées, où les habitants jouissaient de droits d'usage et pacage. Ces droits, analogues à ceux que l'on rencontre dans les pays de forêts, étaient rigoureusement personnels : les usagers ne devaient ni vendre, ni donner les bois ou le foin qu'ils recueillaient, ni permettre aux habitants d'un village voisin de mener leurs bestiaux à la pâture ou de bénéficier de privilèges quelconques.

L'usage et le pacage n'étaient presque jamais gratuits ; pour en jouir il fallait acquitter un devoir ou une redevance. Les devoirs variaient avec chaque localité : ici c'était la charge de fournir le bois de chauffage nécessaire aux fours banaux (2) ; là, l'obligation d'entretenir le canal qui desséchait les marais communs (3). Les redevances n'étaient pas

---

(1) Voici quelques mentions de marais communs sur lesquels nous ne pouvons fournir aucun renseignement. Les autres paroisses jouissant du même privilège trouveront place au cours de ce travail : 1562, 11 juin. « Marois commungs a Coullon pres la Culasse... marois commungs de Magné pres la riviere comme l'on va de la Garrette a Coullon. » Achat par Pierre Pelot, marchand à Marans, du quart de la maison de Verruhe à Coulon. Arch. Nat., H⁴ 3215.— 1571, 12 février. « L'excluse de Tabarite... tenant d'ung bout... aux maroys des habitans de l'isle d'Elle. » Partage entre Denis et Jean Gorron et François Martineau. Bibl. Nat., ms. fr. 26363, fol. 44. — 1599, 15 mars. « Le maroys des habitants de Montreuil au sud d'Ecoué. » Aveu du Fief-le-Roy ou Bois-Lambert. Arch. Vienne, C 360. — V. ci-dessous, p. 164.

(2) V. pièce just. XII.

(3) 1411, 6 septembre. « Par raison et usage et coutume du pays, ils ont droit d'herber et pacager leurs bestiaux en le marais sauvage du prieur recteur curé de Mouzeuil, à condition d'un boisseau de bled par an et d'une corvée par chacun feu, quand le prieur recteur curé de Mouzeuil fait refaire son bot à neuf pour écouler les eaux de son marois sauvage à la mer. » Transaction entre le curé et les habitants de Mouzeuil. Fontenay, Cochon de Chambonneau, 1784, 15 pp. in-4°. Arch. Vendée, G 31.

plus régulières. Tantôt en nature, tantôt en argent, tantôt fixes, tantôt proportionnelles, elles pouvaient changer de caractère dans une même localité. Ainsi, à Mouzeuil, jusqu'au début du xiv° siècle, la redevance était proportionnelle et portait sur le nombre de têtes de bétail (1); en 1411, à la suite d'une réclamation des habitants, la redevance devint fixe et porta sur les personnes, « savoir est le gueneur de charrue, un boisseau de froment, et les autres, chacun un boisseau de meture, pour droit de pacager leurs bestes en le marais sauvage ».

Ainsi les usagers n'avaient que la jouissance du marais commun et non la propriété. Le véritable propriétaire était la personne à laquelle ils acquittaient devoirs et redevances, ordinairement le seigneur de l'endroit. Ces redevances constituaient pour le seigneur un revenu, considérable en certains pays, infime en d'autres. Parfois, mais exceptionnellement, les paysans jouissaient des droits d'usage sans rien payer. En ce cas, le seigneur y trouvait quand même son profit à cause des amendes auxquelles tous les délits donnaient lieu. Une des occasions les plus fréquentes de les percevoir était la saisie du bétail des paroisses voisines quand il venait pacager illicitement sur les marais communs (2). Quelquefois le seigneur avait le droit d'autoriser qui bon lui semblait à profiter du communal; souvent, au contraire, le nombre de bœufs ou de vaches, à lui ou à d'autres, qu'il pouvait y envoyer était limité par les usagers (3).

(1) « Savoir est : sur chacun agneau et bœuf un boisseau de froment, et des autres, de chacun un boisseau de méture. » *Ib.*
(2) V. ci-dessus, p. 119, n. 1.
(3) Les conventions entre propriétaires et usagers sont très variées. La portée de ce travail ne nous permettant pas de nous étendre davantage,

Comment avaient pris naissance ces droits d'usage ? Les paysans avaient-ils de tout temps envoyé leurs bestiaux dans ces marais vagues et improductifs, antérieurement à toute revendication ? Ou au contraire le seigneur du lieu leur avait-il concédé ce droit aussitôt que l'assèchement des terres avait été assez avancé pour que les bestiaux pussent s'y aventurer ?

Pour étudier l'origine des communaux il faut s'attacher au droit qui les caractérise, le droit de pacage. Si le mot de marais commun n'apparaît qu'au xve siècle, la chose est beaucoup plus ancienne. Au xiiie siècle, le marais de Rioux, en amont de Nuaillé, en est une preuve : les manants de Saint-Sauveur-de-Nuaillé venaient en commun y faire paître leurs bêtes ; le sénéchal de Saintonge voulut leur faire payer un droit de pacage, mais les religieux de la Grâce-Dieu s'interposèrent et revendiquèrent ce droit pour eux-mêmes. Les enquêteurs d'Alphonse de Poitiers leur donnèrent gain de cause (1). Ainsi, dès cette époque et sans doute antérieurement (2), les paysans qui menaient leurs bestiaux dans

---

nous renvoyons une fois pour toutes aux transactions indiquées en note de ce chapitre, à la pièce justificative XII et aux transactions suivantes :

1471, 3 mars (*n. st.*), Maillé. — Transaction passée entre Hardouin de Maillé, seigneur de Benet, et les habitants de Benet, par laquelle le seigneur laisse à ses sujets l'usage et le pacage dans les marais communs, dans lesquels toutefois il se réserve cent quartiers ou journaux qu'il ne pourra clore et qu'il ne pourra vendre sans les avoir préalablement offerts aux usagers moyennant le prix qu'il en trouverait ailleurs. Copie du xvie siècle. Coll. B. Fillon. Communiqué par M. Louis Brochet, à Fontenay-le-Comte.

1488, 21 juillet, Fontenay. Confirmation par Hardouin Viault, seigneur de Penchin, curateur de François de Maillé, seigneur de Benet, d'une transaction verbale passée entre feu Hardouin de Maillé et les habitants du Mazeau, en 1476, autorisant ces derniers à jouir de l'usage et du pacage des marais situés entre Coulon et l'Esgagerie. Arch. Vendée. Cart. marais.

(1) Arch. Nat., J 190 ^{B}, n° 61, fol. 27. D. Fonteneau, t. XXVII *bis*, fol. 191. Cf. *Arch. hist. Saintonge et Aunis*, t. XXVII, p. 169.

(2) Vouillé, 1061. V. ci-dessus, p. 22, n. 3.

certains marais payaient une redevance au seigneur du lieu.

Pourquoi ne pas admettre une relation entre ce droit de pacage et les marais communs du xv⁰ et du xvi⁰ siècle ? Il est naturel qu'avec le temps, et surtout à la faveur des guerres, les usagers aient ajouté parfois au droit de pacage le droit d'*herbage* qui n'en est qu'une conséquence, puis les droits de *bûchage* et de *rouchage*. N'observe-t-on pas une progression constante dans les prétentions des usagers ? A Benet, au xiii⁰ siècle, l'abbaye de Maillezais percevait, de concert avec le seigneur de ce lieu, un droit de pacage, assez important (1). A la fin du xv⁰ siècle, il n'est plus question de la moindre redevance, et, à côté du droit de pacage, apparaissent de nouveaux usages soumis à la seule obligation du chauffage des fours banaux (2).

Tant d'empiétements ne passèrent pas inaperçus. Plusieurs seigneurs constatèrent à leurs dépens que si la propriété du sol leur restait, c'était comme s'ils ne possédaient rien, puisque tout ce qui faisait la valeur du marais leur échappait. Mais, lorsqu'ils voulurent revendiquer leurs droits, ils se heurtèrent à l'opposition des habitants qui, groupés par paroisses, avec un procureur chargé de défendre leurs

---

(1) 1235, mai. Raoul de Lusignan, fils du comte d'Eu, concède à l'abbaye de Maillezais le tiers du droit de pacage à Benet, Sainte-Christine et Nauvert, et règle le mode de perception de ce droit. P. Marchegay, *Recherches historiques...* 3ᵉ série, nº 6. (*Ann. Soc. émulation de la Vendée*, 1867, p. 219.)

(2) Une transaction analogue semble avoir été passée, en 1529, entre le seigneur du Langon et les habitants de cette paroisse. Cf. *Chronique du Langon*, pp. 36-38. — Les contestations étaient continuelles à Benet entre seigneur et usagers. En dehors de cette transaction de 1471, qui n'est sans doute pas la première, de celle de 1517 (pièce just. XII), il y eut un autre procès en 1666 (vidimus de la transaction de 1471) et la question reprise aux xvii⁰ et xviii⁰ siècles (*Mém. signifié pour les habitants de Benet contre le comte de Lusignan*, 1769. Communiqué par M. Nourry, propriétaire à Chantemerle, près Niort) ne fut définitivement réglée qu'en 1847 aux dépens de la commune. Cf. Brochet : *le Canton de Maillezais. Benet*.

intérêts, objectèrent un droit de jouissance immémoriale qu'il était difficile de leur contester. Les seigneurs transigèrent, préférant abandonner quelques-uns de leurs droits pour sauver les autres.

C'est ainsi que, dans l'accord (1) du 3 mars 1471, le seigneur de Benet abandonna à ses sujets tous droits d'usage et de pacage dans les marais de la Sèvre dépendant de sa seigneurie, et ne se réserva que cent quartiers ou journaux « pour faire et disposer a son bon plaisir et volonté ». Encore cette propriété comportait-elle certaines clauses restrictives : le seigneur ne pouvait « mettre hors de ses mains » les cent quartiers retenus par lui, « que lesdiz habitants ou leurs successeurs n'en soyent reffuz pour le prix que aultres en vouldroyent donner » ; il ne pouvait non plus clore sa réserve, ni empêcher les usagers d'y passer.

Ce cantonnement d'un nouveau genre n'est pas exceptionnel. Il prend place dans un mouvement général qui se manifeste principalement à la fin du xve et au cours du xvie siècle. A cette époque, en effet, les droits d'usage semblent se régulariser dans les paroisses où ils existent déjà, en même temps qu'ils s'établissent dans d'autres. De là deux sortes de contrats : les uns supposant toujours des transactions antérieures, confirmant ou réglant les droits d'usage d'une paroisse (2), les autres constituant de véritables baux à cens

---

(1) En dehors des transactions proprement dites déjà citées, voici quelques mentions qui laissent entrevoir des accords antérieurs :
(2) 1473, 13 mai « *Item* ung tenement de maroys appellé le Maroys Commun, contenant soixante sexterces de terre ou environ, tenant d'une part au maroys de la Cousture, sçavoir est au maroys du prieur dudit lieu de la Cousture, et d'autre au maroys d'Asneres, qui est a l'abbé de Trizaye, et dudit maroys d'Asneres en allant vers le Lay. *Item* ung aultre maroys appellé le maroys Charion qui commancet au Lay devers l'Ozennet, et en revallant

en nom collectif qui vont donner naissance à de nouveaux marais communs (1).

En résumé, il semble fort probable que les marais communs ont toujours appartenu en droit au seigneur foncier, bien que celui-ci en ait concédé ou laissé prendre l'usage à ses sujets moyennant une redevance qui, avec le temps, diminua d'importance au point de disparaître parfois complètement. Mais si les droits d'usage ne portèrent pas atteinte en principe au droit de propriété du seigneur, il est certain, d'autre part, que les droits des tenanciers se transformèrent fatalement en une sorte de possession perpétuelle qui devait dans l'avenir être considérée comme propriété.

---

vers la Grenoillere, et d'ilec en allant au Gué au Besson, et dudit Gué en venant es bouchaux de Maillerie assis en la riviere du Lion... jusques es arches du Port de la Claye ; le pasturage desquelx maroys puet valoir, an par aultre, cent rex d'avoine ou environ. » Aveu de la Bretonnière. Arch. Nat. Q¹ 1597. — 1520-1530. « Habitantes de Mouseuil, Sancti Martini de Mouseuil, et illi qui sua animalia in dictis maresiis sive marescagiis depascentia ponebant, ipsi in quolibet festo Sancti Micaelis, quicquid sit semel in anno, ratione dicti pasturagii, alias herbagium et avenagium vocati, secundum quantitatem animalium que iidem habitantes in dictis maresiis seu marescagiis ponebant, deveria solvere tenebantur ; que deveria eidem actori, quolibet anno magni valoris, et per aliquos annos, de valore ter aut quatuor centum rasorum avene existebant. » Procès entre Pierre Audayer, seigneur de Guignefolle, et Jacques de la Muce. Arch. Vendée, E 268. — 1599, 28 janvier. « Et quant à la dite dame de la Coudray... a une très grande estendue de prés le long dudict achenal [de Luçon] ou les laboureurs dudit lieu de Luçon font paistre leur bestial, et pour raison dudict pascage doibvent et payent à ladicte dame de la Coudray ung certain grand nombre d'advoines. » Visite des achenaux. Arch. Nat., Q¹ 1597.

(1) 1526, 28 décembre. Bail à cens par l'évêque et le chapitre de Maillezais aux habitants d'Anchais des pâturages de la Bechée et de Bois-Naulain moyennant quarante solz tournois de rente annuelle et perpétuelle. L'évêque se réserve les arbres et le bois étant dans ces marais au moment de la transaction. Arch. communales de Maillezais. Cf. Brochet, *le Canton de Maillezais*, p. 41. — 1562, 4 mai Bail par Jean du Prouhet, seigneur de Bourgneuf, aux habitants de Fontaines, de quelques marais entre Fontaines et Sauveré-le-Mouillé moyennant une rente annuelle de dix raz d'avoine. Le seigneur réserve pour son fermier le droit de rouchage sans rien payer. Bibl. Niort, cart. 144, n. 5.

CHAPITRE X

Les voies de communication.

L'eau est la voie de communication par excellence. — Les routes d'eau. — A l'aide de la *pelle* ou de la *pigouille* le maraîchin conduit son bateau. — Transport par eau. — Mouvement du port de Marans. — Droits de l'eau : coutume, rivage.
Voies de terre : il n'y a pas d'autre voie de terre que le bot. — D'abord voie privée, le bot devient, par la force des choses, voie publique ; seuls les chemins et passages de peu d'importance restent privés. — Chemins d'intérêt local ; régime d'entretien. — Grands chemins publics.
Principaux itinéraires suivis du XIIIe et à la fin du XVIe siècle pour la traversée du marais.
Association intime de l'histoire des communications avec l'histoire des dessèchements.

Nous nous sommes efforcé jusqu'ici de faire connaître le marais et ses transformations successives, son aspect, ses ressources et ses productions. Pour compléter cette étude, il nous faut maintenant rechercher quelles relations ce pays si autonome avait avec les régions avoisinantes, en un mot quelles voies de communication le reliaient aux autres provinces.

Tant que les travaux de desséchement n'eurent pas projeté des bots et des digues à travers le marais, les seuls moyens de transport y furent les cours d'eau qui sillonnaient en tous sens le sol fangeux. Le maraîchin s'y trouvait dans son élément naturel, et, même après le desséchement, il continua à préférer aux chemins de terre, plus ou

moins praticables, les routes d'eau, « les routes de l'ayve »,
comme il disait (1).

Sur les achenaux du marais desséché, sur les innombrables *biefs* et *conches*, de Maillezais et de Damvix (2), sa barque glissait silencieusement, menée à la *pelle* ou à la *pigouille*. La pelle ou palle était une sorte de pagaie en bois assez semblable à la pelle dont les boulangers se servent pour enfourner le pain, mais avec un manche plus court (3). La *pigouille*, appelée encore *fourchaz* ou *fourchié*, était une longue perche terminée par une petite fourche (4) : le cabanier, debout à l'arrière de son bateau, appuyait le fourchaz au fond de l'eau sur la vase ou sur le sable, et,

---

(1) V. ci-dessus p. 108, n., 109, n. 2, 110, n. 1. — 1294, août. « La rote de l'aigue... à Cerigné. » *Arch. hist. Saintonge et Aunis*, t. XXVII, p. 179. — 1471. « Le prieur de Dampvix sur ses exclusaux tenant... à la route de Ret. vj. deniers. » Terrier de Benet. Arch. Nat., P 1037, fol. 62.

(2) 1368, 26 juillet. « Tout le long du Biez Neigre jucques au gué de Richebonne. » Dénombrement de biens au Vieux Mauzé. Arch. Vienne, H 67. — 1410, 11 mars (*n. st.*). « Le biez de Blezay. » Aveu de Maurice de la Clote, prieur de Mauzé. Arch. Vienne, H 67. — 1471. « Huguet Regnoul.., sur sa Conche Torte, j. denier obole. » Terrier de Benet. Arch. Nat., P 1037, fol. 64 v. — « La conche de la Bouteille qui vait des betz du Mazeau saillir à la Scayvre. » *Ib.*, fol. 109. — 1587, 12 mai. « Pré à la consche Autier. » Vente par Souchet, laboureur à Vix. Arch. Vendée, G 57. — V. ci-dessus, p. 124, n. 1 et 4, p. 129, n. 5, p. 130, n. 1 et 2.

(3) 1396, mai. « Et pour les aidier, se mit ledit Huguet a avironner, et apres ce qu'il eust avironné l'espace d'une lieue, dist qu'il gouverneroit bien ledit vaissel de la pale ou gouvernail et qu'il le feroit mieux de jour que de nuit. » Rémission accordée à Giret Martineau pour homicide par imprudence. *Arch. hist. Poitou*, t. XXIV, p. 250.

(4) 1385, février. « Lequel exposant qui estoit seul et se sentoit faibles... se mist pour ce en deffense... en les repellant d'une fourchié dont il menoit son dit vaisseau. » Rémission accordée à un habitant de Saint-Etienne-de-Chaix. *Arch. hist. Poitou*, t. XXI, p. 251. — 1447, septembre. « Voyans que ledit suppliant aloit à eulx... prindrent des perches ou forchaz qu'ilz avoient eu leur vaisseau pour eulx en aler et fouyr devant lui esdiz maroiz. » Remission accordée à un habitant de La Claie. *Arch. hist. Poitou*, t. XXXII, p. 27. V. aussi Marchegay : *Annuaire de la Société d'émulation de la Vendée*, 1857, p. 230. *Recherches hist.*, 1re série, n° V.

s'arcboutant, imprimait une impulsion rapide à son embarcation.

Le bateau plat, long de huit à dix pieds (1), était l'inséparable compagnon du maraichin. Avec lui il vaquait à ses occupations journalières, allait tendre ses filets, relever ses gardous, rentrer ses récoltes ou son bois (2) ; le bateau qui lui servait à transporter ses bestiaux au pâturage, lui permettait également de se rendre, le dimanche, au bourg le plus proche pour y entendre la messe (3). Le soir il l'attachait au pied de sa cabane, et l'on voyait « peu de maisons qui n'entrât de sa porte dans son petit bateau ».

D'autres embarcations, de dimensions plus grandes, sillonnaient aussi les canaux et les rivières, lourdes gabarres que l'on « traynait (4) » à bras d'homme ou que les chevaux halaient. On « chargeait sur ayve » les barriques de vin, les

---

(1) Nous avons donné la description de la pelle et de la pigouille telles qu'on s'en sert encore au marais. Nous renvoyons pour les détails de la vie au marais mouillé à l'étude sur *le Marais de la Sèvre*, de M. H. Clouzot, parue dans *le Monde moderne*, 15 janvier 1902, pp. 108-116. Pour les bateaux plats nous donnons aussi la dimension la plus usitée. Les textes nous montrent d'ailleurs que les bateaux contenaient en moyenne six ou sept personnes : 1588. « Laverdin... ayant amassé avec grande dextérité quelque 500 bateaux les emplit par divers rendé vous de 3500 hommes... les bateaux se rendirent une heure après minuit au passage de Beauregard. » D'Aubigné, *Histoire universelle*, liv. XII, chap. 1, t. VII, p. 288.

(2) 1586, 17 juin, Marans. « De cent en cent pas il y a des canaulx pour aller chercher le bois par bateau. » *Lettres de Henri IV* (Doc. inéd.), t. II, p. 224. — V. ci-dessous le récit de Godefruy.

(3) 1581, 31 octobre. « Dix huit ans avant estoyent contraincts ceulx qui voulloyent passer leursdictes bestes, les passer par ledict endroict de nouhere a naige ou par vaisseau, d'aultant que ladicte nouhere estoit fort profonde en toute saison, mesmement ou temps qu'ils menoyent leurs bestes dans ledit marais... Le vaisseau appartenoyt au dit Biré, lequel estoit contrainct avoir ledit vaisseau parce que, s'il voulloit sortir du Breuil pour venir au bourg du Languon à l'église ou autres ses affaires, il n'eust sceu passer sans ledit vaisseau, parce que lors il n'y avoit aulcune levee ou bot. » Enquête au sujet du Bot du Breuil. Arch. comm. du Langon.

(4) V. ci-dessus, p. 113, n.

tonnes de sel et de, blé ou les matériaux de toute sorte qu'échangeaient entre eux les différents ports de la région (2).

Le grand centre du mouvement de transit était Marans. Sur ses quais, les *boute-tonneaux* ou portefaix déchargeaient les marchandises apportées de Flandre ou de Bretagne par des navires de quarante ou cinquante tonneaux, et les rechargeaient sur des vaisseaux plus légers à destination de Fontenay-le-Comte ou de Niort (2). Ces vaisseaux ne jaugeaient qu'un ou deux tonneaux, c'est-à-dire trois ou quatre dans nos mesures actuelles (3). Deux ou trois hommes suffisaient à les conduire ; l'un d'entre eux, à l'arrière, gouvernait ; les autres « avironnaient » ou halaient sur la rive, et par les nuits claires aussi bien qu'en plein jour, leurs bras exercés dirigeaient les barques par les méandres familiers de la Vendée ou de la Sèvre (4).

(1) 1410, 11 mars (*n. st.*). « Et deux deniers et maille pour rivage sur chacun thonneau de vin qui est dessendu en ladite terre de Jouhet pour charger sur ayve. » Aveu de Maurice de la Clote, prieur de Mauzé. Arch. Vienne, H 67. — Sur les productions et marchandises transportées en Bas-Poitou, voir les tarifs de coutume ou de péage de Niort (Gouget, *Commerce à Niort*, pp. 94-97), de Velluire, de Maillé (Marchegay, *Ann. Soc. émulation de la Vendée*), de Marans (*Arch. hist. Saintonge et Aunis*, t. I, p. 87), de Coulon (Arch. Nat., H⁴ 3215), de Luçon et de Champagné (Bibl. Niort, cart. 144 et 154).

(2) 1596, 17 juin. « Ceste rivière s'estend en deux bras qui portent non seulement grands bateaux, mais les navires de cinquante tonneaux y viennent... Contremont vont les grands bateaux jusques à Niort. » Lettre de Henri IV, *loc. cit.* — 1435. « *Item* aux boutetonneaux de Marant pour leur droit d'avoir déchargé du vaissel dudit marchant [de Redon] ladite ardoise, icelle mise en l'hostel de Jehan Brantosme audit Marant et despuis la remise et rechargée es bateaux de Colas Deschamps pour d'ilec venir au port de Boesses pres Fontenay... iiij. livres.vj. sols .viij. deniers. » Comptes de la seigneurie de Fontenay. Bibl. Nat., ms. fr. 8819, fol. 53.

(3) Colas Deschamps transporta en effet vingt-six milliers d'ardoise en neuf « batelées », ce qui fait trois milliers par embarcation ou un tonneau et demi.

(4) V. ci-dessus, p. 157, n. 3. — La navigation devait être plus importante sur la Vendée que sur la Sèvre, au moins à la fin du XVIᵉ siècle, puisque, peu après l'époque qui nous occupe, en 1638, les habitants de Marans

Mais ne nous attardons pas ; nous sortirions de notre sujet, qui est le marais, pour aborder une question tout autre, celle de la navigation. Nous ajouterons quelques mots seulement au sujet des droits de l'eau levés sur les canaux et les rivières.

Ces droits, si nombreux en apparence (1), se réduisaient à deux : un droit de circulation, appelé *coutume*, et un droit de quai ou de *rivage*, auxquels s'ajoutait le droit de *traite*, perçu par le roi sur les marchandises transportées hors du royaume, toujours nettement distinct des autres droits de l'eau (2). La « grand coustume » de Sèvre, levée dans tous les ports du marais, servait à l'entretien des ports de Fontenay-le-Comte et de Niort (4). L'achenal d'Andilly (3), l'achenal de Luçon avaient leurs coutumes. A Coulon, « les seigneurs communaux » percevaient, en sus de la « grand coustume » de Sèvre, une « coustume des marchandises qui traversent de Coullons à aller à la

---

dénommaient leur rivière : rivière de Fontenay. V. ci-dessous, récit de Godefroy.

(1) Le seigneur de Champagné percevait sur l'achenal de Luçon des droits de *quillage, amarrage, ancrage* et *navigage*. Aveu du 1er mai 1597. Bibl. Niort, cart. 144.

(2) 1294. « Pro gagiis unius servientis commorantis apud portum de Maran ne victus traherentur et deportarentur per mare extra regnum, pro .lxj. dies, .lxj. solidos. » Comptes des anciens domaines d'Alphonse de Poitiers. Arch. Nat., K 496, n° 4. — 1431, 17 août. « Droit de la traicte de prendre .xx. sols pour tonneau de vin on païs de la Rochelle et de Xaintonge. » Procès fait à Jean Vincent, d'Andilly. Arch. Nat., X¹ᴬ 9201, fol. 61. — 1462, 5 janvier (*n. st.*). Concession par Louis XI à Jean de Montapedon « de la coustume et traicte des bleds et vins chargez et transportez par terre et mer es portz et havres de Luxon, la Charrie, Saint Benoist et autres lieux. » Arch. Nat., J 748, ff. 8 et 14.

(3) Cf. Gouget, *le Commerce à Niort*, pp. 10-11.

(4) 1462, 16 février (*n. st.*). « Et le port pour conduire vins au port d'Andillé ou d'Esnande a la coustume que l'on souloit paier anciennement : c'est assavoir pour chascun tonneau de vin cinq deniers. » Aveu de Pied-Lizet, Arch. Nat., P 585, fol. .vij.

Garrette et de la dicte Garrette venir audict lieu de Coullons (1) ».

La coutume pouvait être générale, le droit de rivage était toujours localisé. Il variait suivant les villages, et, ordinairement peu élevé, était perçu par le seigneur du lieu. Le moindre petit port avait son rivage. Comme son nom l'indique, ce droit était levé à l'occasion des barques qui venaient accoster ou décharger à quai (2).

Telles qu'elles étaient, les routes d'eau n'étaient pas toujours praticables. Les écluses et les bouchauds, établis en travers de leur cours, ne laissaient aux barques qu'un étroit passage, et forçaient le batelier à déployer beaucoup d'adresse pour éviter les abordages. Quant aux moulins, ils eussent arrêté complètement la circulation, si leur construction avait été tolérée sur les voies navigables (3).

(1) 1525, 5 septembre. Aveu rendu par Louis de Maillé. Communiqué par Mme Charier-Fillon, à Fontenay-le-Comte (Coll. B. Fillon).
(2) 1218, août. Porteclie, seigneur de Marans, donne aux religieuses de Fontevraud une rente de 80 livres assise sur le rivage et péage de Marans. *Bibliothèque de l'Ecole des chartes*, 1858, t. XIX, p. 335. — 1259. « De rippagio Luçonis et malatolta... .xvj. libras .v. solidos .iiij. denarios. » Comptes des domaines d'Alphonse de Poitiers. *Arch. hist. Poitou*, t. VIII, p. 19. — Av. 1450. « Ledit Pasquaut sur son bor du port de Nyon .j. denier. » Censier de Margot. Arch. Vienne, H³ 838, f° 25.
(3) 1430, 7 mars. « Comes comitatus Pictaviæ qui plura bona præsertim duo molendina... ob constructionem cujusdam portus sue ville Niorte, destruxit. » Requête adressée au pape Martin V par l'abbaye de Saint-Liguaire. Denifle, *la Désolation des églises de France*, t. I, p. 181. — Il y avait des moulins à Moricq (1211. *Cartulaires du Bas-Poitou*, p. 110), à Coulon (1246. *Arch. hist. Poitou*, t. IV, pp. 4 et 120). Sur le Lay, le droit de « faire et aver moulins » appartenait au seigneur de Saint-Benoît (aveu de 1529. Arch. Vendée, Talmont 28). — Le moulin de Coulon, que l'on retrouve au xve siècle (Terrier de Benet. Arch. Nat., P 1037, fol. 6 v.), était très probablement établi sur un canal de dérivation, comme le « moulin a eau des marestz » établi sur un des bras de la Sèvre à Marans (1596, 19 septembre. Vente par Christophe Goguet. Arch. Nat., P 773,71). — Quant aux bouchauds contre lesquels s'élève La Bretonnière (p. 71), il y en avait encore vingt-quatre sur la Sèvre au début du xixe siècle. Cf. Pettit, p. 15.

Enfin, les routes d'eau restaient soumises au hasard des inondations et des sécheresses de l'été. En hiver, il n'y avait sans doute que des crues tout à fait exceptionnelles capables de nuire à la navigation, mais fréquemment, pendant l'été, la chaleur laissait trop peu d'eau aux canaux et aux rivières pour « porter vaisseaux (1) », et mettait les fossés complètement à sec. Le voyageur aux marais devait alors échanger son bateau pour un cheval, et abandonner la voie d'eau pour la voie de terre.

Il n'y avait pas d'autre chemin de terre que le bot. Cette levée protectrice, qui courait le long du canal et le suivait dans sa traversée du marais (2), avait toujours une élévation suffisante pour n'être pas couverte par les crues les plus hautes, et une largeur à proportion pour résister aux poussées des inondations. Sur son sommet, il avait été facile d'aménager, sans grand travail, une route accessible aux charrettes, « ung chemyn charrault » comme on disait parfois (3).

Toute voie nouvellement créée commençait par être privée. L'abbé ou le seigneur qui creusait un achenal ou élevait un bot s'en réservait naturellement la jouissance exclusive (4). Mais, bientôt, des voisins, profitant d'une certaine tolérance ou d'un défaut de surveillance, usaient eux aussi du canal ou du bot pour se rendre où les appelaient leurs

---

(1) Cf. *Chronique du Langon*, p. 204.
(2) Beaucoup d'anciens achenaux ont été transformés en chemins par suite de l'habitude de circuler sur les bots; nous citerons deux exemples caractéristiques : l'achenal du Langon ou de l'Œuvre-Neuf sur le tracé duquel a été établie la route nationale n° 137, et l'achenal de la Grenetière, qui au xviii° n'était plus qu' « un chemin qui traverse le marais de Champagné ». 1770, 14 décembre. Bibl.Niort, cart. 144, fol. 56.
(3) V. pièce just. XIV.
(4) V. pièce just. VIII.

occupations. Peu à peu, ces cas isolés se multipliaient, devenaient une habitude, et la voie passait ainsi du domaine privé au domaine public.

Cette transformation ne s'opérait pas sans une vive opposition de la part du propriétaire, mais le temps avait raison des résistances les plus opiniâtres. Lorsque les religieux de Moreilles, au début du xiiie siècle, entreprirent la construction du bot de Vendée, les habitants de Chaillé, intéressés au premier chef, prétendirent au droit de circuler par terre et par eau sur ce bot. Dès le milieu du xiiie siècle, des contestations s'élevèrent entre manants et religieux. L'abbé de Moreilles, frère Aymeri, chercha à se concilier la faveur du seigneur de Chaillé, et obtint de lui qu'il ne soutiendrait en aucune façon les prétentions de ses hommes. Ceux-ci, abandonnés de leur seigneur, trouvèrent une puissante alliée dans l'abbaye de Maillezais. La cause fut portée devant le Parlement, et, en 1317, un arrêt contraignit les religieux de Moreilles à ouvrir à tout venant le bot de Vendée pour se rendre à Luçon ou ailleurs (1). Ce fut depuis une des principales routes du marais.

Dans cette affaire les paysans n'obtinrent sans doute gain de cause que parce qu'il s'agissait d'une grande voie de communication, mais il n'en était pas de même des droits de passage sur une terre ou un cours d'eau accordés, gratuitement ou non, par un propriétaire à son voisin et par un seigneur à ses sujets (2). Ces droits restaient longtemps

---

(1) 1317, juillet. *Arch. hist. Poitou*, t. XI, p. 158. V. pièce just. X.
(2) Av. 1187. « Et quidquid mei juris in via a domo usque ad maresium. » *Arch. hist. Poitou*, t. XXV, p. 210. — 1219. « Super quadam via quam predictus prior dicebat se debere de jure habere, in eundo et redeundo a suis molendinis in prato sub meteria... hanc viam concesserunt sepe dicto priori et domui de Fontanis et hominibus et animalibus sine quadriga. » Accord entre Aimeri de Moricq et les religieux de Fontaines.

dans le domaine privé. Difficilement obtenus, ils étaient jalousement gardés par leurs détenteurs. Dans un pays aussi morcelé que le marais, des concessions mutuelles s'imposaient : il suffisait de la mauvaise volonté d'un propriétaire pour empêcher son voisin de rentrer ses récoltes ou de mener paître ses bestiaux. De là, des procès incessants. La clause bien connue « avec ses entrées et issues », qu'on insérait dans les contrats de vente, devenait plus nécessaire que partout ailleurs. On voyait même certains seigneurs faire figurer dans leurs aveux un simple droit de passage (1), pour lui donner une sorte de consécration officielle (2).

A ces chemins privés, qu'une concession bénévole ou intéressée rendait à moitié publics, il faut rattacher les nombreux chemins d'intérêt local qui servaient aux habitants

Cartulaires du Bas-Poitou, p. 118. — 1291, 24 janvier (*n. st.*). « *Item* liberum exitum et regressum ad eundum et redeundum homines et animalia sua, quotiescumque sibi necesse fuerit et viderint expedire, per marcsia sua de Chepdeneye usque ad terras arabiles de Chepdeye. » Don d'Hugues d'Allemagne aux religieux de Maillezais. D. Fonteneau, t. XXV, fol. 237. Lacurie, p. 341. — V. pièces just. XI et XVII.

(1) 1399, 27 juin. « La Brie que je ne met point en mon adveu senon touz les passages et chemins pour amener les foins et bourrees d'Alon, tant les miens que ceulx de mes hommes et teneurs d'Alon. » Aveu de Sérigny, Arch. Nat., P 553¹, 22. — V. aveu de 1478, 15 janvier (*n. st.*). *Ib.*, P 585, fol. cviii, et P 552⁵, fol. liii. — A ce droit se rattache sans doute un titre « concernant les privilèges attribués à l'abbaye de la Grâce-Dieu par le roi Charles pour passer les foins du marais de la Brie sur les marais circonvoisins » en date du 17 novembre 1379, mentionné dans un ancien inventaire. *Arch. hist. Saintonge et Aunis*, t. XXVII, p. 200.

(2) 1532, 14 avril. « La chausee... par laquelle le bestial des villages de Margot et Morvain va au grand marais des Roy. » Aveu de Margot. Arch. Vienne, H³ 838. — 1553, 21 mars (*n. st.*). « *Item* une autre place de pré appellée les Grands et Petits Achaptays tenant d'ung cousté a chaussee communault, d'aultre au pré de ladite abbaye d'Angles. » Aveu de Moricq. Arch. Vendée, Talmont 28, fol. 3. — 1562, 4 mai. « Le chemin et route pour aller du bourg dudit Fontaines à Maillé a usage de maroys. » Bail par Jean du Prouhet aux habitants de Fontaines (V. ci-dessus, p. 155 n. 1).

d'un même village pour conduire leurs bestiaux au marais commun, ou pour rentrer les bourrées et les rouches qu'ils cueillaient à titre d'usagers. Les Langonnois possédaient à eux seuls quatre chemins de ce genre pour se rendre à leurs marais : le bot de la Grange-l'Abbé, le bot de la Cruzilleuse ou de la Cruzellerie, le pas de Claiz-Baritaudière et le pas de la Prée-Clouze (1).

L'usage de ces « chaussées communaults, » de ces « chemins à usage de marois, » comportait certains devoirs, tous relatifs à l'entretien. A Mouzeuil, où trois chemins différents donnaient accès aux marais communs, il y avait deux régimes en vigueur : pour l'entretien du Bot-Neuf, les usagers fournissaient une corvée par feu, et pour les bots d'Estivaulx et de l'Homme, ils payaient un droit d'avenage aux propriétaires qui s'engageaient à faire exécuter les réparations nécessaires (2).

---

(1) 1581, 31 octobre. « Sçavoir est, pour passer leurs dictes bestes au maroys, le grand pas joignant l'achenal du Languon appellé le bot de la Creuzellerie qui est la vraye entrée desdits habittans dudit Languon comme estant des subjetz du seigneur du Langon. Plus ung aultre grand pas et bot, appellé le bot de la Grange-l'Abbé, ou ung autre partie des habittans ont leurs passaiges pour aller pasturer aux maroix de leur dit sieur du Langon. Et pour le regard de thirer quelques foings qu'ilz disoyent avoir aux maroix du seigneur du Languon, ou de ce que le roi notre sire pretand luy estre deutz sur les contrebots d'iceulx pour passer les foings dudit contrebot, sont les dicts pas : sçavoir est le pas de Claiz-Baritaudière pour ung costé qui est entre le Breuil et le Langon, et l'autre pas est le pas de la Pré Clouze qui est entre le Breuil et le maroys l'Anglée. » Enquête au sujet du Bot du Breuil. Arch. communuales du Langon. — Cf. *Chronique du Langon*, pp. 4, 41, 145.

Louis d'Arcemalle, seigneur du Langon, percevait à ce titre des droits d'entrée et issue sur les chemins. Ainsi il prélevait six deniers de cens sur les habitants qui useraient du Bot-l'Abbé (Échange du 10 juin 1567 entre le prieur et les habitants du Langon. V. ci-dessus p. 117, n. 1). Il voulait s'approprier au même titre un chemin privé, le bot du Breuil, et comme les habitants n'y passaient jamais, il prétendait les y faire aller « par force et a coups de bastons ». Enquête citée plus haut.

(2) V. p. 150 n. 3. — 1521-1530. « Et in hoc, dicti actor et defensor

Les droits seigneuriaux levés sur les voies publiques reposaient sur le même principe d'entretien. C'est pour subvenir aux frais des réparations qu'on levait un péage permanent (1) ou temporaire (2) sur les chaussées, les bots et les ponts, et qu'on percevait un droit de passage sur les rivières où un bac se tenait constamment à la disposition des voyageurs (3).

Dans le dédale de chaussées, de digues et de bots qui servaient à la circulation, il est difficile de retrouver le tracé des chemins de grande communication qui traversaient le marais de part en part. Cependant, nous avons au XVIe siècle un témoignage précieux, *la Guide des chemins de France*, publiée chez Charles Estienne en 1553. L'auteur nous a conservé le tracé de trois grandes voies : une, de la Rochelle à Nantes, coupait le marais desséché en longeant la côte, et deux autres, de la Rochelle à Niort, passaient, la première au nord, la seconde au sud du marais mouillé.

Nous allons suivre pas à pas ces itinéraires, et nous décrirons, chemin faisant, quelques voies secondaires que l'étude des textes nous a permis de reconstituer.

A. — *Route de Nantes à la Rochelle par Luçon, Champagné, le Braud et Saint-Xandre* (Estienne).

Voici la description que nous en fait Estienne (4) :

bota gallice *les bots d'Estivaulx et de l'Homme*, que introitus et exitus dictorum maresiorum seu marescagiorum faciebant... intertenere debebant. » Procès entre Pierre Audayer et Jacques de la Muce. (V. ci-dessus p. 155 n.) — Atlas cantonal de Vendée, C^{on} L'Hermenault.

(1) Le péage était permanent sur les bots de l'achenal de Luçon. V. ci-dessus pp. 88-89.
(2) Le péage était temporaire sur le bot de la Barbecane. V. ci-dessus pp. 49 n. 1, 54 n. 1, 69 n. 1.
(3) V. ci-dessous p. 171 n. 6 et 175 n. 1.
(4) *La Guide des chemins de France*, pp. 210, 211. — Estienne nous

« Lusson, Champigny. Passe le Berault, brachs de mer ;
« mauvais chemin de marescage. Esnandes, bourg. Sainct
« Sandre. La Rochelle. » Essayons de compléter ces indications un peu trop brèves.

De Luçon, on gagnait la Charrie par les bots de l'achenal de Luçon (1), puis on rejoignait Champagné, facilement reconnaissable dans Champigny. De Champagné au Braud la question se complique. Deux cartes, assez postérieures il est vrai, placent entre ces deux points un lieu-dit Maillezais ou Petit-Maillezais, que nous n'avons pu identifier (2). Vraisemblablement la route pénétrait dans le marais à Sainte-Radegonde, suivait quelque temps l'achenal de la Bardette, le traversait sur un pont de pierre, et de là gagnait le Braud (3).

Au Braud on passait la Sèvre à gué. Les chroniqueurs du xvie siècle s'accordent à nous dépeindre ce gué comme assez incommode, établi au milieu des vases, praticable

---

indique cette route sous le titre de route de Niort à la Rochelle. Nous avons préféré celui de route de la Rochelle à Nantes, usité en 1527. V. pièce just. XIII.

(1) 1599, 28 janvier. « Les marchant et marchandises qui entrent et sortent de ceste province, tant par la mer et cours dudit achenal [de Luçon] que par terre et sur lesdicts bots et levees. » Visite des achenaux. Arch. Nat., Q^1 1597.

(2) Carte de Du Val (1689). V. pl. V. — Carte manuscrite de 1709, Arch. Ministère de la Marine, 53, 20. — C'est sans doute Maillezais entre La Charrie et Champagné, déplacé par les géographes.

(3) 1527, 7 mars (n. st.). « L'achenau de la Coueresse, laquelle achenau se comprend des Sainte Radegonde jusques à la mer, au long de laquelle a grand chemin publicq par lequel l'on va des marois a Marant du costé des terres du prieur de Sainte Radegonde, et y avoit pont de pierre au travers ladicte achenau, et contient le dit chemin trente pas de long ou environ (Note : [xviiie siècle] l'achenal de la Coueresse est le même que le canal de la Bardette d'aujourd'huy qui traverse le marois de Champagné vers la mer.) » Bibl. Niort, cart. 144, fol. 13. V. pièce just. XIV. — La Fontenelle avait lu a tort achenal Concrasse. (*Statistique* de Cavoleau, p. 70). — V. pl. III.

seulement à marée basse et en été (1). Sans doute un bac avait précédé ce gué à une époque plus prospère, lorsque les marais étaient en pleine exploitation, et que les marchands pouvaient traverser le pays sans redouter les gens de guerre. C'est à cet endroit qu'eut lieu, le 5 septembre 1469, l'entrevue entre Louis XI et son frère Charles de Guyenne. On construisit un pont de bateaux sur lequel se rencontrèrent les deux princes « à l'endroit du chastel de Charon, ou lieu que l'on dit le pont du Bron (2) ». Le choix de ce rendez-vous est significatif, et l'on peut en conclure qu'au xve siècle le passage du Braud était un des plus fréquentés.

Du Braud la route gagnait l'île de Charron ; puis elle se dirigeait, non pas vers Esnandes, comme le prétend à tort Estienne, mais vers Villedoux, qu'elle rejoignait, après avoir franchi l'achenal d'Andilly, sur un pont appelé au xvie siècle le Pont au Moyne (3). De Villedoux elle gagnait en droite ligne Saint-Xandre et la Rochelle.

a. — *Route de Nantes à la Rochelle par Luçon, Moreilles, Chaillé et Marans.*

Cette route, beaucoup plus ancienne que la précédente,

---

(1) 1568, 27 février. « Et s'en allèrent jusqu'à Marans par le passage du Braud, dont les anciens étoient fort mouillés et embrisés jusqu'aux fesses, car le Braud n'est en ce temps assez propre pour passer. » *Chronique du Langon*, p. 104.

(2) Cf. *Mémoires de Philippe de Commines* (Ed. *Société de l'Histoire de France*. Paris, 1847, in-8°), t. I, p. 207, et t. III, p. 260. — Cf. Arcère, t. I, p. 611.

(3) 1589, 11 juin. « Une autre piece de pré... pres le Pont du Moyne, tenant d'une part a la haute pree de la Brie... d'autre au grand chemin comme l'on va de Villedoux aux Brauds, un viel fossé entre deux, et d'autre à l'achenal du dit Pont au Moyne. » Echange entre Jean Gautier et Françoise Joubert. *Arch. hist. Saintonge et Aunis*, t. XXVII, p. 289. — V, pl, V,

ne figure pas dans *la Guide des chemins de France ;* nous essaierons tout à l'heure d'en expliquer la raison.

Partant de Luçon, elle suivait les terres hautes jusqu'à Pétré, où elle entrait dans le marais. Elle franchissait l'Achenal-le-Roi au passage de Moreilles (1), traversait le village de ce nom, et suivait le bot de Vendée jusqu'à Chaillé. De Chaillé elle gagnait l'île d'Aisne (2), puis le Sableau, après avoir franchi sur un pont l'achenal des Cinq-Abbés (3). Du Sableau elle gagnait Marans par le bot de l'OEuvre-Neuf ou du Sableau. Au sud de la Sèvre elle empruntait le bot de Barbecane jusqu'à Sérigny (4), passait à Andilly, et de là rejoignait la première route, soit à Saint-Xandre (5), soit à Villedoux, par le grand pont de la Besse (6).

Cette route était très fréquentée. Les marchands de Flandre et d'Espagne, débarqués à la Rochelle, la prenaient pour aller en Poitou, Bretagne, Maine, Anjou, Touraine et autres

---

(1) 1460, 20 décembre. « Le chemin par ou l'on vait de Sainte Gemme au passage de Moureilles. » Aveu de Sainte-Gemme. Bibl. Niort, cart. 144, n° 1, fol. 22. Cf. La Popelinière, liv. XIII, fol. 377, et *Chronique du Langon,* pp. 38, 147. — V. pl. V.
(2) V. ci-dessus p. 112, n. 1.
(3) V. pièce just. VIII. — En 1217, il y a déjà une voie qui tend de Marans vers Luçon, mais rien ne prouve qu'elle passât par Moreilles, le bot de Vendée n'étant pas encore public. Elle devait sans doute gagner Champagné et la Charrie.
(4) V. ci-dessus pp. 39 n. 1, 41 n. 1, 49 n. 1, 54 n. 1, 69 n. 1.
(5) V. pl. V.
(6) 1301, 11 juillet. « Droit au pairé de Sairigné, et tot le louc de la chenau, droit a la Bric, et essi cum la chenau s'en levet, droit au molin du Port, et essi cum ladite chenau s'en vait droit au grand pont de la Besse, pres de la Grange de Viledous. » Echange de la terre de Rochefort. Arch. Nat , J 180 B, 45. — Le pont de la Besse, en pierre, existait dès le XIII° siècle : 1249, février. « Per excursum nostrum et per molendina nostra de Portu et per fuernas nostras quæ sunt prope pontem petræ. » Accord entre les abbés de la Grâce-Dieu et de Saint-Léonard-des-Chaumes. *Arch. hist. Saintonge et Aunis,* t. XXVII, p. 179. — *Cadastre :* Chemin du Roi. — Masse, n° 20, et tableau d'assemblage, fig. 56.

provinces de l'ouest et du centre (1). Elle remontait au moins au XIII⁰ siècle. Au XVI⁰ le défaut d'entretien l'avait rendue impraticable en plusieurs endroits de son parcours. Entre Marans et le Sableau, les communications étaient complètement interrompues. Pour aller de Luçon à Marans on allait passer à Champagné et au Braud (2). C'est ce qui nous explique pourquoi Estienne ne nous dit rien de cette voie.

b. — *Route de Luçon à Saint-Michel-en-l'Herm par Triaize* (Rogier).

Ce chemin, qui figure sur la carte dressée par Pierre Rogier en 1579, passait par Triaize, le Vignaud et la Dune (3). Il remontait sans doute à une époque assez reculée, au moins aux XII⁰ et XIII⁰ siècles, au moment où l'abbaye de Saint-Michel-en-l'Herm était toute-puissante.

c. — *Route de Fontenay-le-Comte à Talmont par le Gué-de-Velluire, Chaillé, Triaize et Saint-Denis-du-Payré.*

La voie suivait, sur les terres hautes, le cours de la Vendée jusqu'au Gué-de-Velluire ; là elle franchissait la

---

(1) 1492, 31 janvier (*n. st.*). Réparations au bot de la Barbecane. V. ci-dessus p. 54 n. 1.

(2) V. ci-dessus p. 168 n. 1. — 1569, décembre. « Pour aller au bourg de Marans, apres estre passé le bourg de Champagné, on trouve un grand canal d'eau de mer qu'on nomme le passage du Berauld, qui est large, profond et si vaseux qu'on n'y peut passer a pied ne a cheval. » La Popelinière, liv. XI, fol. 321.

(3) V. pl. IV. — 1599, 28 janvier. « Requerent outre les dits habitans [de Luçon]que les dits sieurs de chapitre soyent contraintes à relever et reparer les achenaux et bots conduisant dudit Luçon en Triaise. » Visite des achenaux. Arch. Nat., Q¹ 1597. Masse (partie 9) dit de Triaiz : « Les chemins en sont impraticables partie de l'année. »

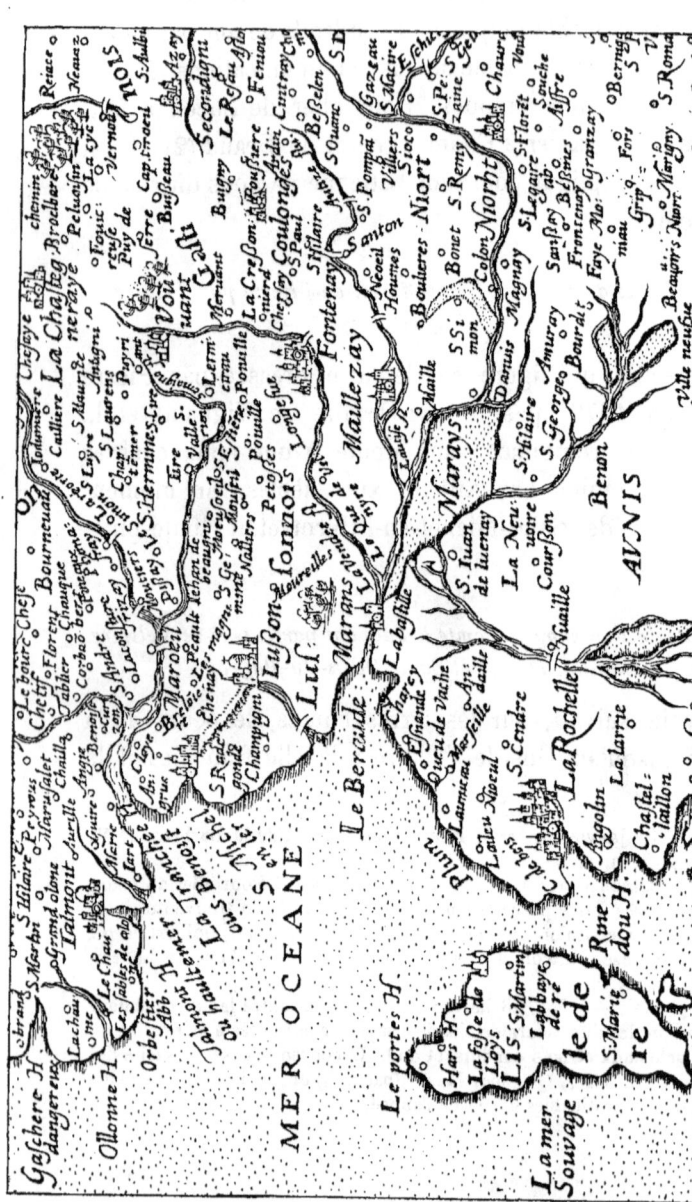

Pl. IV CARTE DE PIERRE ROGIER. — 1579.

Vendée à gué, passait à Vouillé, à Chaillé (1), redescendait à Aisne, et gagnait Sainte-Radegonde (2), après avoir traversé l'achenal de Bot-Neuf sur un pont (3). De Sainte-Radegonde elle allait en ligne droite jusqu'à la Charrie (4), où elle passait l'achenal de Luçon sur un grand pont de pierre (5), gagnait Triaize, et rejoignait Saint-Denis-du-Pairé à travers le marais. Là on franchissait le Lay sur les ponts de Curzon, ou bien dans le bac de Saint-Benoît (6).

Cette route était sans doute peu fréquentée. Les marchands et les sauniers qui venaient de Talmont ou des Sables préféraient prendre par le Port de la Claie et Luçon, et éviter ainsi les fondrières du marais (7).

(1) V. pièce just. V. — Les levées qui conduisaient de Chaillé à Vouillé étaient encore en parfait état au XVᵉ siècle. Des charrettes lourdement chargées pouvaient y passer au début de l'été. V. ci-dessus, p. 113 n.

(2) 1288, 5 juillet *(n. st.)*. « Juxta viam per quam itur a villa Sancte Radegundis apud Aynes. » Vente par Arnaud et Foulques de Montausier à Jean Boucher de Saint-Martin-l'Ars. D. Fonteneau, t. XXV, fol. 233.

(3) Arceau du Booth-Neuf (*Cadastre*).

(4) V. pièce just. XIV.

(5) 1599, 28 janvier. « A quoy ledit sieur de Champagné nous a remonstré que ledit pont avoit esté ruiné par les guerres, et du fort que le roy a present reg[n]ant, lors roy de Navarre, et ceux de Champagné avoyent faict pres et joignant ledit pont, les matieres et pierres duquel pont ils avoient employé à la construction dudit fort. » Visite des achenaux. Arch. Nat., Q¹ 1597.

(6) 1144 (?) « Molendini quod est in ponte Cursonii. » Charte de fondation de l'abbaye de Bois-Grolland. *Cartulaires du Bas-Poitou*, p. 229. — 1218. « Maresium suum quod est inter medium pontem peirati Cursionis et pontem de Rochereo. » Concession d'Elizabeth, veuve de Jean de Jart, à l'abbaye de Bois-Grolland. *Ib.*, p. 272. — 1463-1464. « De la ferme du port et passage de Saint Benoist partems par moicté et indivis entre Monseigneur et Regnault de Ploucl, chevalier, qui doivent fornir le vaissel pour passer et repasser, moité par moité....lxx. sols tournois. » Comptes de la châtellerie de Talmont. Arch. Vendée, Talmont 61. — 1720. De Curzon au Pairé, « il y avoit jadis icy une chaussé et pont. » Masse (partie 9).

(7) 1182. « Et ad portum nostrum de Cleya transire et retransire et nichil omnino solvere. » Don de Guillaume d'Apremont à l'abbaye de Saint-Jean d'Orbestier. *Arch. hist. Poitou*, t. VI, p. 11.— Cf. B. Fillon, *Poitou et Vendée : Fontenay*.

B. — *Route de Niort à la Rochelle par Fontenay-le-Comte, le Gué-de-Velluire et Marans* (Estienne).

Voici l'itinéraire donné par Estienne : « Fontenay le Comte. Le Gué de Velluire. Entre en batteau sur un brachs de mer dit Berault. Marans. La Rochelle. »

Nous avons déjà vu une partie du tracé de cette route qui utilisait les itinéraires *a* et *c*. Il n'y a que le segment du Gué-de-Velluire à Marans qui reste à étudier. La mention du Braud sur ce trajet peut paraître à première vue une confusion d'Estienne. Le voyageur arrivant au Gué-de-Velluire allait-il s'imposer le vaste circuit de Chaillé, Champagné, le Braud et Charron pour revenir ensuite à Marans. Du Braud, il eût plutôt continué vers Villedoux (A). Mais si l'on pèse les termes dont s'est servi le géographe, on s'aperçoit qu'au lieu de dire « passe le Berault » comme la première fois (A), il a employé l'expression « entre en batteau ». Cette remarque nous permet de conclure que pour gagner Marans les voyageurs devaient tout simplement s'embarquer et descendre le cours de la Vendée, puis celui de la Sèvre (1).

C'est d'ailleurs ce que fit en 1638 un étudiant toulousain, qui traversa le marais en suivant de point en point cet itinéraire. Bien que la date de son voyage sorte du cadre que nous nous sommes tracé, nous reproduisons ici le récit de Godefroy, qui, comme on va le voir, ne s'est pas contenté d'énumérer les localités qu'il traversait, mais les a décrites avec beaucoup de précision et d'humour :

---

(1) 1390, mars. « Ascendit et intravit... in quodam vase... arepto remige seu navigio, eundo apud Marantum distantem per duas leucas a dicto loco de Vado, » *Arch. hist. Poitou*, t. XXI, p. 409.

« Je partis, nous dit-il, de la Rochelle, le jeudi 19 aoust,
« sur le midy, après y avoir demeuré avec très grand con-
« tentement l'espace de deux jours. J'estois à cheval accom-
« pagné de celuy qui me le donnait à louage. Il me condui-
« sit par les villages de Villadou, chasteau de Saussaye, ou
« monsieur le cardinal logea durant le siège de la Rochelle,
« Andelée, Sarnié jusques à Maran, fort bon bourg où passe
« une petite rivière du nom de Fontenay, dans laquelle, au
« temps du reflux, la mer ameine ses vaisseaux. Je ne
« m'arresteray point à ce bourg, sinon pour boire un coup
« et vous dire la qualité du paysage par où l'on passe en y
« venant. Il est chargé de vignobles en quelques endroitz ;
« en d'autres un peu stérile, et a de grands et vastes prez
« et est fort marescageux, jusques là que, pendant l'hyver,
« il fault que les habitans se servent de batteaux qu'ilz ont
« attachez à leurs portes pour se transporter d'un lieu à un
« autre. Sur ce chemin on apperçoit à trois lieues loing
« loing, Lusson, bourg et evesché.

« Le jour s'en alloit desjà saillant. Néantmoins j'entrepris
« encores de faire deux grandes lieues et ce, à cause d'une
« très grande commodité que les voyageurs rencontrent
« dans Marans, se faisant, par le moyen de cette rivière de
« Fontenay, dont vous avez desjà entendu le nom, cet
« espace de chemin. Donc n'y a qu'à choisir un batteau de
« plus d'une centaine que vous trouvez tous pretz où vous
« estes receu pour un prix fort juste et raisonnable. Que de
« plaisir en voguant sur icelle de voir tant de beaux arbres
« dont ses rivages sont si agréablement bordez, d'estendre
« sa veue dans des grandes prairies bigarrées de mille et
« mille sortes de fleurs; de rencontrer, en faisant chemin,
« je ne sçay combien de batteaux chargez tant d'hommes

« que de bestiail et autres choses, n'y ayant point d'autre
« commodité que celle cy pour les uns et les autres, et tout
« cela porté par une petite rivière si estroicte que vostre
« batteau, disposé de front, en pourroit quasi traverser la
« largeur. Quand vous avez faict une lieue, vous voyez la
« rivière de Sèvre, aussy peu large, qui vient de Niort se
« décharger dans celle de Fontenay. Tout près, vous avez
« à franchir une digue de la hauteur de six à sept piedz (1),
« où nostre batteau est tiré par le moyen d'un chable, faict
« monter le long d'une coulissoire à force de tours (2). Une
« lieue après, estant desjà deux heures de nuict, je descen-
« dis au village de Autgé (3) où je couchoy (4). »

Ce trajet, si heureusement décrit par Léon Godefroy et considéré au xvi° siècle comme « le plus beau » par Charles Estienne, était dès la première moitié du xiii° siècle, adopté par les marchands de France ou de Flandre allant à La Rochelle ou en revenant (5).

(1) Sans doute le Grand-Bot qui devait se prolonger jusqu'à l'Ile-d'Elle (V. ci-dessus p. 31 n. 1). Dans un « Memoire pour servir a l'explication du proces-verbal de 1526 » (Pièce just. XVI), écrit au xviii° siècle (Bibl. Niort, 144), on trouve cette mention : « On prétend que l'ancien achenal de Bot Neuf alloit jusqu'en Elle. » Le commentateur a évidemment confondu le Bot-Neuf et le Grand-Bot, ce qui rend dès lors notre identification très admissible.

(2) On se sert encore de moyens analogues, — c'est-à-dire un double plan incliné avec des rouleaux, — pour faire franchir les barrages par les bateaux.

(3) Le Gué-de-Velluire. Nous n'avons pas identifié les autres noms « Villadou, Andelée, Sarnié » dans lesquels il est aisé de reconnaître Villedoux, Andilly, Sérigny, etc.

(4) Bibl. Nat., ms. fr. 2759. — Publ. par H. Clouzot dans « *Royan* », n° du 6 septembre 1902.

(5) 1241. Cf. A. Bardonnet, *Niort et la Rochelle de 1220 à 1224*. Niort, L. Clouzot, 1875, in-8°, 75 pp., pp. 22 et 25.

d. — *Route de Surgères à Fontenay par le Gué-d'Alleré, Saint-Jean-de-Liversay et le Gué-de-Velluire.*

On faisait route par le Gué-d'Alléré, Saint-Sauveur-de-Nuaillé, Saint-Jean-de-Liversay, et on aboutissait à Tayré ou Thairé-le-Fagnoux, au sud de la Sèvre. De ce point, on traversait en bac les marais mouillés, et l'on parvenait au Petit-Thairé sur l'autre rive de la Sèvre, pour gagner ensuite le Gué-de-Velluire et Fontenay. Le tracé compris entre les deux Thairé avait été autrefois guéable, si l'on en croit la tradition ; il porte encore le nom typique de Chemin de Charlemagne (1). Quant à la partie comprise entre Saint-Jean-de-Liversay et le Gué-d'Alleré, elle remontait au moins au xiie siècle (2).

e. — *Route de Surgères à Fontenay-le-Comte par Saint-Jean-de-Liversay, la Ronde et Maillezais.*

On passait par Doret, Margot, la Ronde, d'où un bac conduisait les voyageurs sur le bord opposé à la Pichonnière. De là on remontait à Fontenay par Maillezais, Saint-Pierre-le-Vieux, Souil et Puissec. Le passage de la Ronde à la Pichonnière apparaît pour la première fois en 1232 (3).

---

(1) 1497, 31 décembre. « Le passage et rivage de Thairé et Fraigneau a esté mis a pris... et livré audit prix, pour ce. xxxv. sols. » Fermes de la comté de Benon. M. de Richemont : *Documents inédits de la Charente-Inférieure*, n° 24, p. 90. — Le chemin de Charlemagne signalé par M. Lièvre dans ses *Chemins gaulois et romains*, p. 11, sur les indications de MM. A. Richard et G. Musset, a été repéré avec soin par M. Simonneau (*Revue poitevine et saintongeaise*, 1886, t. III, pp. 276-277).

(2) V. ci-dessus p. 132.

(3) 1232, 1er juillet. « Passagium quod me et meos habere dicebam in Rotundæ et Pichovenæ portubus sine naulo... concedo. » Accord entre Geoffroi de Lusignan et l'abbaye de Maillezais. Labbe, *Nova Bibliotheca*, t. II, p. 245. Lacurie, p. 306. — Av. 1450. « Le peyré par ont l'on va de

D. — *Route de Niort à la Rochelle par Fontenay, la Nevoire, Courson et Nuaillé* (Estienne).

Voyons la description qu'en donne Estienne : « Nyort. « Frontenay-l'Abattu. La Neufvoir. Passe des marets dans « des gabarres. Courson, bourg. Nuaillay, bourg. La Ro- « chelle. »

Cette voie est facilement reconnaissable : au delà de Frontenay, elle reliait Sansais, Amuré, Saint-Hilaire-la-Pallud, coupait le marais entre la Nevoire et la Grève où était établi un service de bac. De la Grève elle continuait en droite ligne par Angiray et Courçon jusqu'à Nuaillé, où elle franchissait la Curée à gué ou sur un pont, pour rejoindre Dompierre et la Rochelle.

C'était « le droit chemin » suivant Estienne, ou, comme on disait au début du xive siècle, « li granz chemins de la Rochelle (1) ».

Margot a la Ronde... Le chemin par ont l on va de la Ronde a Doret. » Censier de Margot. Arch. Vienne, H³, 838. — 1578, 16 juin. Autorisation accordée par Henri d'Escoubleau, évêque de Maillezais, « de faire relever une terre sur les marois qui étoient près le lieu de la Pichonnière, afin de faciliter le passage dudit lieu de la Pichonnière à la Ronde éloignés l'un de l'autre d'une grande lieue, tant pour les personnes que pour les bestes et marchandises. Arch. Nat., H⁴ 3064, 1389. — V. pl. V. V. ci-dessus.

De Margot la route bifurquait et venait par Morvin et Nion aboutir à Angiray sur la route de Niort à la Rochelle : 1301, 11 juillet (*n. st.*). « Et de la Nayvoire droit a Angiré, et de Angiré duques au grant pont de Nion, et du grant pont de Nion droit a Morvenc, et droit au port de la Ronze et de Toguont. » Echange de la terre de Rochefort contre des domaines au sud de la Sèvre. Arch. Nat. J 180 ᴮ 45.

(1) « Et essi cum li granz chemins de la Rochelle s'en vait droit au cimetere de Dompierre... Et tenant le grant chemin de la Rochelle droit a ladite grant perre du cimetere de la chapele de Nualhé. » *Ib.*

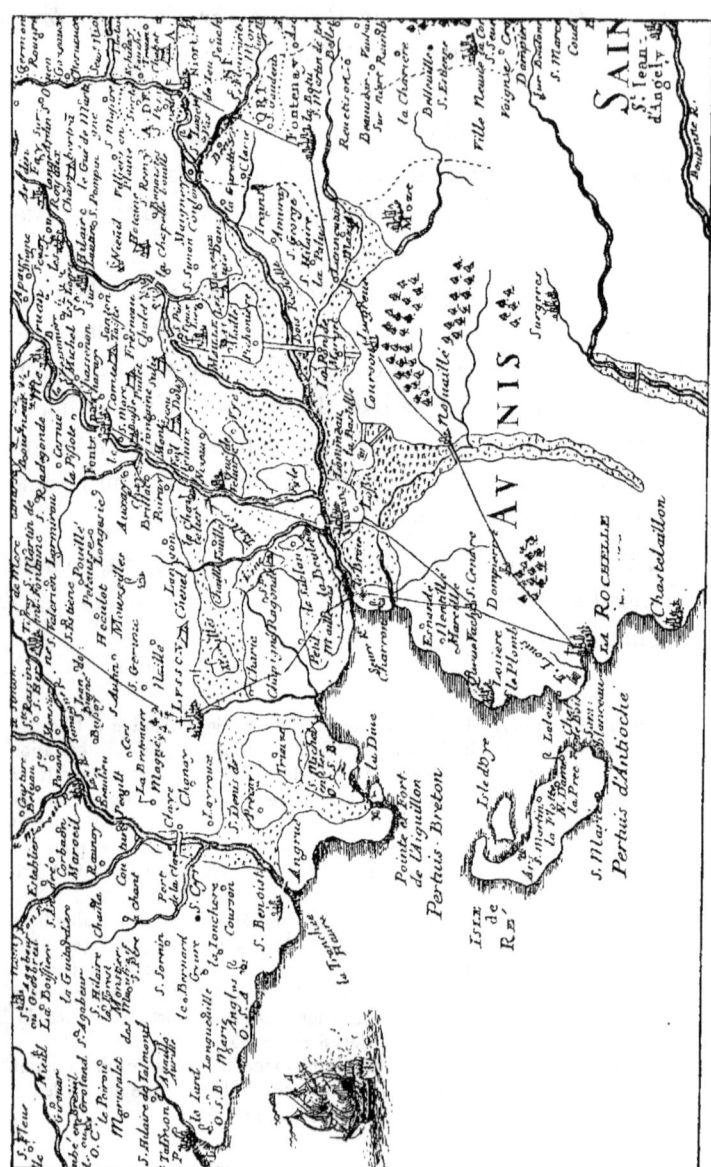

Pl. V — CARTE DE P. DU VAL. — 1689.

F. — *Route de Surgères à la mer par Saint-Jean-de-Liversay, Marans et Charron* (La Popelinière).

Voici ce que nous dit La Popelinière à propos des avenues de Marans : « Cette advenue tire vers Surgères et
« Saint Jean de Nuaillé, commençant à une lieue de Ma-
« rans; de la on vient dedans le bourg par les prayeries, ou, si
« l'eau est trop grande comme elle est en plein hiver, il y a
« comme un chemin eslevé de terre et couvert de menues
« pierres au milieu des prayeries, sur lequel on va presque
« a pied sec jusques à Marans (1). »

Jadis, ce chemin « eslevé de terre » qui traversait le marais avait été plus praticable qu'au temps de La Popelinière. Au xiii° siècle il existait un pont à Maudrias (2), et probablement deux autres à la Bastille et à Beauregard (3). Au delà de Marans la route se continuait par Fossillon et Bourg-Chappon jusqu'à Charron (4).

Tels sont les principaux itinéraires que les voyageurs pouvaient suivre à travers le marais. Nous n'entrerons pas dans le détail des voies secondaires, comme les « charrières » ou chemins de traverse des marais du Lay (5). Nous

(1) La Popelinière, liv. XI, p. 319.
(2) V. ci-dessus, p. 42, n. 3.
(3) 1508, 16 septembre. « Et se extend madite terre et seigneurie de Marant jusques a la seigneurie de la Mothe Fraigneau sur laquelle apouhe le pont dormant, de la Bastille, de Mouldries. » Aveu de Marans. Arch. Nat., P 555¹, fol. 137.
(4) 1540, 2 avril. « Le chemin par lequel l'on va de Bourchappon a Fausillon. » Déclaration de Bernay. Bibl. Nat., Dupuy 822, fol. 242 v.
(5) V. ci-dessus, p. 114, n. 3. — B. Fillon (*Poitou et Vendée, Grues*, p. 14, n. 1) cite une charrière entre Grues et Saint-Denis-du-Pairé comme datant du xiv° siècle.

ne pouvons non plus énumérer les ponts et chaussées, les gués, les passages que l'on rencontre dans tous les coins du marais. Les *perrés*, c'est-à-dire les gués pavés (1), étaient particulièrement nombreux ; plusieurs subsistent encore comme dénominations locales : Pétré, le Poiré-de-Velluire et Saint-Denis-du-Pairé.

Les voies que nous avons décrites suffisent d'ailleurs à démontrer que les routes de terre étaient moins rares qu'on ne se l'imaginerait à première vue. On serait même tenté de conclure à la facilité des communications dans toute l'étendue du pays, si certaines régions des marais mouillés n'apparaissaient en hiver comme complètement inaccessibles. L'île de Vix restait isolée au milieu des eaux débordées de l'Autize et de la Sèvre (2). A Bouillé, les seigneurs s'étaient fait construire une chapelle, ne voulant pas s'aventurer jusqu'au prieuré pour y entendre la messe (3). Au Langon on considérait comme des années exceptionnelles et pénibles celles où l'on pouvait aller à pied sec jusqu'à Marans, et, quand ce malheur arrivait, on faisait des processions à travers le marais pour demander au Seigneur de mettre fin à une sécheresse qui désolait la terre (4). Dans

---

(1) Cf. Musset, *Vocabulaire géographique...* (*Association pour l'avancement des sciences*, 1882, p. 816).

(2) 1419, 28 décembre. « Quia temporibus retroactis, in tempore hyemadi aliquociens propter magnam aquarum inundacionem, dictos habitantes de terra de Vix, circa maris litora situata et aquis circumdata, ad dictum locum de Fontaneto... difficile fuerat accedere. » Procès entre le prieur de Vix et Jean Brechou, lieutenant de Fontenay. *Arch. hist. Poitou*, t. XXVI, p. 157.

(3) 1390, 30 août. « Hieme propter aquarum et paludium abondantium, propterque siquidem nec quique liber est accessus equestris ad ecclesiam predictam, œstate vero propter nimium fervorem et terre que maresiis et dumis circumjungitur. » Accord entre Maurice de Lennay, seigneur de Bouillé, et Jean Chaslon, prieur. Communiqué par Mme Charier-Fillon, à Fontenay. (Coll. B. Fillon). Cf. B. Fillon, *Poitou et Vendée. Bouillé*, p. 1.

(4) Cf. *Chronique du Langon*, pp. 93 et 204.

les marais du Mignon, au xv° siècle, les laboureurs se rendaient l'hiver à leurs travaux, montés sur des échasses ferrées, n'ayant pas d'autre moyen d'affronter les vases et les fondrières (1).

Mais ces exemples isolés, tous postérieurs au xiii° siècle, ne sauraient infirmer en rien nos conclusions. Ce qu'il faut retenir, c'est l'association intime de l'histoire des communications avec celle des desséchements. Fondées l'une et l'autre sur les mêmes travaux, la construction de l'achenal et du bot, ces deux histoires n'en font qu'une, et l'on peut assurer en toute certitude que le meilleur état des voies de terre et d'eau concorde avec l'apogée du desséchement, c'est-à-dire avec la fin du xiii° siècle.

(1) 1448, janvier (n. st.). « Et en querant ung baston [ledit suppliant] trouva unes eschasses dont les laboureurs usent au païs, en saison d'yver pour les boes et quant ilz vont es maretz, en laquelle eschasse avoit une pointe de fer. » Remission accordée à Guillaume David, laboureur, demeurant au pont de Cesse, paroisse de Frontenay-l'Abattu, coupable du meurtre de sa femme. Arch. Nat., JJ 179, n° 50, fol. 25 v°. *Arch. hist. Poitou*, t. XXXII, p. 44.

Ce curieux usage, encore en honneur dans les Landes, a disparu complètement en Poitou.

CONCLUSION

Ici s'arrête notre étude sur les marais de la Sèvre et du Lay du xe à la fin du xvie siècle. Elle reste encore très incomplète, et il ne saurait en être autrement avec le nombre restreint de documents dont nous avons pu disposer. Nous ne doutons pas que sur bien des points, la découverte de nouveaux textes n'amène des éclaircissements, parfois même d'importantes modifications; mais nos conclusions, nous l'espérons du moins, subsisteront dans leurs lignes principales. Le grand œuvre de desséchement, dans les marais de la Sèvre et du Lay, a été accompli au xiiie siècle. Les dessiccateurs du xviie et du xviiie siècle n'ont fait, peut-être à leur insu, que rétablir un état de choses ancien, et rendre au pays la prospérité que lui avaient enlevée trois siècles de luttes avec l'étranger et de guerres civiles.

C'est au-delà seulement de la Vendée, dans les marais mouillés de Vix et de Taugon, qu'ils ont pu exécuter des travaux originaux. Dans le reste du marais, c'est-à-dire dans sa plus grande étendue, ils n'ont fait que suivre la voie tracée par leurs devanciers du xiiie siècle.

Aujourd'hui, si l'on jette les yeux sur une carte du marais, on y voit figurer encore une grande partie des achenaux du xiiie siècle. Quelques-uns ont changé de nom : l'Achenal-le-Roi est devenu la Ceinture des Hollandais ; l'achenal du Bot-Neuf, le canal du Clain. D'autres ont conservé leur dénomination primitive, comme le canal des Cinq-Abbés, le canal de la Brune, le canal de Luçon. A leurs côtés, de nouveaux travaux ont été opérés, comme le canal de Vienne ou le canal de la Banche. Mais en revanche le bot de Vendée, le bot de l'OEuvre-Neuf et combien d'autres ont disparu.

L'historien impartial, embrassant d'un coup d'œil les sept siècles d'efforts qui ont fait des marais de la Sèvre et du Lay une terre magnifique et fertile, reste troublé devant cette comparaison des résultats. La grandeur de l'œuvre accomplie au xiiie siècle l'étonne. Il se demande comment, avec les faibles moyens dont ils disposaient, les premiers dessiccateurs ont pu triompher des difficultés de leur gigantesque entreprise, et, s'il en vient à établir une balance entre le nouveau desséchement et l'ancien, il est obligé de convenir que le désavantage ne demeure pas toujours au moyen-âge.

PIÈCES JUSTIFICATIVES

I

1199.

Raoul de Tonnay, avec l'assentiment de ses fils Raoul et Guillaume, accorde aux religieux de Notre-Dame de Moreilles la permission d'effectuer sur son domaine des travaux de dessèchement.

A. Original perdu.
B. Copie du xviie siècle. Bibliothèque nationale, collection Dupuy, vol. 804, fol. 26.
C. Copie d'une autre main. *Ibidem*, fol. 27.
D. Analyse de Dom Le Michel (1). Bibliothèque nationale, ms. lat. 13818, fol. 139. « Ex cartis domni Besli ».

In nomine sancte et individue Trinitatis. Notum sit omnibus tam presentibus quam futuris hanc presentem cartam inspicientibus quod ego, Radulfus de Taunaii (2), cum assensu et voluntate filiorum meorum Radulfi videlicet et Guillelmi, dedi et concessi in puram elemosinam Deo et Beate Marie Morolie, et monachis ibidem Deo servientibus, abbotamentum in maresiis meis, et, exaium per terram meam, ubi eis necesse fuerit, videntibus et audientibus

(1) Dom Le Michel décrit le sceau : « Habet leonem erectum in scuto. »
(2) Tonnay-Charente, Charente-Inférieure, arrondissement de Rochefort. — Raoul de Tonnay est qualifié seigneur de Luçon en 1206 dans une charte de l'abbaye de Bois-Grolland. Cf. *Cartulaires du Bas-Poitou*, p. 267.

O. (1) abbate de Morolia, Helya monacho, Petro de Volurio (a) (2), Guillelmo Boenets (3), Herveio de Poiault (4), Petro Garail (b), et aliis presentibus, anno ab incarnatione Domini millesimo centesimo nonagesimo nono. Ut autem hec carta perempnem obtineat firmitatem, sigilli mei robur appono et munimen.

II

1199, Moreilles.

Pierre de Velluire, avec l'assentiment de son épouse Ameline et de son fils Hervé, concède aux religieux de Notre-Dame de Moreilles plusieurs marais entre Sainte-Radegonde et Chaillé, moyennant le paiement d'une rente annuelle de dix setiers de froment et de dix setiers de fèves et le dessèchement de ces marais.

A. Original perdu.

B. Copie du xviie siècle. Bibliothèque nationale, collection Dupuy, vol. 804, fol. 19.

a. P. Marchegay, *Recherches historiques sur le département de la Vendée*, 1re série, n° 12 (*Annuaire de la Société d'émulation de la Vendée*, 1858, p. 141), ne publie pas le texte, mais donne une traduction.

In nomine sancte et individue Trinitatis, Patris et Filii et Spiritus Sancti, amen. Notum sit omnibus tam presentibus quam futuris hoc presens cyrographum inspicientibus, quod ego, Petrus de Volurio, pro salute anime mee parentumque meorum, cum assensu

---

a) Volvyro *C*. — *b*) Gavart *C*.

(1) Ostensius (v. pièce just. II) était encore abbé en 1208. Cf. Marchegay, *loc. cit.*, p. 258.

(2) Pierre de Velluire, seigneur de Chaillé. La généalogie des Velluire ou Voluire n'est pas encore établie. Cf. H. Filleau, *Dictionnaire*, t. II, p. 819.

(3) Guillaume Bonet est cité dans plusieurs chartes de la fin du xiie siècle. Cf. Marchegay, *op. cit*, *passim*, et *Arch. hist. Poitou*, t. XXV, pp. 58, 65.

(4) Péault. Vendée. Arrondissement de la Roche-sur-Yon, canton de Mareuil.

et voluntate domine Ameline, uxoris mee, et Hervei, filii mei, dedi Deo et Beate Marie Morolie et monachis ibidem Deo servientibus, medietatem clausi quondam domine Agnetis, matris mee, et terragium, et decimam et omne dominium quod habebam in maresiis que sunt inter prefatum clausum domine Agnetis, matris mee, et dominium Marianti (1) et lo Millaret et la Couretta (2). Dedi eis etiam quidquid juris et dominii habebam in maresiis que sunt inter villam Sancte Radegundis et Challiec et maresium Aimerici de Reisse (3) et Botnou (4), et quidquid dominii habebam in feodo Ascelinensium (5), tam in terris quam in pratis et maresiis, et roturam, et dominium de Jorz (6) et deus Bocine.

Iterum dedi eis abbotamentum ad terram de Challec, ubicunque voluerint, has in quam omnes possessiones concessi et presenti cyrographo confirmavi prefatis monachis liberas et immunes ab omnibus talletis, et venatione, et omni exactione, ut habeant et possideant, jure perpetuo, cum omnimoda libertate, sine mei successorumque meorum reclamatione, preter venationem leporum et fasianorum quam tantummodo mihi in maresiis retinui.

Prefati vero monachi, pro hac donatione et harum possessionum plenaria libertate, persolvent mihi decem sextaria frumenti et decem sextaria fabarum ad mensuram Lucionensem (7) annuatim in vigilia Sancti Michaelis, vel in die, vel in grastinum, apud Challec, et facient exaium de Jorz in antea versus mare, quod debet fieri consilio proborum hominum de Mareanto et de Lucione.

Hoc donum feci in capitulo Morolie, coram omni conventu, in manu domini Osteusii abbatis, videntibus et audientibus quamplurimis ibidem existentibus; hujus donationis testes sunt : O. abbas Morollie, et omnis conventus ; Petrus Normant ; Petrus Guerra ;

---

(1) Marans. La seigneurie de Marans devait s'étendre jusqu'aux environs du Sableau.

(2) Nous ne pouvons identifier de façon certaine ces deux localités. Le nom de Milleraud seul se rapprocherait de Millaret, mais s'appliquant à un lieudit, aujourd'hui disparu, entre le Langon et le Poiré, il ne saurait être invoqué ici. Cf. *Chronique du Langon*, p. 18.

(3) Le marais d'Aimeri de Resse était situé entre les îles d'Aisne et de Chaillé. V. pièce just. III.

(4) Le Booth-Neuf près Sainte-Radegonde. Cf. *Carte de l'Etat-Major*.

(5) Nous n'avons pu déterminer l'emplacement de ce fief.

(6) Jorz ou Jozz devait être situé entre Sainte-Radegonde et Aisne. V. pièce just. III.

(7) D'après Marchegay, *loc. cit.*, ces vingt setiers vaudraient deux cent quarante boisseaux.

Seebranz ; Guillelmus Yvanz; Symon Gallogeas; Harveus de Poiault ; Guillelmus Boenez et plures alii. Ut autem hoc donum perpetuam obtineat firmitatem, sigillo domini Mauricii (1), venerabillis Pictavensis episcopi, et meo sigillo utrumque cyrographum muniri feci et coroboravi anno ab incarnatione Domini millesimo centesimo nonagesimo nono.

Ego Mauricius, Dei gratia Pictavensis episcopus, ad petitionem Petri de Volurio, ad majorem coroborationem et perpetuitatem obtinendam, huic cartule sigillum meum apponi feci.

III

1200, 17 juin, Luçon.

Pierre de Velluire, avec l'assentiment de son épouse Ameline et de ses fils Hervé et Pierre, concède aux religieux de Notre-Dame de l'Absie un marais situé entre Aisne et Chaillé, avec la faculté de dessécher ce marais en utilisant les œuvres de desséchement comprises dans l'étendue de son fief ou en profitant des travaux des religieux de Moreilles.

Original parchemin jadis scellé de deux sceaux pendant sur cordelettes de chanvre blanc et jaune. Archives des Deux-Sèvres. Série H. Nouvelles acquisitions. (Provient de la collection B. Fillon). — Chirographe ABCDEFGHIK (2).

Indiq. : B. Fillon, *Poitou et Vendée*, *Nalliers*, p. 27.

Notum sit omnibus Sancte Ecclesie fidelibus tam futuris quam presentibus, qui presentem chartam legerint vel audierint, quod ego Petrus de Volurio donavi et concessi Deo et ecclesie Beate Marie Absie quandam partem maresii quod est inter Challec et

---

(1) Maurice de Blazon (1198-1217). Cf. *Gallia Christiana*, t. II, col. 1182.
(2) Au dos ; écriture du xiii⁰ siècle : de dominio de Voluire ; du xv⁰ siècle : les maroys de Veluyre ; du xvii⁰ siècle : 1200, Petrus de Volurio, marais de Veluyre près Chaillé ; du xviii⁰ siècle : Inventaire du 7 ventôse 3⁰ année, cotte quatre cent vingt-deux.

Naenes (1) usque ad terram firmam ex utraque parte et divisum est ex maresio Aimerici de Resse (2) et a maresio religiosorum de Gratia Dei. Hoc maresium, sicut ex precepto meo demonstraverunt abbati Absie Goscelino Willelmus Boenez et Arveius de Poiaut, dedi integerrime usque ad campos et terram firmam de Naenes liberum ab omni consuetudine, et quicquid in eo habebant homines mei, nichil mihi vel heredibus meis in eo retinens, preter censum quinquaginta solidorum andegavensium, et defensum leporum et faisannorum, ablato defenso cuniculorum et omnium animalum. Dictus vero census semel et non amplius in anno michi reddetur, nulla necessitate vel occasione dupplicandus, in die vel vigilia Beati Johannis Baptiste reddendus apud Challé. De ista helemosina investivi abbatem Absiae Goscelinum (3) apud Lucionium, hujus institutionis et helemosine mee mediatore et consultore existente venerabili Evrardo (4), Lucionensis monasterii abbate, presentibus Mauricio Chalonge, preposito; Johanne de Naler (5), helemosinario, testibus Willelmo Boené; Arvé de Poiaut; Petro Guarat (6); et fratribus Absie; Johanne (7), priore; Johanne de Sancto Jovino (8); Ugone de Foçai (9) cappellano. Hoc vero donum meum ut inconcussam habeat firmitatem in perpetuum sigilli mei auctoritate confirmavi. Hec omnia supradicta concessit uxor mea, Amelina, et filii mei, Arveius et Petrus, et signa crucis in presenti pagina utrique fecerunt in hujus operis confirmatione. Set et venerabilis abbas Evrardus Lutionius sigillum suum apposuit in testimonium.

Acta sunt apud Lutionum omnia hec, anno incarnationis Domini

---

(1) Aine ou Aisne près Chaillé. — Cavoleau (p. 39) écrit encore Nesne.
(2) 1207. « De toto marisco de Challé, quod Aimerico de Ressia dederam et concesseram, scilicet ab exclusa Morolie usque [ad locum qui dicitur Botnou ad locum qui dicitur Jorz juxta costallum de Aines usque ad vetus peiratum de Aines et usque ad costallum de Challé. » Don de Pierre de Velluire aux abbayes de Maillezais et de Nieul. D. Fonteneau, t. XXV, fol. 193.
(3) Goscelin ou Josselin, abbé de l'Absie. 1187-1200. Cf. *Arch. hist. du Poitou*, t. XXV, p. xiv.
(4) Evrard, abbé de Luçon, 1198-1216. Cf. La Fontenelle, t. I, p. 34.
(5) Nalliers, Vendée, arrondissement de Fontenay, canton de l'Hermenault.
6) Evidemment le même que Pierre Garail. V. pièce just. 1.
(7) Jean était encore prieur de l'Absie en 1204. Cf. *Arch. hist. du Poitou*, t. XXV, p. 140.
(8) Saint-Jouin-de-Marnes, Deux-Sèvres, arrondissement de Parthenay, canton d'Airvault.
(9) Foussais, Vendée, arrondissement de Fontenay-le-Comte. Le prieuré et la cure relevaient de l'abbaye de Bourgueil. Cf. Aillery, p. 152.

Nostri Jesu Christi, millesimo ducentesimo, ciclo lunari.iiij°. (1) Innocentio (2) Romano pontifice, Mauricio pontifice Pictavensi, Johanne (3) rege Anglorum, die sabbati. vx. kalendas julii, testibus Goffrido de Sancto Medardo (4) cancellario, Gauterio, Ragnaudo daus Essarz (5) infarmario, in eternum et in seculum seculi.

Preterea notum volo fieri omnibus quod ego, Petrus de Voluire, concessi fratribus Absie per terram meam exaquarium meum, ut maresium ipsorum per feodum meum possit exaquari, etiam et per exaquarium fratrorum de Morolia, mittendo partem sumptuum quantum jus exegerit rationis, quia et hoc pactum cum fratribus de Morolia de omnibus maresiis meis firmavi. Hoc feci, audientibus supradictis testibus, concedentibus uxore mea et filiis meis supra nominatis.

† † †

IV

1210, Chaillé.

Accord passé entre Pierre de Velluire et les religieux de Notre-Dame de Moreilles pour la délimitation de leurs marais respectifs.

A. Original perdu.
B. Copie du xvii⁰ siècle par Jean Besly. Bibliothèque nationale, collection Dupuy, vol. 804, fol. 63.

Notum sit omnibus tam presentibus quam futuris hanc presentem cartam inspecturis quod, cum quedam contentio esset agitata inter Petrum (6), abbatem de Morolia, et monachos Morolienses, ex una parte, et P[etrum] de Voluire, ex alia, super maresiis que sunt

---
(1) Erreur. Il faut lire. j°.
(2) Innocent III, 1198-1216.
(3) Jean Sans-Terre, 1199-1216.
(4) Saint-Médard-des-Prés, Vendée, arrondissement et canton de Fontenay-le-Comte.
(5) Les Essarts, Vendée, arrondissement de la Roche-sur-Yon.
(6) Pierre, abbé de Moreilles, 1210-1220. Cf. *Gallia Christ.*, t. II, col. 1396.

a boto quo protenditur versus Moroliam, scilicet a Rupe Gauterii (1), usque ad exclusam Aubrii (2) et usque ad maresium Anselonensium (3), tandem, Dei gratia, bonorum virorum consilio, quy (*sic*) ex utraque parte interfuerunt, pacificata fuit illa contentio et pax inter ipsos reformata in hunc modum : videlicet quod abbas et monachi Morolienses quittaverunt jamdicto Petro de Voluire et heredibus suis quidquid reclamabant in maresiis que sunt a meta illa que fuit posita cum assensu et voluntate utriusque partis, et ibidem fuit crux apposita, et quoddam fossatum factum scilicet a stipite ulmi que est in cella Guillelmi (4) inter fontem Nade (5) et nemua usque ad exclusam Aubrii et usque ad maresium Anselonensium, sicut rectitudo lince posset extendi a supradicta meta usque ad domum Aymerici Johannis, militis, que est in l'Ilea (6).

Prefatus vero P. de Voluire similiter quittavit quiqui (*sic*) reclamabat in maresiis que sunt a jamdicta meta usque ad predictum botum, omnibus vero querelis, qua (*sic*) supradictus P. de Voluire adversus abbatem et monachos Morolienses se dicebat habere, mediante osculo pacis, coram omnibus ibi presentibus abrenuntiavit.

Hec autem pax fuit facta super Rupem de Challié, anno ab incarnatione Domini millesimo ducentesimo decimo, et in capitulo Moroliensi ab utraque parte confirmata, videntibus et audientibus istis : Stephano (7), abbate Maleacensi, Johanne (8), abbate de Trizagio,

---

(1) Le Bout du Rocher à l'extrémité nord de l'île de Chaillé. Cf. *Carte de l'Etat-Major*.
(2) Lieu-dit indéterminé.
(3) V. pièce just. II.
(4) Indéterminé.
(5) Peut-être Bois-de-Fontaine au sud de Chaillé ? Cf. *Carte de l'Etat-Major*. — On trouve encore mentionnée dans un aveu de Chaillé du 10 janvier 1583 la « fontayne appellee Nade » (Archives de la Vienne, C 514, mais sans délimitation.
(6) Probablement l'îlot du Breuil entre Sainte-Radegonde et Aisne. Dans une donation du début du xiiie siècle faite par le même Aimeri Jean à l'abbaye de Maillezais, il est parlé d'une terre : « in Brolio, in feodo predicti Aimerici ». D. Fonteneau, t. XXV, p. 101 ; cf. Lacurie, p. 297. — Cette identification, sans être certaine, est plus admissible que l'un ou l'autre des Ileau situés à droite de la Vendée au sud de Vouillé, les possessions de Moreilles étant à l'est de Chaillé.
(7) Etienne, encore abbé de Maillezais en 1218. Cf. Aillery : *Pouillé*, p. 136.
(8) Peut-être faut-il lire Jobert, abbé de Trizay, 1201-1212. Abréviation mal interprétée par le copiste.

PIÈCES JUSTIFICATIVES

Guillelmo (1), abbate de Brolio Gollandi, Guillelmo (2), priore Beate Marie de Angulis, G., priore, Hugone, subpriore, G., cellerario, Iterio, Arn., monachis Moroliensibus, J. de Sancto Florentio (3), Audeberto, Gordone, Philippo Remondi, Laurentio de Trieze (4), G. Sancti Vincentii de Jarts (5), sacerdotibus, A. de Boeve, Badori (6), Adam, J. Alemant, G. Mandron, P. de Hispania et pluribus aliis. Et ut hoc firmum et inconcussum in posterum teneatur, ego, P. abbas Morolie, et ego, P. de Voluire, presentem cartam per cyrographum divisam sigillorum nostrorum munimene fecimus roborari.

V

1211, Chaillé.

Pierre de Velluire, seigneur de Chaillé, concède à ses hommes de Chaillé un marais de dimensions indéterminées moyennant un cens de trois sols par cent brasses, cens qui sera remplacé après la mise en culture par un setier de froment.

A. Original perdu.
B. Copie de Dom Fonteneau (7). Bibliothèque de Poitiers, collection D. Fonteneau, vol. XXV, p. 197.

Notum sit omnibus tam presentibus quam futuris hanc presentem cartam, per cyrographum partitam, inspecturis, quod ego

(1) Guillaume I*er*, abbé de Bois-Grolland, 1215-1228. Cf. P. Marchegay, *op. cit.*, p. LXVII.
(2) Il y avait un Guillaume de Saint-Gilles, prieur d'Angles en 1185. Cf. Marchegay, *ib.*, p. 249.
(3) Saint-Florent-des-Bois, Vendée, arrondissement et canton de la Roche-sur-Yon.
(4) Triaize, au sud de Luçon.
(5) Saint-Vincent-sur-Jard, Vendée, arrondissement des Sables d'Olonne, canton de Talmont.
(6) Le nom de ce témoin se retrouve dans d'autres chartes de Pierre de Velluire. (D. Fonteneau, t. XXV, p. 193). La donation de 1207 aux abbayes de Nieul et de Maillezais est datée « in domo Badoris ».
(7) « L'original de cette pièce est conservé dans les archives de l'évêché de la Rochelle, layette l'Hermenaud, déclaration roturière. Au bas était un sceau qui est perdu. » Note de D. Fonteneau.

Petrus de Voluire, dominus de Challeyo, dedi et concessi hominibus meis de Challeyo et heredibus suis omne maresium meum sicut rectitudo linee posset extendi dau Perier (1) versus clocarium de Pollié (2) usque ad dominium Willelmi Chastagner (3), et usque ad dominium Garrucensium, et usque ad dominium abbatie Sancti Maxentii, et usque aus levees que sunt de Challeyo usque ad Voillé et que sunt inter ipsum maresium et maresium de Gratia Dei (4), tali scilicet pacto quod ipsi homines et heredes sui reddent mihi et heredibus meis pro centum braceis tres solidos censuales currentis monete annuatim persolvendos in vigilia Natalis Domini apud Chaleyum quousque terra ipsius maresii segetem reddat. Cum autem terra jamdicta segetem protulerit superius dictus census cessabit, et tunc predicti homines reddent mihi et heredibus meis pro centum braceis unum sextarium frumenti annuatim, et possidebunt dictum maresium, in perpetuum, jure hereditario, liberum et immune ab omni talleya et cosduma et ab omni exactione cum supradicto censu bladi reddente. In hoc supradicto maresio sunt decies centum et quadraginta braccie; et sciendum quod, [cum] terra hujus maresii exculta fuerit, si ultra decies centum et quadraginta bracias aliquid superfuerit, illud eodem pacto computabitur.

Hoc factum fuit apud Challeyum ad ecclesiam Beate Marie Magdalene, anno ab incarnatione Domini 1211, regnantibus Philippo (5) rege Francie (sic) et Johanne rege Anglie, Mauricio tunc temporis Pictavensi episcopo et P. (6) abbate Morolie. Hujus rei testes sunt Giraudus Barbe (7); Johannes Alamans; B. Noirichon; W. Caorcin (8); Hugo Gogaut; J. Gogaut; Radulfus Arbiter; J. Avermel; Domain de Naines (9); Hilarius Boer; qui omnes hoc audierunt et

---

(1) Le Poiré-de-Velluire n'est guère admissible. Le perré ou gué d'Aisne « peiratum de Aines » est plus vraisemblable. V. ci-dessus p. 186 n. 2.

(2) Pouillé, au nord de Mouzeuil, convient parfaitement comme direction, mais est peut-être trop éloigné. Faudrait-il lire Vouillé ?

(3) Guillaume Chasteigner, premier du nom, fils de Thibaut Ier, seigneur de la Chasteigneraye. Cf. H. et P. Beauchet-Filleau, *Dictionnaire des familles du Poitou*, t. II, p. 289, col. 2.

(4) L'abbaye de la Grâce-Dieu avait des marais dans la seigneurie de Marans auprès du Sableau depuis 1192. V. ci-dessus p. 30.

(5) Philippe-Auguste. 1180-1223.

(6) Pierre, abbé de Moreilles. V. pièce just. IV.

(7) Témoin en 1196 dans une charte de Pierre de Velluire. Cf. H. et P. Beauchet-Filleau : *op. cit.*, t. I, p. 266, col. 2.

(8) Peut-être le même que Guillaume de Chaors, receveur du comte de Poitiers en 1243 Cf. *Arch. hist. du Poitou*, t. IV, p. 26.

(9) Aine près Chaillé.

presentes affuerunt et plures alii. Ut autem hoc donum meum inconcussum teneatur et majorem optineat firmitatem, utramque cartulam sigilli mei munimine feci roborari ; et etiam Willelmus Gardicus(1), capellanus meus, de mandato meo fecit hanc cartam scribere apud Moroliam.

VI
Avant 1217.

Sentence arbitrale des définiteurs de l'ordre de Cîteaux terminant les contestations qui s'étaient élevées entre les abbés de la Grâce-Dieu, de la Grâce-Notre-Dame de Charron et de Saint-Léonard-des-Chaumes, au sujet du marais des Alouettes.

A. Original perdu.
B. Vidimus et confirmation du chapitre général de Cîteaux donné à Cîteaux en 1217 (2). Original parchemin jadis scellé sur cordelettes de soie verte et blanche. Bibliothèque nationale, ms. lat. 9231, fol. 1.
C. Copie défectueuse du xviiie siècle, d'après B. Archives de la Charente-Inférieure.

a) M. de Richemond, *Chartes de l'abbaye de Charron (Arch. hist. de Saintonge et d'Aunis*, t. XI, p. 24), d'après *C*.

Nos, abbates de Castellariis (3), de Pinu (4), de Fraineda (5),

---

(1) Sur « Gardicus » H. et P. Beauchet-Filleau, *op. cit.*, t. I, p. 570, col. 1.
(2) Le protocole du vidimus est le suivant : « Ego frater C. Cisterciensis, J. de Firmitate, G. de Pontiniaco, Willelmus de Claravalle, P. de Morimundo dicti abbates, totumque generale capitulum, notum fieri volumus universis presentes litteras inspecturis quod, coram nobis omnibus apud Cistercium residentibus in capitulo, presentate ac lecte fuerunt littere, tribus sigillis signate, quarum talis erat tenor... Nos autem compositionem istam ratam et firmam habemus et auctoritate capituli confirmamus. Actum anno Dominice incarnationis millesimo ducentesimo septimo decimo in capitulo generali. » Au dos, écriture du xiiie siècle: « Allaude VI. *Alloete*. Confirmatio capituli generalis ».
(3) Notre-Dame-des-Châtelliers, Deux-Sèvres, commune de Fontperron.
(4) Notre-Dame-du-Pin, Vienne, canton de Vouillé, commune de Béruges.
(5) La Frenade, Charente, commune de Merpins.

notum facimus omnibus presens scriptum legentibus vel audientibus quod querelam, que vertebatur inter abbatem de Gratia Dei et abbatem de Gratia Sancte Marie et abbatem de Sancto Leonardo et socios ejus pro clausuris et excursibus aquarum maresiorum qui dicuntur Aloete (1), auctoritate generalis capituli hoc modo definivimus, videlicet ut in clausura, hoc est in exteriori esterio et in interiori, quod dicitur contrabotum, ab insula que dicitur Aisnes per insulam d'Ainetes (2) usque ad excursum aque que dicitur La Folie (3), et inde usque ad ulmum que est ad vetus molendinarium, abbas de Gratia Dei et abbas de Gratia Sancte Marie et abbas de Sancto Leonardo, ipse cum sociis suis, per tercium mittant. In ligneo vero conductu aquarum et in inferiori excursu, qui recipit aquas per ligneum conductum descendentes, et in duobus principalibus excursibus videlicet in exclusello Codoifer (4) et in exclusello Garinet usque quo maresium, quod inter ipsos commune est, extenditur, similiter per tercium mittent in factis et faciendis. Si autem fratres de Gratia Dei maresia sua, que infra supradictas metas habent de dominio de Challié per predictos excursus excurrere voluerint, secundum quantitatem maresiorum plus mittent in excursibus illis et in conductu ligneo, in factis et in faciendis.

Divisio vero maresiorum, quocumque modo dominia Marcanti et de Challié inter se dividantur, communi assensu nostro et illorum abbatum qui partes habebant, a capite boti de Chalié dictante linea per capud exclusselli Garinet usque in Magnum Botum decreta est.

De pasturis vero statuimus pro bono pacis ut sint communes in omnibus maresiis que sunt abbatis de Gratia Dei et de Gratia Sancte Marie et de Sancto Leonardo et de Trizaio (5) et de Bonavalle (6), exceptis pratis et pascuis boumita tamen quod nullum sibi invicem dampnum aut gravamen inferant. Si qua tamen in excursibus vel

---

(1) Les Alouettes, au nord de Marans.
(2) Sans doute le Vigneau, au sud d'Aisnes.
(3) Il y a deux cabanes de ce nom, l'une au nord de Marans (Cassini), l'autre près de l'anse du Braud (*Carte de l'État-Major*). Cette dernière n'est pas connue sous ce nom par les gens du pays.
(4) En 1273, il est question de l'écluse « fahu Renaut Cadoiffe » dans une transaction entre un particulier et l'abbaye de Charron. Bibliothèque de la Rochelle, ms. 325, fol. 158. — Les Ecluseaux, au N.-E. de Marans.
(5) Il y avait encore au xviiie siècle un pré appelé Pré de Trizay, dans une boucle de la Sèvre, entre la Briande et le Braud. Arch. nationales, cartes et plans. Charente-Inférieure, N³ 14.
(6) Bonnevaux (Notre-Dame-de). Vienne, commune de Marçay, canton de Vivonne.

conductu aquarum, sive in contraboto vel exteriori clausura facienda emendanda fuerint, vel reparanda, auctoritate capituli precipumus ut, ad submonitionem illius qui petierit, infra .xxxta. dies, ceteri partes suas expensarum reddant.

Et ut hoc firmum et inconcussum teneatur, tres cartulas per alphabetum divisas sigillorum nostrorum impressione munivimus, quarum unam abbatie de Gratia Dei, aliam abbatie de Gratia Sancte Marie, terciam abbatie de Sancto Leonardo habendas tradidimus.

De duobus pontibus, qui super predictos exclusellos faciendi sunt, statutum est ut fratres de Gratia Dei semel faciant; deinceps communiter fiant.

VII

1247, Chaillé.

Pierre de Velluire, seigneur de Chaillé, concède aux abbayes de Saint-Michel-en-l'Herm, de l'Absie, de Saint-Maixent, de Maillezais et de Nieul, le droit d'ouvrir un canal dans les marais du Langon, de Vouillé, de Mouzeuil et de l'Angléc.

A. — Original perdu.

B. — Copie du xviie siècle. Bibliothèque nationale, collection Dupuy, vol. 804, fol. 72. « Ex originali Absiensi ».

C. — A. Duchesne : *Généalogie de la maison des Chasteigners*, preuves, fol. 23 ; d'après *A*.

D. — *Gallia Christiana*, t. II, col. 1382.

a) Ch. Arnauld : *Histoire de l'abbaye de Nieuil-sur-l'Autize* (*Mém. Soc. de statistique des Deux-Sèvres*, 2e série, t. II, p. 268), d'après *D*.

b) B. Ledain : *Cartulaires et chartes de l'abbaye de l'Absie* (*Arch. hist. du Poitou*, t. XXV, p. 145), d'après *D*.

INDIQ. : P. Arcère : *Histoire de la Rochelle*, t. I, p. 18 ; d'après *C*. — Cavoleau : *Statistique de la Vendée*, p. 65 ;

d'après Arcère. — Cte de Dienne : *Histoire du dessèchement en France*, p. 76; d'après Cavoleau. — L. Brochet : *Histoire de Saint-Michel-en-l'Herm*, p. 24; d'après *a*. — B. Fillon : *Histoire de Fontenay-le-Comte*, t. I, p. 39; d'après « une charte originale faisant partie de la collection de M. Briquet de Niort (1) ».

In nomine sancte et individue Trinitatis. Ego Petrus de Volurio (*a*), dominus (*b*) de Challé, universis Christi fidelibus presentem paginam inspecturis in perpetuum. Universitati vestre (*c*) notum fieri volo quod ego, ob salutem anime mee et in remedium animarum patris et matris mee parentumque meorum, dedi et (*d*) concessi, pro me et eredibus (*e*) meis, in puram et (*f*) perpetuam elemosinam (*g*), Sancti Michaelis in Heremo (*h*), de Absia, de Sancto Maxentio, Malleacensi et Niolensi (*i*) abbatibus et conventibus, liberam potestatem et licentiam faciendi (*j*) et habendi in dominio meo et (*k*) feodo de Challec (*l*) quemdam excursum, liberum et immunem ab omni costuma et exactione, ad excurrendas aquas de omnibus maresiis de Langun (*m*) et de Voillec (*n*) et de medietate maresiorum de Mosolio (*o*) et de maresiis (*p*) Anglee (*q*) que sunt de feodo Hugonis de Ozaio (1), militis, et de maresiis que sunt in feodo Willelmi Chastener, militis, sive aux Guerruens (*r*), tam de illis que sunt maresia de Voillec et maresia de Langun (*s*), quam de illis maresiis que sunt inter maresia de Voillec, ex una parte, et maresia de Maaranto (*t*) et de Challec ex (*u*) altera.

Hunc autem excursum similiter dedi et concessi participantibus et participaturis, cum prenominatis concessis, abbatibus (*v*) in (*v*) maresiis supradictis (*x*) ad excurrendas aquas super nominatas (*y*),

---

a) Volviro *D*. — *b*) Dominus *C, D*. — *c*) Christi *jusqu'à* vestræ *est omis par D*. — *d*) Parentum *jusqu'à* et *est omis par D*. — *e*) Heredibus *C, D*. — *f*) Puram et *est omis par D*. — *g*) Eleemosynam *C, D*. — *h*) Eremo *D*. — *i*) Mauleonensi *D*. — *j*) Et licentiam faciendi *est omis par D*. — *k*). In *B, C*. — *l*) Challet *B*, Challò *D*.—*m*) Langui *D*.— *n*) Vollec *B*. — *o*) Niosolio *C*, Mausolio *D*. — *p*) De maresiis *est omis par D*. — *q*) De Angleria *C*. — *r*) Gueruens *C*, Guerruenz *D*. — *s*) Laugun *D*. — *t*) Maarante *D*. — *u*) Challet *B*. Challet ex *est omis par D*. — *v*) Omis par *B* et *D*. — *x*) Omis par *D*. — *y*) Saepe nominatas *C*. — *z*) Aque *jusqu'à* meis *est remplacé par* maresia domnorum *B*.

(1) La collection Briquet léguée à la Société de statistique est actuellement au musée de Niort. La charte de Pierre de Velluire ne s'y trouve plus.

et ad res suas ad opus predictorum maresiorum per jam dictum excursum liberaliter. Aque autem de hominibus meis (z) de Challec (1) excurrent et tenentur excurrere cum prenominatis abbatibus per predictum excursum et mittent ad. . . . . . . in canali excursus et boto de Anglea et porterello, et aliis necessariis faciendis et reficiendis. . . . . portionem secundum quantitatem suorum maresiorum (a).

Porro ego firmiter et bona fide concessi et promisi (b) facere manuteneri (c) et observari, et horum omnium constituo (d) me tutorem et defensorem, et heredes (e) et successores meos in perpetuum (f), et rogo venerabilem Willelmum (2), Pictavensem (g) episcopum, et successores ejus, ut hec tam pie facta et concessa faciant per censuram ecclesiasticam observari. Hoc autem concesserunt Harveus (h), miles, et Petrus de Volurio (i), tunc temporis valetus, filii mei.

Actum publice apud Challec (k), in domo mea, anno gratie millesimo ducentesimo septimo decimo, Honorio (3) summo pontifice, Philippo (4) rege Francorum, Willelmo Pictavensi (l) episcopo existentibus. Testes interfuerunt Stephanus Malleacensis, Petrus Niolensis, Gaufridus (5) de Absia, abbates (m), Gerardus de Voillec, Aymericus de Podio-Engelermi (6) et Radulfus de Podio, Alto (7), priores, Gaufridus Maindrons (n) (8), Oliverius de Boissa (9). . . . . de Nissun (o) (10), milites, Willelmus de Caaleria (p) (11), Willelmus

---

a) Et ad res *jusqu'à* maresiorum *est omis par* D. — b) Et promisi *est omis par* B *et* D. — c) Teneri C. — d) Constitui D. — e) Heredem D. — f) In perpetuum *est omis par* B *et* D.— g) Pictaviensem D. — h) Haroeus C. — i) Volviro D. — k) Challet B.— l) Pictaviensi D.— m) Abbates *est omis par* B *et* D. — n) Omis *par* D. — o) Nissum D. — p) Cailleria C, Jodoini C.

(1) V. pièce just. V.
(2) Guillaume Prévost, évêque de Poitiers, appelé à tort Pierre par H. Filleau (*Dictionnaire*, t. II, p. 555, col. 2) siégeait encore en 1225.
(3) Honorius III, 1216-1227.
(4) Philippe-Auguste, 1180-1223.
(5) Geoffroi, 1211-1232. Cf. *Arch. hist. du Poitou*, t. XXV, p. xiv.
(6) Puy-Gelame, Vendée, arrondissement de Fontenay, commune de Sérigné.
(7) Prieuré de Saint-Sulpice de Péault, relevant de l'abbaye de Nieul-sur-l'Autize. Cf. Aillery : *Pouillé*, p. 58.
(8) Témoin en 1210. V. pièce just. IV.
(9) Boisse, sur la Vendée, un peu en aval de Fontenay-le-Comte.
10) Nizeau près Velluire.—Raoul ou Pierre? Cf. *Arch. hist. Poitou*, t. XXV, p. 121.
(11) La Caillère, près du Gué-de-Velluire ou près Sainte-Hermine.

Josdoine, Willelmus Odolineaus (a), et plures a lii. Ut autem hec omnia firma et inconcussa (b) perpetuo pereneant (c), chartam meam dedi unicuique monasteriorum, sigilli mei munimine roboratam.

VIII

1217, Marans.

Porteclie, seigneur de Mauzé et de Marans, concède aux abbayes de Saint-Michel-en-l'Herm, de l'Absie, de Saint-Maixent, de Maillezais et de Nieul, le droit d'ouvrir un canal dans les marais du Langon, de Vouillé, de Mouzeuil et de l'Anglée.

Original parchemin jadis scellé sur double queue (1). Archives des Deux-Sèvres. Série H. Nouvelles acquisitions. (Provient de la collection B. Fillon).

a) Lacurie : *Histoire de Maillezais*, p. 589.

b) Ch. Arnauld : *Histoire de Nieul-sur-l'Autize* (*Mém. Soc. de statist. des Deux-Sèvres*, 2e série, t. II, p. 272).

c) B. Ledain : *Cartulaires et chartes de l'abbaye de l'Absie* (*Arch. hist. du Poitou*, t. XXV, p. 143).

Indiq. : L. Faye : *Mauzé en Aunis* (*Mém. Soc. des Antiq. de l'Ouest*, 1re série, t. XXII, p. 95).

In nomine sancte et individue Trinitatis. Ego Porteclie (2), dominus Mauseaci et Mareanti, universis Christi fidelibus presentem paginam inspecturis in perpetuum. Universitati vestre notum fieri volo quod ego, ob salutem anime mee et in remedium animarum patris et matris mee, uxoris quoque mee et filiorum meorum et totius generis mei antecedentis, presentis et subsequentis, dedi et concessi, pro me et fratre et heredibus meis, in puram et perpetuam

a) Willelmus de *jusqu'à* Odolineaus *est omis par* D *;* Odolineaux C.— b) *Omis par* D. — c) Maneant D.

(1) Au dos on lit, écriture du xiiie siècle : « De Marabant ». Ecriture du xviie : « 1217, marais de Langon. Porteclie domnus Mauseaci et Mareanti et Willelmus de Mause, frater ejus. »

(2) Porteclie, seigneur de Mauzé et Marans, 1170-1219 (?). Cf. Faye : *op. cit.,* p. 93.

helemosinam, Sancti Michaelis in Heremo, de Absia, de Sancto Maxentio, Malleacensi, Niolensi abbatibus et conventibus, liberam potestatem et licentiam faciendi et habendi in dominio meo et feodo de Marahanto quendam excursum ad excurrendas aquas de omnibus maresiis de Langon et de Voillec, et de medictate maresiorum de Mosuil et de maresiis de Anglea, que sunt de feodo Hugonis de Ozaio (1), militis, et de maresiis que sunt in feodo Willelmi Chastener sive Auguerruens, tam de illis que sunt inter maresia de Voillec et maresia de Langon, quam de illis maresiis que sunt inter maresia de Voillec, ex una parte, et maresia de Marahanto et de Challe ex altera.

Similiter etiam eisdem dedi et concessi liberaliter in helemosinam licentiam faciendi ad Becheron vel ad domum Raveau (2), si sibi viderint expedire, duas cheietas (3) et duos porterellos ad excurrendas aquas ex predictis maresiis profluentes.

Similiter dedi et concessi predictis abbatiis liberalitatem portandi et reportandi per predictum canalem, absque omni costuma et exactione, proprias res suas ad predicta maresia pertinentes. Hunc autem excursum similiter concessi omnibus participantibus vel participaturis cum predictis abbatibus in prenominatis maresiis quantum ad aquas excurrendas. Nulle vero res, nisi res predictorum abbatum, per istum excursum, absque mea licentia transitum habebunt. Nulle autem aque, nisi prenominate, excurrent per istum canalem, absque mea licentia et assensu abbatum.

Condictum vero fuit et concessum, inter me et prenominatos abbates et suos participes, quod ipsi faciant unum pontem super predictum canalem in via que tendit versus Luçon, sive in via portus, et eundem firmum et stabilem teneant. Si vero contigerit quod dominus Marahanti aliqua de causa dictum pontem dirui fecerit, ipsum de suo restituet et talem faciet qualis erat ante.

Adhuc locutum et constitutum fuit inter nos quod, si serviens abbatum hominem malefacientem vel animal in botis vel in canali invenerit, ipsum capiet vel ejus gagium, et tamen illud gagium non extrahetur, nec malefactor placitabitur, extra dominium Marahanti, et hoc quod jus inde dictaverit erit abbatum. Si vero serviens

---

(1) Auzais, sur la Vendée, entre Velluire et Fontenay. V. pièce just. VII.
(2) Ces deux lieux-dits ont disparus entièrement.
(3) Petites chutes. Cf. Godefroy, *Dictionnaire*, t. II, p. 105, col. 2, v° *Cheoite*.

domni Marahanti malefactorem aliquem ibi invenerit, gagium erit suum, dampno tamen prius abbatibus restituto.

Porro ego firmiter et bona fide concessi quod hec omnia facerem pacifice teneri et observari. Similiter volo et constituo quod hec omnia heredes et posteri mei inviolabiliter teneant et observent, et horum omnium constituo me tutorem et defensorem, et fratrem meum, et heredes et successores meos. Ad hec volo et rogo devote venerabiles Pictavensem, Willelmum, et Xantonensem, Henricum (1), episcopos, et successores eorum, ut hec tam pie facta et concessa faciant per censuram ecclesiasticam firmiter observari. Predicti vero abbates et conventus me specialiter susceperunt, et patrem et matrem meam, et uxorem, et filios meos, et fratrem, et omne genus meum in omni beneficio monasteriorum suorum, videlicet missis, psalmis, vigiliis, orationibus, helemosinis et aliis pauperum sustentationibus, concedentes etiam quod nomen meum, die obitus mei, in kalendario defunctorum conscribetur inter familiares, et fiet cum ipsis anniversarium meum et mei generis annuatim in unoquoque monasterio supradicto.

Actum publice apud Marahantum, in ecclesia Sancti Stephani, anno gratie millesimo ducentesimo septimo decimo, Honorio, summo pontifice, Philippo, rege Francie, Willelmo Pictavensi et Henrico Xantonensi episcopis existentibus. Testes interfuerunt : Stephanus Malleacensis, Gaufridus de Absia, Andreas de Loco Dei de Gardo (2) abbates, Willelmus de Anglis (3), Willelmus Fortis de Xantonio (4), Gaufridus Venders de Verinis (5), priores, Americus Sanson, Johannes Ostelain, Willelmus Jarrie (6) sacerdotes de Marahanto, Willelmus Rufus, Gaufridus de Chatelars et P. Chat, milites, Johannes de Monteliset (7) et Girbertus Venders (8), prepositi de Marahanto, Nicholaus de Lachenau, Gaufridus Juqueaus, Aprilis Li Broters, burgenses de Marahanto. Ut autem hec omnia firma et inconcussa ac rata perpetuo permaneant, cartam meam dedi unicuique ex monas-

(1) Henri, évêque de Saintes. 1189-1217.
(2) André, abbé de Lieu-Dieu en Jard en 1208. Cf. Aillery, p. xxxiii.
(3) V. pièce just. IV.
(4) Xanton, sur l'Autize, en amont de Nieul. — Relevait de Maillezais. Cf. Aillery, p. 162.
(5) Verrines. Deux-Sèvres, canton de Celles. — Relevait de Saint-Maixent.
(6) Témoin en 1200. Cf. Arch. hist. Saintonge et Aunis, t. XXVII, p. 146.
(7) Puylizet ou Pied-Lizet, Charente-Inférieure, commune de Longèves.
(8) Témoin en 1200. Cf. Arch. hist. Saintonge et Aunis, loc. cit.

teriis supranominatis, cum assensu et voluntate Willelmi de Mausé (1), militis, fratris mei, sigilli mei munimine roboratam.

IX

1267, 29 mai.

Sentence rendue par Thibaut de Neuvy, sénéchal de Poitou, contre Maurice de Velluire, accusé par les religieux de Moreilles d'avoir brisé une digue leur appartenant.

A. — Original perdu.
B. — Copie du xviie siècle. Bibliothèque nationale, collection Dupuy, vol. 804, fol. 147.

Omnibus presentes litteras inspecturis, Theobaldus de Noviaco, senescallus Pictavensis, salutem et pacem. Noveritis quod cum inter abbatem et conventum Morolie, Sisterciensis ordinis, nomine monasterii sui, ex una parte, et Mauricium de Voluyre (2), militem, ex altera, super hoc quod idem Mauricius fregerat seu frangi fecerat botum canalis dictorum abbatis et conventus de Boto Novo, quod botum est juxta clausum qui fuit Bernardi Paschault (3), pro esse gaudia aquis de ipso clauso in canali predicto, coram nobis contentio verteretur, predictis abbate et conventu illam fractionem seu ruptionem asserentibus esse factam in eorum injuriam, prejudicium non modicum et gravamen, tandem dictis partibus in jure coram nobis constitutis, nec visis, et auditis confessionibus et allegationibus utriusque partis, et instrumentis inspectis etiam diligenter dispositionibus testium predictorum in inquisitione generali et mandato nostro facta super jure et proprietate dicti boti, de consensu et voluntate dictorum partium, et, habito virorum bonorum consilio, diffinitime sententiando adjudicavimus dictum botum ad jus et proprietatem (4) abbatie Morolie pertinere, et quod volo modo idem

(1) Guillaume III, seigneur de Mauzè. Cf. Faye, *loc. cit.*
(2) Maurice de Velluire, fils de Pierre de Velluire, petit-fils de Pierre de Velluire, seigneur de Chaillé. Cf. H. Filleau, *Dictionnaire*, t. II, p. 820.
(3) Marais Pacaut, au nord de Chaillé. Cf. *Carte de Maire*, 3 A.
(4) En 1224, Hervé et Pierre de Velluire avaient renoncé, en faveur des religieux de Moreilles, à tout droit de propriété sur la grange de Bot-Neuf. Bibl. nat., ms. lat. 12758, fol. 576. Cf. J. Besly, *Evesques de Poitiers*, p. 129.

Mauricium dictum botum frangere seu frangi facere seu propriorari non potebat *(sic)* nec debebat. Datum dominica ante Penthecostem, anno Domini m° cc° sexagesimo septimo.

X

1274, 19 mai.

Pierre de Velluire, seigneur de Chaillé, emprunte à Aimeri, abbé de Moreilles, son canal de Bot-Neuf pendant cinq ans pour dessécher un pré près de Chaillé.

A. — Original perdu.
B. — Copie du xviie siècle par Jean Besly. Bibliothèque nationale, collection Dupuy, vol. 804, fol. 167.

Universis presentes litteras inspecturis, Petrus de Voluire (1), miles, filius et heres Hervei de Voluire, militis, quondam domini de Challé, salutem in Domino. Noveritis quod religiosus vir frater Aymericus, dictus abbas Morolie, Cisterciensis ordinis, sui gratia et ex mera libertate sua michi accomodavit usque ad quinquennium canalem suam de Boto Novo ad essagandum seu excurandam aquam cujusdam prati mei siti inter domum de Niolio (*a*), que est in maresiis in parrochia de Chaillé, ex una parte, et puteum ipsius abbatis et aliorum monachorum Morolie, quem puteum ipsi monachi de novo fecerunt in costallo ipsorum monachorum, qui costallus est inter canallem de Boto Novo et vineas que sunt super dictum costallum in feodo Meosite prope fontem Nade (2).

Et est sciendum quod aquas prati supradicti non potero excurrere sive exaiguiare in canali predicta, nisi ad dictos quinque annos

a) *Le texte porte* : domum de Miolio.

(1) Pierre de Velluire, petit-fils de Pierre 1ᵉʳ, et cousin de Maurice.
(2) Le texte est ici très mauvais et semé de fautes de lecture. On ne peut espérer préciser les délimitations. Si pourtant l'on acceptait l'identification de « Fons Nade », Bois de Fontaine (V. ci-dessus, p. 188, n. 5), il faudrait voir dans le canal en question, non pas le grand canal de Bot-Neuf, mais un canal secondaire, celui de Bot-Neau, partant de Chaillé et aboutissant derrière le Vigneau, non loin du Coteau. Ce n'est pas très admissible.

tantummodo, et a data presentis littere continue computandos. Quibus quinque annis elapsis, non potero dictum pratum, vel aliud, exaiguiare in canali predicta, nisi de ipsius abbatis processere voluntate. Volui etiam et concessi quod, propter hujusmodi essaigamentum nullum jus proprietatis vel possessionis cujuslibet quoquo modo mihi vel successoribus meis in posterum aqueratur. Et si idem abbas vel abbatia, propter essaigamentum hujus modi, dampnum aliquid sustinebant, culpa mea vel gratia mea interveniente, illud tenere plenarie emendare.

Volui etiam et concessi, ego, predictus Petrus, et adhuc volo et concedo, quid monachi Morolie et abbatia supradicta sint et remaneant in paciffica possessione universarum et singularum rerum suarum, ubicumque concistant in feodis vel retrofeodis meis, sicuti erant tempore predicti accomodati, salva tamen mihi et successoribus meis, contra dictos monachos, questione proprietatis super predictis, si, elapso predicto quinquennio, eam voluero intamptare, et, salvis costumis meis in illis terris de quibus eas debuero percipere et habere, et salvo eo quod, de duobus talentis que petebam a dicta abbatia per Aim[er]icum de Viridario (1), militem, et capellanum de Sancta Gemma (2) cui mihi debeant inquiretur quorum de alto et basso de dictis talentis stabitur, quod dictum promisimus ego et dictus abbas inviolabiliter observare et in contrarium non venire.

Promisi etiam et concessi et adhuc promito et conceddo quod si homines mei de Chaillé predictum abbatem et conventum suum vel ipsum abbatem tantum traxerint in causam petendo viam per aquas eorumdem a Challeio apud Lucionem vel alibi, meum eis consilium vel auxilium seu consensum in aliquo non prestabo; et, ad majorem hujus rei certitudinem, has presentes litteras sigillo meo sigillatas dedi predictis monachis in testimonium veritatis. Datum in vigilia Penthecostes anno Domini m° cc° septuagesimo quarto.

XI

1442, 30 juin, Poitiers.

Jugement de la cour de la sénéchaussée de Poitiers

(1) Aimeri du Vergier, un des premiers membres connus de la famille des Vergier de La Rochejacquelein. Cf. H. Filleau, *Dictionnaire*, t. II, p. 783.
(2) Sainte-Gemme-la-Plaine, au nord-est de Luçon.

renvoyant sans dépens les prieur et frères de la commanderie de Puyravault, auxquels le chapitre de Poitiers reprochait de percevoir injustement des droits sur sa terre de Champagné et de laisser, contre leurs conventions, les achenaux tomber en ruine.

A. — Original parchemin en partie effacé, jadis scellé sur simple queue. Archives de la Vienne, série H³, liasse 859.
B. — Copie du xviii° siècle. *Ib.*

Sachent tous que comme honnourables hommes les doyen et chappitre de l'eglise cathedraie de Poictiers, eulx disans de fondacion royale, se soient transporté par devers le roy notre sire et sa chancellerie et aient donné entendre qu'entre les autres seigneuries, terres et possessions qui, a cause des doctacions, fondacions et augmentacions d'icelle église, leur compectent et appartiennent, sont seigneurs de plusieurs seigneuries, terres, prez, cens, rentes et revenus assis en pais de Poictou, en plusieurs lieux et juridicions, pres la mer et les marais estans pres ladicte mer, lesquelles choses ilz tiennent nuement du roy et sans moyen, et esquelles choses ilz ont seigneurie, justice et juridicion, homes et subgiez, et autres droiz et devoirs sans ce qu'il soit licite a aucun de imposer ne mectre charge sur lesdites terres, les arousturer, empescher, ne icelles exploicter sans leur consentement, ne leur y mectre aucun empeschement, et sans ce qu'ilz soient aucunement subgiez d'aucuns seigneurs justiciers du païs, ains qu'ils tiennent icelles choses nuement du roy ; et que, ce nonobstant, aucuns seigneurs justiciers, leurs chastelains et officiers ont prins et faict prandre de leur auctorité et contre raison certaine partie des fruiz creuz en leurs dictes terres ou en aucune partie d'icelles, et ont contraint leurs hommes a leur paier proufit pour mectre pasturager leurs bestes esdictes terres; et que aucuns desdits seigneurs, qui ont terres et seigneuries pres de leurs dictes terres, doyvent tenir en estat et reparacions certains eschenaulx et foussez pour escouller les eaux qui y viennent par la inondacion de la mer et desdits maroys, et en ce ont esté troublez et empeschez par aucuns desdits seigneurs; et lesquelx seigneurs ont aproprié et voulu aproprier certains botz et voyes a eulx appartenans, et par lesquelles leurs hommes et subgiez, bestes et charretes ont acoustumé d'aller et venir en leurs dictes terres, prez et autres choses, et d'iceulx leurs diz hommes exigé argent pour passer par lesdits botz, mis et fait pasturager leurs bestes en leurs dites terres et prez, et faict plusieurs autres exploiz, et leur fait et fait faire de grans exces et dommaiges, et telement que, a l'occasion des dites choses, leursdites seigneuries, terres, rentes et revenus, qui souloient estre de grant valeur, sont tournees a ruyne et comme a non valeur.

Et sur ce, ont obtenu du roy nostredit sire et sa chancellerie lettres par lesquelles est mandé au premier sergent d'iceluy sire, de faire inhibicion et defense ausditz seigneurs et a leurs officiers, et dont sera requis par lesdits honnourables a certaines et grosses paines, que ilz ne donnent, mectent, ne facent mectre ne donner aucun empeschement ausdits honnourables, leurs hommes et subgiez en leurs dictes terres, prez, botz ou voyes, ne icelles exploictent aucunement, et en leur faisant commandement de rendre les fruiz proufiz, revenuz et esmolumens qu'ils ont prins ou que iceulx honnourables eussent peu prendre et parcevoir, si ne fust leur torçonnier empeschement, et de delivrer et faire delivrer, curer, reparer et mectre en estat lesdits bouchaux et foussez, et, en cas d'opposicion, d'ajourner les opposans, reffusans et delayans, a certain et compectant jour, par devant nous, a la court de ceans pour dire les causes de leur opposition, refuz ou delay, et oïr telles demandes, requestes et conclusions que iceux honnourables vouldroient faire contre lesditz opposans et chascun d'eulx.

Lesquelles lettres, donnees a Paris le .xj. jour de fevrier l'an mil .cccc. quarante, ont esté par lesdits honnourables, ou procureur pour eux, presentees a Estienne Rataut, sergent d'iceluy sire, lequel sergent, par vertu d'icelles lettres, le vingt et cinquieme jour de janvier l'an mil.iiij^c. quarante et ung s'est transporté au lieu et commanderie de Puyraveau, membre deppendant de la commanderie de Champgillon (1), auquel lieu il trouva et apprehenda frere Jehan le Sauver, auquel il fit exhibicion et lecture desdites lettres royaulx, et luy fit commandement de par le roy nostre dit sire, a certaines et grosses paines a lui a appliquer, qu'il souffrist et laissast joïr et user plainement et paisiblement iceulx honnourables, leurs gens, officiers, sergens ou hommes, de tous et chacuns les fruiz croissans chacun an en une piece de terre estans es maroys de Champaigné, pres dudit lieu de Puyraveau, et mesmement de la

(1) Chamgillon. Vendée, c^{ne} Saint-Juire-Changillon.

cinquiesme et sixiesme partie des fruiz croissans en ladicte terre, et qui leur en rendist et restituast ce qu'il en avoit levé et perceu puis quinze ans au temps dudit commendement, en telle valeur et extimacion que raison dourroit, et qu'il effassast et mit du tout au neant les exploiz qu'il avoit faiz esdites terres, et qu'il curast, nectoyast et feist curer et nectoyer les achenaulx qui sont aupres de ladicte terre, et qu'il deschaussast, delivrast ou fist delivrer et nectoyer un coix ou essays (—) (*sic*) qui est au long de ladicte piece de terre, par lequel (—) (*sic*) les eaux se doyvent devaler et escourir en telle maniere que inconvenient, prejudice ou dommaige n'en puisse avenir a iceulx honnourables, et que iceluy commandeur rendist et restituast ausdits honnourables la cinquiesme et sixiesme partie des fruiz par luy prins ou fait prindre en ladicte piece de terre, et plusieurs autres commandements a l'encontre desquelx iceluy commandeur soy oppose.

Par le moyen de laquelle opposition iceluy Rataut bailla adjournement audit commandeur au vingtiesme jour de fevrier ensuyvant par devant nous a ladicte court, pour dire les causes de son opposition et oïr les demandes, requestes et conclusions que iceulx doyen et chapitre vouldroient faire contre iceluy commandeur; auquel jour les dits honnourables doyen et chappitre et les religieux prieur et freres de Saint Jehan de Jerusalem, de leur commanderie de Champgillon, et de Puyraveau, membre deppendant d'icele, ont comparu par leurs procureurs, et, empres comparution deument faicte, iceulx doyen et chappitre ont faict dire et proposer leurs demandes : c'est assavoir que, comme il est contenu es lectres royaux dont dessus est faicte mention, sont seigneurs de plusieurs seigneuries, terres, prez, cens, rentes et revenus pres la mer et les marois et entre autres d'une piece de terre assise es marois de Champaigné qui, contenant vingt septerees (1) de terre ou environ, mesure dudit lieu de Champeigné, et laquelle terre est de la doctacion, fondacion et augmentacion de ladicte eglise, et icelle dicte terre et autres choses, ils tiennent nuement du roy et sans moyen, et est en leur seigneurie justice et juridicion, et qu'ils ont acoustumé, eulx et leurs predecesseurs, tenir, posseder et exploicter, et non lesdits prieur et freres de Saint Jehan de Jherusalem, a cause de

---

(1) La septerée valant seize boisselées (v. ci-dessus p. 184 n. 7) et la boisselée dix-sept ares à Champagné (Cf. Astier, *Tableau des mesures légales*, p. 30) la pièce de terre contenait cinquante-quatre hectares 40 ares.

leur dicte commanderie de Puyraveau, ne autrement avoir droit d'en faire aucuns exploiz, et mesmement de y prandre la cinquiesme et sixiesme partie des fruiz croissans en icelle terre, et faire pasturager leurs bestes, et que iceulx prieur et freres ont deu faire faire le coix estans pres de ladicte piece de terre ouvert et en estat souffisant pour escouler les eaues qui descendent de ladicte piece de terre ; et que, nonobstant leurs possessions et saisines, iceulx prieur et freres ou autres pour nom d'eulx, se sont transportés en ladicte terre et ont prins la cinquiesme et sixiesme partie des fruiz et icelle applicqué a eulx, et aussi ont empesché le coyx assis dedans ladicte piece de terre, et par lequel les eaues qui descendent de ladicte piece de terre ont acoustumé a passer, tellement que ladicte terre a esté comme inutile ; et sur ce ont prins leurs conclusions. C'est assavoir qu'il soit dit et declairé que iceulx prieur et freres n'ont droict d'avoir prins ladicte cinquiesme et sixiesme partie des fruiz de ladicte terre ne en icelle faire aucuns exploiz, et leur rendre et restituer les fruiz qu'ils en ont prins et parceuz, montans a la somme de vingt livres tournois, et de delivrer et mectre en estat ledit coyz, en telle maniere que les eaues qui descendent d'icelle dicte terre puissent passer ; et en leurs interestz et dommaiges qu'ilz ont euz a l'occasion de ce et jusques a la somme de deux cens livres et en leurs despens.

Empres laquelle demande ainsi proposee a esté appoinctié en la dicte court que iceulx honnourables feroient monstree desdits lieulx. En continuation duquel appoinctement ilz ont monstré a iceulx prieur et freres, quequesoit a leur procureur, ladicte piece de terre gaignable, avec le pasturage estant au long d'icelle, contenant le tout vingt septerees de terre ou environ appelee ladicte terre les Chappellenies, tenant d'une part a l'achenau appellé l'acheneau de la Fenouse et d'autre part a la terre appelee les Traichars (1), et d'autre part a l'achenau appelé l'achenau de l'Ospital, appartenant ausdits prieur et freres, ung bot entre deux au travers duquel a ung coyx.

Empres laquelle monstree ainsi faicte, a l'assignation ensuivant, iceulx doyen et chappitre ont proposé leur demande ainsi que dessus est dit, contre laquelle demande et conclusions iceulx prieur et freres ont proposé leur defense. C'est assavoir que iceulx prieur et freres, a cause de leur maison et commanderie de Puyraveau

---

(1) Appelée ailleurs les Trenchars. V. pièce just. XVI.

membre dependant de Champgillon, entre leurs autres droiz, nobleces et prerogatives, ont droit de justice et juridicion au dedans desdits lieulx monstrés et plusieurs autres terres et prez qui anciennement furent terres labourables, au moins y ont ils justice et juridicion basse et moyenne, avec tous les droiz, proufiz et revenus qui en dependent et peuvent dependre, et ont droit d'avoir et prandre par droit de terrage le quint et le sexte des blez et fruiz croissans ondit terrouer monstré et dessus declairé et es autres lieux pres d'iceluy, et de ce ont lesdits prieur et freres sans aucun contredit. Et a ce que iceulx doyen et chappitre dient que iceulx prieur et freres doyvent tenir en estat le coyx pour le conduit des eaues qui descendent des lieux monstrés, dient iceulx prieur et freres qu'ils sont d'accort et sont tenuz recevoir lesdictes eaues qui descendent dudit terrouer en leur coix pour entrer en leur eschenau et puis en la mer, parmy leur payant par lesdits doyen et chappitre chacun an la somme de dix solz tournois de devoir noble et aussi en ayant par iceulx doyen et chappitre lesdits lieux monstrés fermés de botz, affin que autre inondaçion d'eaues d'autres terrours n'y affluent et ne descendent ondit coyx; et que par le moyen desdits bot les eaues desdits preignent ailleurs leurs cours ainsi qu'ils ont accoustumé. Lesquels coyx iceulx prieur et freres ont toujours laissé courir en leur eschenau, et encores sont pres de ainsy le faire en leur payant leur dit devoir, et tenir lesditz botz en estat par lesditz doyen et chappitre. Et pour ce dient iceulx prieur et freres que, veu ce que dit est, iceulx honnourables n'ont cause, matiere ne action contre eulx, requerant que ainsi soit dit.

Empres lesquelles choses ainsi dictes et proposees, iceulx honnourables doyen et chappitre, eulx deuement informez desdits droiz et defenses desdits prieur et freres, et par le raport d'aucuns seigneurs dudit chappitre qui ont esté sur lesdits lieux, se sont desistez et deppartiz de leurs dites demandes. Et pour ce comparans aujourd'huy lesdictes parties en la court de ceans, assavoir est lesdits honnourables doyen et chappitre par Guillaume Veronneau et lesdits prieur et freres par Jehan Ponterier, leurs procureurs souffisamment fondez d'une part et d'autre, du consentement dudit procureur desdits honnourables, avons absolz et licenciez lesdits prieur et freres desdites demandes d'iceulx honnourables, quictes icelles parties de despens de leur consentement.

Donné et fait en la court ordinaire de la seneschaucié de Poictou tenue a Poictiers le derrenier jour de juing l'an mil. cccc. quarante et deux.

GYRARDIN pour registre accordé des parties.

XII

1517, 17 juillet, Benet.

Transaction passée entre Jean de Hautmont, baron de Conches et autres lieux, seigneur de Benet, et les habitants de Benet, au sujet des droits d'usage et de pacage dans les marais.

A. — Original perdu.
B. — Copie du xviᵉ siècle (1). Communiquée par M. Louis Brochet à Fontenay-le-Comte (Provient de la collection B Fillon.) Papier, 9 ff.

Sachent tous comme despieça hault et puissant messire Hardouyn, seigneur de Maillé, de la Roche Corbon (2) et de Benetz, chevallier, a cause de ladite seigneurie de Benetz estant seigneur des maroys de Servelant (3), de Grand Gemeau (4), des maroys appellez des Vaches (5), de la Grand Mothe (6), de la Vifz (7) pres Coullons, des marays des Mathes (8), de Mourron (9) et de Potiers (10), scituez et assis en la chastellenie dudict Benetz, pretendans avoir joy, prins et perceu les fruitz avecques le droict d'affermer lesdictz maroys, a mectre bestes a pasturager en iceulx, a cueillir boys en

---

(1) Au dos on lit, écriture du xviiᵉ siècle: « Transaction passée entre messire Hardouym, seigneur de Maillé, de la Roche Arboy et de Benetz et les habitans de Benetz, 17 juillet 1517. »
(2) Indre-et-Loire. Arr. de Tours, canton de Vouvray.
(3) Le Cerf-Volant, rive droite de la Sèvre entre Coulon et Magné. Cf. *Carte de Maire*, 12 B.
(4) Marais des Jumeaux, *ib*.
(5) Non loin de Damvix. Cf. *Carte de Maire*, 9 B.
(6) Actuellement le marais communal de Benet.
(7) Les Petis Avis et la Prée en aval de Coulon. Cf. *Carte de Maire*, 11 B.
(8) Marais des Nattes, entre Sainte-Christine et les Culasses. Cf. *Carte de l'État-Major*.
(9) Entre Sainte-Christine et Aziré, *ib*.
(10) Lieu-dit indéterminé. — Il y a encore à Magné quelques potiers qui se fournissent de terre dans le marais.

iceulx et autres choses y croissans et d'en bailler a censse, a perpetuité, a telles personnes que bon luy sembleroyt, les cens et debvoirs appliquer a ses proffitz, et de contredire les habitans dudict lieu et chastellanye de Benetz de non faulcher, prandre, cueillir ne emporter desditz maroys sans son congé et licence le boys ou herbes provenans d'iceulx; et parce que plusieurs empeschemens luy avoyent esté donnez en la perception et jouissance desdictz droictz par lesditz habitans, ce feust meu proces en matiere de complaincte par devant les gens tenant les requestes du palays a Paris, par vertu de *committimus* dudict messire Hardouyn, seigneur dudict lieu, entre luy demandeur, d'une part, contre lesdictz habitans, d'autre, sur lequel, des le troisiesme jour de mars, l'an mil quatre cens soixante et dix (1), se feust assis appoinctement et accord entre lesdictes parties, par lequel, entre autres choses, lesdictz habitans ou autres pour et en nom d'eux ayant charge speciale de ce faire, avoyent consenty ledict messire Hardouyn, seigneur dudict lieu, estre maintenu et gardé pour luy et les siens en la jouyssance et possession desdictz maroys dessus declarez, et droictz, par luy pretanduz, pour cause d'iceulx, et en outre qu'il eust, print et retint a luy, en tels endroictz desdictz maroys que bon luy sembleroyt, jusques au nombre de cent quartiers ou journaux, a la mesure dudict lieu de Bennetz, pour d'iceulx faire et disposer a son plaisir et volunté, sans ce que en iceulx il peust estre empesché par lesdits habitans a certaines conditions apposees par ledit accord, moyennant lequel ledict hault et puissant messire Hardouyn de Maillé eust permis ausditz habitans, leurs heritiers et successeurs, avoir leurs exploictz ausdictz maroys, tant pour pasturage de leurs bestes, que de chauffages et rouchages pour leur usage seullement, sans ce qu'ilz, ne aulcun d'eux, en puisse vendre ne distribuer aulcune portion a personne quelconque, ob ce qu'ilz seroyent tenuz entretenir a perpetuité de chauffage les fours banniers que ledit seigneur auroyt et a en ladicte chastellanye, comme ilz avoyent accoustumé, en donnant puissance et faculté a chacun desdictz habitans de prandre esdictz maroys toutes et chacunes les bestes estranges autres que celles des dictz habitans qu'ilz trouveroyent esdictz maroys, et de les emmener es prisons dudict lieu de Bennetz pour en estre ordonné par justice et officiers dudict lieu et non aultrement, et en avoir telles amandes et proffit que de raison et la coustume du pays

(1) V. ci-dessus, p. 152, n.

le requiert. Et quant ausdictes choses seullement, les avoyt commis et constitué ses sergens, ob ce que, lesdictes amandes desdictes bestes estranges, ceulx qui auroyent faict lesdictes prinses en auroyent le tiers par les mains du recepveur dudict lieu, ou autre commis ad ce par ledit feu hault et puissant ; dont ilz eussent esté jugez et condemnez par le jugement et condamnation de ladite court de Maillé, et qu'il apparoissoyt par appoinctement signé P. Marchin et P. Ravard (1).

Despuys lequel temps soyt, ladicte seigneurye de Bennetz provenue entre les mains de hault et puissant messire, Jehan, seigneur de Haulmont, chevallier, lequel adverty de ladicte transaction et droict appartenant a sesdicts predecesseurs, et que nonobstant icelluy lesdictz habitans tenoyent et exploictoyent tous lesdictz maroys sans le souffrir ne laisser joyr desdictz cent quartiers que ledit hault et puissant messire Hardouyn avoyt a luy reservé, et en outre empescherent ses recepveurs et commis de mectre en iceulx aulcunes bestes, d'en prandre le proffit et reveneu comme ses predecesseurs avoyent accoustumé, et, qui pys est, prenoyent lesdictes bestes, qui avoyent esté mises par son aucthorité et autres, et exigerent des seigneurs d'icelles grosses sommes de denyers par leurs mains, sans amener lesdictes bestes en ses prisons, et par avant que par ses officiers lesdictes amandes eussent esté declairees. Aussi avoyent ilz par plusieurs foys fauché l'herbe desdictz maroys, icelle vendu et alienné en abusant dudict droict par eulx pretendu esdictz maroys, en prejudice des droictz dudit hault et puissant et de ses subgectz. A l'occasion de quoy ledict hault et puissant leur eust faict remoustrer les dictes choses et tendant qu'il eust lesdictz cent quartiers reservez par ledict appoinctement faict par ledict hault et puissant messire Hardouyn avecques lesdicts habitans, et outre qu'ilz fussent privez desdictz droictz d'usage par eulx pretenduz esdictz maroys, au moyen des abbus par eulx commis soubz coulleur dudict usage.

A quoy par lesdictz habitans eust esté dict qu'ilz estoyent abusés, et d'accord dudict appoinctement faict avecques ledict feu hault et puissant messire Hardouyn de Maillé sur les exploictz esdicts maroys par la forme susdicte, mays disoyent que par icellui ledict hault et puissant n'avoyt droict de mectre esdictz maroys aulcunes bestes estranges ne de bailler aulcun droict d'usage a aultres personnes.

(1) V. p. 152, n.

Aussi seroyt ledict droit prejudiciable a leur usage a eulx baillé et conceddé par ledict feu messire Hardouyn, ce que touteffoys ledict hault et puissant avoyt faict, dont iceulx habitans estoyent grandemens interessez ; et, quant ausdictz cent quartiers, disoyent que ledict hault et puissant n'avoyt esté empesché de les prandre, mais nyent avoyr vendu aulcun foing desdicts maroys ne aultrement en avoyr disposé, qu'il est contenu ondict appoinctement, et enssuit par lesdictes parties et chacunes d'icelles tendans a leurs fins sur lesquelles et aultres par elles respectivement allegué pour bien et paix et obvier a proces.

Aujaurd'huy en droict en la court des scelz establys aux contraictz audict lieu de Bennetz pour hault et puissant, et a Fontenay pour haut et puissant monseigneur dudict lieu, et en chacune d'icelles, et ob ce que l'un ne prejudicie a l'autre mays que l'un par l'autre soyt corroboré, personnellement establys, sçavoir est : ledict hault et puissant Jehan, seigneur de Haultemont, chevallier, baron de Conches, Estrabonne, vicomte de Chateauroux, Brosses, chambellan ordinaire du roy et son lieutenant et gouverneur en Bourgoigne, Masconnoys, Lauberay et pays adjacens, seigneur de Bennetz et de Chappes, d'une part, et Quantin des Prez (1), escuyer, Nicollas Reveillon, Mechain, venerable et discrette personne messire Jehan Clerc, prebstre aulmosnier dudict lieu de Bennetz, messire Pierre Papefust, praticien en court laye, Jehan Mallet, Collas Samoyau, messire André Nesmet, prebstre, Loys Durandeau, Guillaume Broleau, Marc Bouher, Nau Duraud, Jehan Bonneau, Ollivier Geay, Pierre Bonnet marchant, Gilles Bon, Guillaume Ribodau, Pierre Gelot, Marc Rameau, Jehan Guay, Mathurin Mamour, André Garnier, Pierre Chesseraud, Robert Porcheron, Jehan Micheau, laboureur, messire Mathurin Ribodeau, prebstre, Jehan Mesnet, messire Pierre Rousseau, messire Constantin Bonnyer, Jacques Desplans, messire Toussainctz Bon, messire Pierre Garnier d'Aziré, messire Jehan Rippault, Jehan Micheau, Collas Robert, Alain Chaigneau, Jehan Mitard, Collas Cochard, Pierre Bonnet, laboureur, messire Robert Dupin, Marc Le Roy, Françoys Gelé, André Soulice, Jehan Pastureau l'ayné, Alain Moraud, Collas Guay, Jehan Lienne, Jehan Soullice, Jehan Morin, Pierre Bouyer, Vincent Rippault, Martin Morin, Jehan Couldreau, Loys Beuf, Pierre Reguineau, André Trognaud, Françoys

---

(1) Quantin Ier, seigneur des Prez et d'Auvert, près Benet. Cf. H. Filleau, *Dictionnaire*, 2e éd., t. III, p. 114.

Guay, Guillaume Brelay, Estienne Rabeau, Jehan Trechard, Pierre Besnyer, André Baussay, Baudouyn Cautheau, Philbert Yzambert, Jehan de Joux, Mery Bourneau, Françoys Chauveau, Micheau Mesgret, Thomas Escuyer, Jehan Lucas, Mathurin Magord, Pierre Bayet, Thomas Mesmet, messire Hugues Dupin, Marsault, Trichard, Guillaume Rippaud, Loys Goymard, Pierre Bonneau, Robert Tallineau, Pierre Mesnet, Micheau Robier, Ollivier Regnaud, Guillaume Touchauld, Jehan Soullice, Jehan Robert, Collas Gaultreau, Pierre Godet, Françoys Debourges, messire Nycollas de la Croix, Guillaume Chauveau, Loys Regnoul, Huguet Duplessis, Jehan Godillon, Thomas Godillon, tous manans et habitans dudict lieu et paroisse de Bennetz, à l'yssue de la messe matutinale, faisant la plus grant et saine partie de ladite parroisse, d'autre part, sont lesdictes parties condescendues es accords, transactions et appoinctemens qui s'ensuyt.

C'est assavoir que lesdicts habitans recongnoissent les droictz par ledict hault et puissant pretenduz, appoinctement faict entre ledict feu messire Hardouyn de Maillé, leurs predecessers, et ledict hault et puissant estre leur seigneur naturel, desirant demourer en sa grace, ont volu et consenty, veullent et consentent que icellui hault et puissant pour lesdits cent quartiers de maroys qu'il avoyt droict de prandre par ledict appoinctement, ayt et prengne les maroys vulgairement appellez les maroys de Logeresse (1), joignant et contigus au Port Baudin, tenant d'ung des coustez a la riviere des Befz de la Sayvre (2), d'autre aux seigneuries de Retz et des Ysles (3), et d'ung bout au port de Perier tirant a Dampvis (4) avecques cinquante sarpans ou quartiers (5) en la prairie de maroys de la Vifz pres Coullons, laquelle est tenant d'ung des coustez au pré de la seigneurye de Coullons, d'autre aux Grands Maroys (6), en tel endroict que bon semblera audict hault et puissant pour d'iceulx maroys joyr et user perpetuellement par ledict hault et puissant et

---

(1) L'Orgesse près de Reth. Cf. *Carte de Maire*, 9 B.
(2) Vieux biefs du Mazeau. *Ib.*, 19 B.
(3) Reth, Saint-Sigismond et le Mazeau. Ces deux dernières localités portaient le nom de seigneurie des Iles. Archives des Deux-Sèvres, E 363.
(4) Damvix.
(5) Pourtant l'arpent valait à Benet 60 ares 78 centiares, tandis que le journal ou quartier ne valait que 34 ares 19 centiares. Cf. Astier, *Tableau des mesures légales*, p. 32.
(6) Cf. *Carte de Maire*, 10 B.

les siens, hoirs et successeurs et qui cause auront de luy, comme de leur propre dommayne et heritage.

Et se sont lesdictz habitans, chacun d'eulx pour eulx et les leurs, hoirs et successeurs, desistez et despartis, desistent et departent du droict d'usage et autres quelzconques qu'ilz avoyent, avoir pouvoyent et pretandoyent en iceulx tant par le moyen dudict appoinctement que autrement, pour et au profflict dudict hault et puissant seigneur, pour ce prenant, retenant, stippullant et acceptant pour luy et les siens, hoirs et successeurs et quy de luy auront cause, ob ce qu'il est et par expres accordé que s'il advenoyt que ledict hault et puissant les vousist bailler et arrenter, lesdits manans et habitans les pourroyent avoir pour tel prix que ledict hault et puissant en aura trouvé d'aultres, en venant dedans le temps de la derniere criee qui sera faicte desdictz maroys et partie d'iceulx, et, en ce faisant, icellui hault et puissant a volu et consenty, veult et consent que lesdicts habitans jouissent des exploictz et droictz d'usage a eulx baillez et conceddez par ledit feu messire Hardouyn de Maillé, seigneur dudict lieu de Maillé, es autres maroys que es maroys dessusdictz prins et retenuz par ledict hault et puissant pour lesdictz cent quartiers de maroys, scelon et par la forme et maniere contenue par la transaction dessus narree, et les charges et condamnations, restrinctions et modiffications y contenues sans ce que ledit hault et puissant, ores ne pour l'advenir, les puissent (*sic*) empescher esdits usages, ne y mectre aulcunes bestes estranges, sauf qu'il est dict qu'il pourra mectre pasturager et tenir par toute l'annee, chacun an, es maroys de la Grande Mothe, jusques au nombre de trante cinq beufz pour luy ou aultres qu'il luy plaira. Desquelz maroys de la Grande Mothe ledict hault et puissant ne pourra bailler de nouveau usage despuys lesdictz cinquante sarpans prins en ladite Vifz jusques audict bief de Mazeau; et es autres maroys hormis ceulx de laditte Grand Mothe avantdicte; ledict hault et puissant, ses hoirs et ayans cause, pourront mectre en tous les autres maroys de la chastellainie, tant et tel bestail qu'il leur plaira, prandre et faire prandre boys, rouches et autres choses qui seront, et arrestront en ladicte Grand Mothe et en tous les autres maroys comme seigneur desdictz lieulx qui luy appartiennent; et des profflictz desdicts pasturages prandre et applicquer a son profflict, sans ce que lesdictz habitans y puissent aulcune chose pretendre, ne, des seigneurs desdictes bestes, avoir ne prandre aulcune somme d'argent ne autre chose, saufve et reserve qu'il est dict et par expres accordé que s'il advenoyt que lesdictes bestes qu'il auroyt mis ou faict mectre esdicts maroys estant dela lesdicts befz de Mazeau et en la Mothe dau Vergne (1) passassent la riviere et venoyent es maroys de ladicte Grand Mothe, lesdicts habitans les pourront prandre comme autres bestes estranges, icelles amener es prisons dudict hault et puissant et faire declarer les amandes par les officiers dudict hault et puissant seigneur, scelon et par la forme et par la maniere contenue par ledict appoinctement fait avecques ledict feu messire Hardouyn de Maillé, lequel, quant ad ce, et partant, demeure en sa force et vertu ; et pour faire tenir, garder et accomplir ce que dict est, lesdictes parties et chacunes d'elles en son endroict, sans jamais faire, dire, ne venir encontre, elles et chascune d'elles ont obligé et obligent tous et chacuns leurs biens presens et futurs quelzconques, donné et donnent l'une d'elles a l'autre les foy et serment de leurs corps, dont elles ont esté jugees et condempnees de leurs consentemens et voluntez par ce jugement et condamnation des cours desdictz seelz, par nous, notaires soubzscriptz, respectivement jurez d'icelles, aux jurisdictions desquelles et chascunes d'elles, sans autres en advouher, elles se sont soubmizes et leursdicts biens quant ad ce.

En tesmoing de verité, nous, les gardes desdictz selz, respectivement iceulx et chacun d'eulx, a la requeste desdictes parties et seule relation desdicts notaires, respectivement jurez d'icelle, ausquelz adjoustons foy, a ces presentes avons mis et apposé. Ce fut faict et passé audict lieu de Bennetz le dix septiesme jour de juillet l'an mil cinq cens dix sept, ainsi signé : L. Regnont pour ladicte court de Bennetz, et Boyot.

XIII

1526, 11 août, Paris.

Mandement de François Ier, roi de France, au sénéchal de Poitou ou à son lieutenant au siège de Fontenay-le-Comte, enjoignant de rechercher les personnes tenues d'entretenir

---

(1) *Le texte porte* mothe d'Auvergne. — Motte du Vergne, Deux-Sèvres, c[ne] Arçais.

les travaux de desséchement à Champagné, Puyravault, Sainte-Radegonde et Chaillé, et de les contraindre à s'acquitter de leurs charges.

A. — Original perdu.

B. — Copie du xvi⁰ siècle (1). Bibliothèque de Niort, carton 144, n° 5. (Provient de la collection La Fontenelle de Vaudoré). Papier, 4 ff.

INDIQ. : Cavoleau : *Statistique de la Vendée*, p. 69. — Comte de Dienne : *Histoire du desséchement des lacs et marais en France*, p. 78.

Françoys, par la grace de Dieu roy de France, au senechal de Poictou ou son lieutenant a son siege de Fontenay le Comte, salut. Receue avons l'humble supplication de notre procureur audit siege de Fontenay, contenant que les paroisses de Champagné, Puyraveau, Sainte Radegonde, Chaillé et plusieurs aultres parroisses, villages et dommaines sont situees et assises en notre bas païs de Poictou, en votre ressort et ou païs de marois pres de la mer, esquelz marois avoit plusieurs canaulx, ou achenaulx, ou portereaux, levés, bots et contrebots pour faire passer, vuider et decourir delivrement es eaues venant dudit Fontenay, Niort et aultres lieux dudit païs en la mer, et que tant que lesdits marais, achenaux, portereaux, bots et contrebots ont esté reparez et entretenuz et que les eaues se vuidoyent sans se reparer et tomber sur les domaines et heritages desdits habitans desdites parroisses et lieux dessusdits, et autres leurs voisins demourans et ayans dommaines esdicts marois, et que la mer ne surmontoit point lesdits bots et portereaux, lors estoyent iceulx dommaines et païs, un tres bon païs aultant fertile et abondant en biens, bleds et aultres fruictz, bestail de toute espece et maniere qu'on eust sceu trouver en notre royaulme, par maniere que ledit païs estoit fort peuplé et le peuple d'icelluy tres bien pourveu de biens, bleds, fruictz, bestail et aultres choses, par maniere que lesdits habitans dudit pays en vendoyent et distribuoyent par chacun an en grande quantité,

(1) « Ainsi signé : Par le conseil, delivré et scellé de cire jaulne a simple queue. » Note du copiste.

tant es païs d'environ que pays estranges par mer et par terre, qui estoit un tres grand bien et proffict pour nous et la chose publique de notredit pays. Au moyen de quoy, par chacun an, nous estoyent payez plusieurs grands sommes de deniers, tant de cens, rentes, debvoirs, traicte et transport desdits bleds, fruictz, que pour le peuple et habitans oudit païs de marois subjectz a noz tailles et fouages.

Mais, puys vingt ans en ça ou environ, par deffault de reparations et autrement entretiennement, lesdits achenaux, canaulx, portereaux, botz et contrebotz ont esté laissez aterrer et entretenir et remplir de bouhe et aultrement laisser rompre, abbattre et degaster, en maniere qu'ilz ont esté, puys ledit temps, et encores sont deperys et gastez, et nullement ne peuvent vuider, passer ne decourir les eaues comme elles souloyent. Au moyen de quoy ont lesdites eaues rompu et demoly en plusieurs lieux lesdits achenaux et botz, et par les romptures ont passé et encores passent par chacun jour, mesmement la saison d'yver que les eaues sont grandes, lesquelles vont choir, s'estendent et emparent par ce, sur tous lesdits dommaines et heritages qui sont audit païs de marois, et ont submergé et noyé grand quantité de païs, tellement qu'il n'est possible y faire aucun labourage de bleds, ne aucun aultre proffict de nourriture de bestes.

Et par chacun jour s'augmentent et s'estendent lesdites eaues par le pays et mesmement par deffault d'entretenir certaines levees ou botz appellez les botz des Rellays contre la mer, qui, par chacun jour ou quequessoit souvent noye, submerge, pert et gaste totalement ledit païs et le rend steril et presque inhabitable, tellement que une grande partie des habitans desdits marois ont abandonné le païs et se sont retraictz ça et la, es isles et aultres lieux pour vivre, dont notredit pays, qui est sur la mer et limitrophe, est grandement affoibly et de nulle resistences.

Aussy par ledit marois on ne peult venir a pied, ny a cheval, ne par charrois, par deffault d'entretenir plusieurs ponts, portereaux et chemins, jaçoy ce que deust estre le chemin commun pour aller et venir de notre ville de Nantes a notre ville de la Rochelle, qui est le tout a notre tres grand prejudice et dommaige, et de plusieurs monasteres et eglises qui, a l'occasion de ce, tombent en desolation et ruyne et de toute la chose publique et de tout le païs, et plus pourroit estre si par nous n'y estoit obvié et pourveu de remede, humblement requerant icelluy.

Pour quoy, nous, ces choses considerees, desirans survenir a nos subjectz selon l'exigence des cas, vous mandons, et parce que lesdits marois quequessoit la pluspart d'iceulx et aussi la plupart des habitans sont de votre ressort, et aussi qu estes le plus prochain juge desdits habitans ou pays, ou la plupart d'iceulx, commettons que appellez ceulx qui pour ce seront a appeller, si vous appert les lieux dessusdits inondez infertiles et de nulle valleur par faulte de curer et reparer lesdits canaulx, achenaulx, botz, contrebotz et aultres choses dessus declairees, que lorsque lesdits lieux estoyent en bon estat et reparations ils fussent de grand proffict et utilité a la chose publique par la maniere dessus declaree; et des choses dessusdictes ou de tant que suffire doibve, vous, en ce cas, contraignez ou faictes contraindre tous evesques, abbez et aultres gens d'eglises, nobles, rosturiers et aultres qu'il appartiendra, que vous trouverez tenuz a faire ou faire faire lesdits canaulx, achenaux, botz, contrebots et autres reparations, a faire ou faire faire iceulx canaux, achenaux, botz, contrebotz et aultres reparations, selon et a la raison ou chascun d'eulx en sera tenu : c'est assavoir les gens d'eglise, par prinse de leur temporel en notre main, et tous lays par prinse, vendition et exploictation de leurs biens, et aultres voyes et manieres deues et raisonables, et tout ainsi que les trouverez tenuz de ce faire, en faisant au surplus aux parties oyes, raison et justice, car ainsi nous plaist il estre faict, nonobstant quelzconques lettres subreptices, impetrees ou a impetrer a ce contraires.

Donné a Paris, le unziesme jour d'augst, l'an de grace mil cinq cens vingt et six et de notre regne le douziesme.

XIV

1527, 7 mars (*n. st.*), 21 août.

Procès-verbal des visites et réparations faites aux marais de Champagné, Puyravault et Sainte-Radegonde par les commissaires pour ce désignés.

A. — Original perdu.

B. — Copie du xvɪᵉ siècle (1). Bibliothèque de Niort, cart. 144, n° 5. (Provient de la collection La Fontenelle de Vaudoré). Papier, 38 ff.

Indiq.: Cavoleau : *Statistique de la Vendée*, p. 69. — Comte de Dienne : *Histoire du desséchement des lacs et marais en France*, p. 78.

L'an de grace mil cinq cent vingt et six et le septiesme jour du mois de mars dudit an, a nous Estienne Choppin, Colas Simeon, Mathurin Paradis et Micheau Barbier, ont esté presentees lettres et commission donnees a Fontenay le Comte le septiesme jour du mois et an susdit, signees E. Tyraqueau, lieutenant, en ensuivant l'appoinctement donné en la cause que poursuivit le procureur du roy contre l'evesque de Maillezais et les abbés de Mouroilles et Saint Michel en Lair et aultres personnes particulieres touchant les reparations des botz des Rellais, entretiennement des achenaux et aultres choses necessaires, utiles et proffitables pour lesdites parties et aussi pour la chose publique du païs.

Par vertu desquelles nosdites lettres de commissions nous sommes transportez par devers et es personnes de l'evesque de Maillezais (2), l'abbé de Moureilles, tant en son nom que comme ayant charge de l'abbé de Jard, de la damoiselle d'Oulmes (3), frere Mathieu Bastard, fermier de la commenderie de Puyraveau, maitre Pierre Baudet, procureur, et Pierre Denfer, recepveur de la seigneurie de Champaigné, du prieur de Sainte Radegonde, Colas Simeon, tant en son nom que comme fermier de la Billaudiere, Colas Bixon et aultres, ausquelz et chacuns d'eulx avons notifié notredite commission, donné a entendre le contenu en icelle, et, fait commendement a la peine y contenue, qu'ilz eussent a faire et reparer lesditz botz et achenaux selon qu'ilz et chacun d'eulx estoyent tenuz, pour raison des dommaines qu'ilz avoyent contiguz esditz botz et achenaulx et es environs, et ce dedans la feste Saint Jean Baptiste

---

(1) En tête on lit de la même main : « Visitation des marois faicte en l'an mil cinq cens vingt et six. »
(2) Geoffroi III d'Estissac, évêque de Maillezais, 1518-1543.
(3) Oulmes appartenait aux sires de Vivonne. La « damoiselle » est sans doute Jeanne Ratault, veuve de Lancelot du Bouchet, seigneur de Sainte-Gemme, et épouse de Jean de Vivonne. Cf. H. Filleau, *Dictionnaire*, t. II, p. 816.

prochainement venant. Aultrement, et a deffault de ce, leur avons notifié la saisine des terres et seigneuries qu'ilz avoyent es parroisses de Champaigné, Puyraveau, Sainte Radegonde et Chaillé, dont les dommaines devers la mer sont dependans, et leur en avons defendu tous exploitz, le tout en ensuivant notredite commission.

Lesdits evesque de Maillezais, abbé de Moureilles et aultres dessus nommez, apres avoir veu nosdites lettres de commission, nous ont dit qu'ilz vouloyent obtemperer a icelles et es commandemens par nous a eulx faictz, partant qu'ils estoyent tenuz, disans estre deuhement advertys de la grande ruine, perte et dommage du païs par deffault des reparations desdits bots et achenaux, et aussi du grand bien qui en adviendroit si le païs pouvoit estre remis en nature en faisant lesdites reparations.

Et pour ce a esté advisé entre eulx, nous commissaires presens et plusieurs saiges et anciens du païs, que la chose plus proffictable et laquelle debvoit preceder toutes aultres reparations estoit faire reparer lesdits bots des Rellays selon que, par les gens du roy, ledit abbé de Moureilles, nobles et aultres personnes notables du païs a ce appellez et qui se seroyent transportez esdits marois, avoit esté ordonné et conclud ledit proces pendant.

Oye par nous la responce des dessusdits nommez, et en continuant notredite charge et commission, nous ou aucuns de nous commissaires susdits, sommes transportez de jour en jour qu'estoit temps, pour besoigner esdits bots des Rellais pour sçavoir ceulx qui y faisoyent besoigner et combien ilz en faisoyent faire, et si chacun suyvoit sa proportion, ordonnee esdits bots neufz, et au dedans du temps par nous a eux prefix a faire lesdites reparations et bots, nous, commissaires susdits, avons trouvé que chacun des dessus nommez avoyent bien et deuement faict faire lesditz botz neufz selon qu'ils estoyent tenuz, pour raison de leursdits domaines, au rapport des anciens du païs, sauf le prieur de Sainte Radegonde (1) qui seroit tenu en faire plus beaucoup qu'il n'en a faict a la raison de ses dommaines cy dedens declarez et contenuz. Et combien que par cestuy notre proces verbal est faicte mention que le sieur de Champaigné a deuement satisfaict pour sa quotité esdits botz des Rellais, nous, commissaires susdits, n'entendons comprendre en ce fors seullement le sieur de Montsoreau, le seigneur de

---

(1). Le prieuré de Sainte-Radegonde relevait de Saint-Michel-en-l'Herm. Cf. Aillery, p. 160.

Champaigné (1), lequel ne prend en sadite seigneurie de Champaigné que les deux tiers et es terrages de bledz la moictié, dont pour ce il a satisfaict esdits botz; et le sieur ou dame de Nesmy (2) qui prend l'aultre tierce partie et moictié esdits terrages des bledz, n'a aucunnement faict ne reparé lesditz botz et achenaulx, dont, pour sa tierce partie et terrages de bledz de ladite seigneurie, est a contraindre, et aultres cy apres declarez. Et au moyen de la ruyne dudit païs pour les causes que dessus plusieurs marois et terres sont demeurez inutiles et gastés et ne scait l'on a present a qui elles sont pour les contraindre a contribuer esdites reparations si par plus simple (3) inquisition ou aultrement n'en sommes informez.

Par quoy lesdits bots des Rellays encommencez n'ont peu estre parachevez jusques a l'achenau de Champaigné, comme il avoit esté ordonné et est de necessité, dont en avons certifié messiers les gens du roy audit [Fontenay] pour y estre pourveu comme de raison. Et pour ses causes, auroit ledit procureur du roy obtenu iterative commission du douziesme jour de juing, an présent, signée E. Tiraqueau, lieutenant, a nous commissaires susdits addroissante, par vertu desquelles avons discerné nos lectres executoires addroissantes au premier sergent sur ce requis, contenans pouvoir d'adjourner gens d'eglise, nobles et anciens du païs, a comparoir pardevant la porte de l'hostel du Bourdeau (4) en la parroisse de Champaigné, au lundy, dix septiesme jour dudit mois de juin, an susdit, heure de neuf attendant dix heures devers le matin, pour d'illec aller voir et visiter lesdits bots, dire et declarer a qui appartiennent les terres et marois devers la mer et qui sont les contribuables esditz bots.

Ausquelz jour, lieu et heure susdits, nous, lesdits commissaires, sommes transportez, ou pardevant nous se sont comparuz d'adjournement a eulx baillé par Charles Greffier, sergent de ladite seigneurie de Champaigné, comme il nous a relaté de vive voix, reverend pere en Dieu, monsieur l'abbé de Moureilles, messire Jean Bretin, pretre, Jean Beaumener, Mathurin Phelippeau, Martin Moreau, Jean Boicelleau, Colas Pineau, Guillaume Trouvé, André

---

(1) Philippe de Chambes, baron de Montsoreau, sire de Champagné-les-Marais. Cf. H. et P. Beauchet-Filleau, *Dictionnaire*, t. II, p. 221, col. 1.
(2) *Le texte porte :* « Nesaul ». Vendée, arrondissement et canton de la Roche-sur-Yon. V. pièce just. XVII.
(3) *Lisez :* « ample ».
(4) Cf. *Carte de Cassini*.

Berdin et Estienne Perrin de ladite parroisse de Champaigné, Benoist et Pierre Sarrazins, Pierre Thibauld, Mathurin Resson et Jean Durant de ladite parroisse de Sainte Radegonde, Laurens Bouhereau, Jean Trouvé, Laurens Paliau, et André Chabot de ladite parroisse de Puyraveau, plus Jacques Bonnaud, Pierre Macquaire et Jacques Guynon de ladite parroisse de Champaigné, les tous gens de bien et des plus anciens du païs, et qui ont fait serment de dire verité sur ce que par nous seront enquis, ausquelz avons remonstré notre faict, charge et commission et qu'il estoit de necessité que les botz qui avoyent esté ensemencez (1) fussent parachevez pour le bien, proffict et utilité du païs, aultrement ce qu'auroit esté faict seroit de nulle valeur et le païs par les inondations des eaues de la mer gasté, qui seroit un dommage irreparable.

Et ce fait, nous et les dessusdits comparans pardevant nous, sommes transportés esdits bots des Rellays ou avons veu et visité ce qu'avoit esté faict esdits botz, ce que les dessusdits ont eu en grand estime, et avons mesuré par toise ce que restoit a faire du bot neuf, qui se monte cinq cens vingt toises, et cousle a faire, chacune toise de bot, neuf solz six deniers tournois, qui seroit pour les dits cinq cens vingt toises en somme sept vingt seize livres tournois, et ce est requis et de necessité pour l'assurance desdits botz neufs ja faictz, parce qu'ilz estoyent encores tous verds, leur bailler de chacun costé ung gect pour clorre les faultes que par la secheresse se sont entrouvertes, et coustera pour chacune toise dix huict derniers.

Et a icelle fin de faire parachever lesdits botz neufz, nous sommes enquys avecques les dessusdits appellez quelz dommaines estoyent contribuables et a qui ilz appartenoyent, qui nous ont dict, et aussi l'avons veu par les papiers anciens desdites reparations, que ceulx qui avoyent terres et aultres dommaines, despuis les sables ou est le chemin publiq par lequel l'on va et vient du port de la Charrie a Sainte Radegonde jusques a la mer et depuis l'achenau de Bouneuf jusques a l'achenau dudit lieu de la Charrie sont contribuables a faire et reparer lesdits botz. Par quoy avons distinctement mys par estat lesdites terres et ceulx qui les tiennent selon la declaration des dessusdits appelez et qu'avons peu trouver par papiers anciens sur le faict desdictes reparations, comme cy apres s'ensuyt.

(1) *Lisez* : « encommencez ».

PIÈCES JUSTIFICATIVES

Et premier nous ont les dessusdicts monstré six ressonnees (1) de marois qui aultresfois furent terres labourables contenans huict septrees de terre ou environ appartenans a l'abbé de Mourcilles a cause de sa maison de Bouneuf et se comprennent jusques au bot de Seroneau (2).

Despuys ledit bot de Seroneau jusques a l'achenau de Puyraveau, avons trouvé les terres qui s'ensuivent au rapport des dessusdicts et que avons peu voir par lesdits papiers anciens.

Premier.

Champagné.   Une petite ressonnee contenant une septree de
faict bot.   terre ou environ, joignant audit bot de Sorneau, appartenant au seigneur de Champaigné.

Oulmes   Item deux ressonnees contenans trois septrees de
a faict bot   terre ou environ lesquelles sont joignans a la precedente dudit sieur de Champaigné et appartenans au seigneur d'Oulmes.

. . . . (3).

Des l'acheneau de Puyraveau jusques a l'acheneau de Fenouze avons par declaration des dessusdits trouvé les terres qui s'ensuivent.

Premier.

Les Chappellenies   Une piece de terre contenant dix huict sep-
de Poitiers.   trees de terre ou environ, appartenant a messieurs du chapitre Saint Pierre de Poictiers, tenant d'ung costé a l'achenau de Puyraveau, d'aultre costé a ladite achenau de la Fenouze, d'ung bout au grand chemyn par lequel l'on va dudict Puyraveau a Saincte Radegonde, une groye entre deulx, d'autre bout au pré que tient Jean le Gouge, de Champaigné, appellez les Trenchars et n'ont riens faict (4).

. . . . (5).

---

(1) « Endroit renfermé de fossés qui contient 10 ou 12 arpens, 15 tout au plus. » Table d'aveu de Champagné, xviii⁰ s. Bibl. Niort, 144.

(2) Des annotateurs du xviii⁰ siècle ont corrigé en Secorceau, voulant lire bot de l'Escourceau. — Peut-être serait-ce plutôt Suraumur, maison dépendant de Morcilles.

(3). Suivent 26 autres articles.

(4) V. pièce just. XI.

(5) Suivent 16 autres articles.

Entre l'achenaud de la Grenetiere et du Bourdeau sont les terres qui s'ensuyvent.

Premier.

Moureilles a satisfaict
Une ressonnee joignant a l'achenau de la Grenetiere contenant deux septrees de terre ou environ appartenant a l'abbé de Moureilles.

.... (1).

Entre les chenaulx de la Grenetiere et de la Pyronniere sont selon que nous ont dict les dessusdicts appellez, et que avons trouvé par les papiers anciens desdictes reparations, les terres cy apres declairees.

Premier.

Moureilles a satisfaict.
Trois ressonnees joignant a la dicte achenau de la Grenetiere, d'une part, d'aultre aux ressonnees du seigneur d'Oulmes, d'ung bout au chemyn par lequel l'on va de Puyraveau a Champaigné, d'aultre bout a la mer, et contient dix septrees de terre ou environ appartenant a l'abbé de Moureilles.

.... (2).

Entre l'achenau de la Pyronniere et l'achenau de Champaigné sont les terres qui s'ensuyvent.

Premier.

Une piece de terre contenant huict boicellees de terre ou environ appartenant a Estienne Perryn tenant au long de ladicte achenau de la Pyronniere et n'a riens faict.

.... (3).

Toutes lesquelles terres, prez et marois dessus mentionnez nous les avons employees a ceste presente declaration avecques nostre proces verbal pour nostre descharge, et en advertir messieurs les gens du roy de ceulx qui ont deuhement satisfaict esdits botz, qu'avons merché par apostile a chascun desdicts articles par « satisfaict » et « faict bot » et de ceulx qui n'ont riens faict ne deviennent satisfaict selon leurs articles (selon leurs articles) sans apostile,

---

(1) Suivent 8 autres articles.
(2) Suivent 5 autres articles.
(3) Suivent 21 autres articles.

lesquelz sont a contraindre par les voyes que de raison a faire reparer lesdicts botz a la taxe par ordonnance estre a dix solz pour septree. Aultrement, comme dict est, la chose faicte esdicts botz seroit rendue inutile, qui seroit ung tres grand dommage. Et au regard des terres vacantes et sans adveu, les seigneurs fonciers, es fiefz desquelz elles sont situees et assises, doibvent estre contrainctz a la raison d'icelles et du taulx sur ce ordonné, sauf iceulx en approprier par les voyes ordonnees et que requis est en tel cas, parce que a deffault d'aveu lesdits seigneurs fonciers sont tenuz respondre de leur fief par saisie, aussi mesmement que telles matieres sont provisionnales.

Faict et cloux ce present proces verbal soubz le seing de nous ledit Choppin, commissaire susdict, et de noteres cy soubzscriptz es requestes desdicts Symeon, Paradis et Barbier, le vingt et uniesme jour d'augst, an susdict mil cinq cens vingt sept. Ainsi signé Choppin et Griffier, notere, es requestes desdicts commissaires (1).

Estienne Choppin, Colas Simeon, Mathurin Paradis et Micheau Barbier, commissaires sur le faict des reparations des botz et achenaulx des parroisses de Champaigné, Puyraveau, Saincte Radegonde et Chaillé estans situez pres la mer, et en continuant notredicte commission, nous, commissaires susdicts, accompaignez de plusieurs notables gens anciens du pays, sommes transportez entre les achenaulx de la Charrye et de Champaigné, et, avecques les dessus dicts, nous sommes enquys distinctement a qui appartenoyent les terres, prez, maroys et aultres dommaines estans entre lesdicts deux achenaulx, d'une part et d'aultre les sables aultrement appellez les Groyes et la mer, afin que un chascun qui a des dommaines entre lesdicts deux confrontez, eust a contribuer, a la raison de ce qu'il tient, a faire les botz ordonnés estre faictz par les gens du roy, du consentement des evesque de Maillezay, abbez de Sainct Michel et Moureilles, nobles et aultres notables gens du pays a ce appellez, et ce pour le proffict et utilité de la chose publique du pays et nous ont lesdicts appellez avec nous declaré les terres et dommaines estans entre lesdicts deux achenaulx et ceulx a qui elles appartiennent, aussi l'avons trouvé par les papiers anciens desdictes reparations selon que cy apres s'ensuyt.

(1) Ici le copiste a mis pour nouveau titre: « Proces verbal sur la visitation des maroys faicte en l'an mil cinq cens vingt sept. »

Declaration des terres estans entre les achenaulx de Champaigné et la Charrye.

Premierement.

Une ressonnee de terre appartenant a monseigneur de Champaigné contenant une septree de terre ou environ, et est joignant d'ung costé a la chenau dudict Champaigné, *la charrau entre deux* (1), et d'aultre a la terre des Sicouteaux, en laquelle ressonnee André Butaud prend la sixte partie.

. . . . (2).

Sur les botz de ladicte chenau de l'Hommeau des deux costez y a charrau (3).

Declaration d'aultres terres assises entre la chenau de l'Hommeau et la chenau de ladicte Charrye qui sont :

Premierement.

Trois ressonnees de terre tenant d'ung des costez par devers Champaigné a ladicte achenau de l'Hommeau, et d'aultre costé aux terres de Pierre Pilleryn et ses parsonniers contiennent trois septrees de terre ou environ avecques son petit clou, le tout ensemblement, et sont a messire Pierre et Bretaud Morissons, *a cause de la Moterie Pageraud* (3).

. . . . , ...(4).

Declaration d'aultres terres appellees les Tendes Vieilles comme dict est dessus.

Premierement.

Une piece de terre appartenant au seigneur des Brosses contenant quatre septrees de terre ou environ et tient ladicte piece de terre d'ung costé a la terre de l'abbé de Trizay et d'aultre aux terres apartenans audit Micheau Besson et ses parsonniers.

. . . . (5).

Lesquelles terres dessus confrontees et declairees sont toutes terrageables aux seigneurs de Champaigné ainsi que nous avons peu sçavoyr.

Faict es presence de messire Jean Brethyn, prebstre, Jean

---

(1) Additions d'une autre main. Plus loin on trouve « chemyn charrault » évidemment synonyme de carrossable.
(2) Suivent 22 autres articles.
(3) Additions d'une autre main.
(4) Suivent 14 autres articles.
(5) **Suivent 3 autres articles.**

Beaumener, Maurice de la Groye, Pierre Macquaire et Pierre Condroys, le dernier jour d'augst, l'an mil cinq cens vingt et sept, par nous Estienne Choppyn, Colas Symeon, Micheau Barbier et Mathurin Paradis, commissaires en ceste partye.

Nous, lesdictz Choppin, Colas Simeon, Paradis et Barbier commissaires, mandons en vertu de notredicte commission, au premier sergent royal ou aultre sergent de seigneur hault justicier sur ce requys, faire commandement a tous ceulx nommez en ceste presente declaration, qu'ilz et chacun d'eulx ayt, selon qu'il est tenu pour raison de sesdits dommaines a dix solz pour septrec de terre, faire ou faire faire bot neuf au lieu ordonné estre faict par l'advis des gens du roy et notables gens du pays, a l'augmentation et conservation du bien de la chose publique dudit pays, et a commencer dedans huict jours apres lesdits commandements faictz, et, en cas de reffus ou delay, adjourner les delayans ou refusans a certain brief jour ordinaire ou extraordinaire, parce que la matiere est provisionnale a la requeste dudict procureur du roy comme de raison ; de ce faire vous donnons puissance en certiffiant deuhement de vos exploicts audit jour. Faict soubz le seing de l'ung de nous, commissaires susdicts, et par commendement, le dernier jour d'augst l'an mil cinq cens vingt sept. Et ainsi signé : Choppin, commissaire susdict par commandement.

XV

[1527].

Liste des personnes appelées à relever le bot de Garde, avec le nombre de toises assignées à chacune.

Original papier 2 ff. (1). Bibliothèque de Niort, cart. 144, n° 3 (Provient de la collection La Fontenelle de Vaudoré).

S'ensuit la declaration de ceulx qui sont tenuz faire le bot de

---

(1) Au dos on lit d'une autre main, xvie siècle : « Memoire des thoises des relais. —Depuis l'achenal de Couheresse jusques a celle de Puiraveau, il y a 201 thoises de bot (de bot) de Garde, et depuis celui de Puiraveau jusqu'a celui de Champagné il y a 1364 thoises, sans parler du relais de la l'aisse. » Le total réel est de 3714.

Garde ou levee estaut au devant la mer en la chastellenie de Champaigné, ainsi qu'elle s'estend despuis la chenau de la Couheresse (1) jusques a la chenau de la Charrie.

Et premierement.

Le prieur de Velluire joignant a ladicte chenau de la Couheresse........................	18 toises
Le commandeur de Puyraveau.............	18 toises
Le prieur de Saincte Radegonde............	six toizes
Colas Mingault...........................	treze toyses
l'abé de Moreilles (2)....................	*quarante*
Estienne Ardouin........................	quatre toizes
Ledict Mingault.........................	40 toizes
Jehan Mingault.........................	*six toizes*
L'abbaye de Moureilles...................	soixante toizes

La chenau de Puyraveau.

Ladicte abbaye, ung quarteron vallant.......	vingt six toizes
Ledict Mingault et ses parsonniers..........	vingt cinq toizes
Colas Simeon et ses parsonniers............	1500 toizes

La chenau de la Fenouze.

Ledict Symeon et ses parsonniers...........	cincq toizes.
La fabrice de Champaigné..................	cincq toizes.
Pierre de la Groye et ses parsonniers..........	dix neuf toizes.
Jehan Thibault et ses parsonniers.............	six toizes.
Michel Layné et ses parsonniers.............	six toizes.
La Motherie Racodet (3)....................	douze toizes.
Ledict prieur de Saincte Ragond (4)..........	six toizes.
Jamet Soudaier et ses parsonniers...........	quatre toizes.
Les heritiers Julien Phelippeau..............	six toizes.
Ledict Symeon, Pierre Gast et leurs parsonniers.	neuf toizes.

Ledict Symeon, Gast et Colas Mingault pour l'evesque de Maillezais (5) sept quarterons vallant cent soixante quinze toyses.

---

(1) Achénal de la Coueresse ou de la Bardette (V. ci-dessus p. 167, n. 3) entre l'achenal de Bot-Neuf et celui de Puyraveau. — V. pl. III.
(2) Les mots *en italique* sont d'une autre main.
(3) Lieu-dit indéterminé.
(4) C'est la forme vulgaire très régulière de Radegundis.
(5) Sainte-Radegonde appartenait à l'évêque de Maillezais, et relevait de Champagné (Aveu du 4 mai 1443. — Bibl. Niort, cart. 144, n° 1, p. 16).

Ledict Symeon, Gast et leurs parsonniers...... cent toyzes.
L'abbaye de Moureilles trois quarterons vallant soixante quinze toizes.
Le seigneur d'Hommes (1)............. soixante deux toizes.
Le seigneur de l'Auboinsniere (2) et Richard Guilbaud par indivis. .... soixante deux toizes.
M. François Choppin pour le relay qu'il a eu de Colas Besson vingt huict toizes.
Pierre Aygreteau........................ quatre toizes.
Ozanne Poullard, Pierre Macé, Jacques Fourestier, le dict Symeon et leurs parsonniers pour le Brillouet...... vingt cinq toizes.

La chenau de la Grenetiere.

Ladicte abbaye de Moureilles pour le grand relay de la Grenetière neuf quarterons vallant unze vingt cincq toizes.

La chenau de la Pironnière.

La dame de la Flocellière (3).
La Chapellenie Blessenoys.................. vingt toizes.
Messire François Olyvier pour sa terre des...... quarente toizes
Ledict seigneur d'Houmes.................. soixante toizes.
La Pire Clere (4) appartenant au seigneur de Chastegnay (5) les trois quartz et l'autre quart aux Paradis.
Les hoirs dudict Paradis................ vingt quatre toizes.
Ledict Richard Guilbaud............... six toizes.
Les heritiers Colas Ardouin.............. neuf toizes.
Ledict Fourestier et Guilbaud............ sept toizes.
Les Petites Espines appartenant en partie au seigneur d'Houmes .... sept toizes.
La confrairie Notre Dame de Champagné... seze toizes.
Les heritiers dudict Paradis.............. neuf toizes.

---

(1) Le seigneur d'Oulmes.
(2) L'Aubonniere. Vendée. Arrondissement de la Roche-sur-Yon, canton du Poiré-sur-Vie, commune de Belleville. — Relais de l'Aubonnière à Champagné. *Carte de l'Etat-Major.*
(3) La Flocellière. Vendée, arr. Fontenay-le-Comte, cant. de Pouzauges. — Sans doute Philippe de Belleville, épouse de Jacques de Surgères. Cf. B. Filleau, *Dictionnaire*, t. II, p. 683.
(4) Relais voisin de l'Aubonnière. Cf. *Carte de l'Etat-Major.*
(5) Sans doute un seigneur de Chastegnier.

Jacques Barbier et François Guerin........ neuf toizes.
Ladicte Motherie Racodet pour le relay Aulbin, trente deux toizes.
Le curé de Luczon...... .... seze toizes.
Ledict seigneur d'Houmes et ses parsonniers pour les Grandz Espines (1)........................ trente deux toizes.
Le seigneur de Champaigné pour les Neuf Poinctes neuf toizes.
Ladicte Motherie Racodet pour le relay Racodet joignant la chenau
.... trente toizes.

La chenau de Champaigné.

Le seigneur de Champagné pour le grand relay joignant ladicte chenau............................ soixante dix toizes.
Le curé de Champaigné................. 32 toizes.
La dame de la Flocelliere pour la Bougregne (2). 34 toizes.
Ledict seigneur d'Houmes pour son Relays aux Beufz quarante deux toizes.
Ladicte Motherie Racodet pour son Relays aux Beufz vingt une toizes.
Denis Pougnard....................... vingt une toizes.
Ledict curé de Luczon.................. 15 toizes.
Les heritiers Guillaume Foucaud........... cincq toizes.
Ledict evesque de Maillezais.............. quinze toizes.
Les hoirs dudict feu.................... cincq toizes.
Ledict Fourestier...................... cincq toizes.
Les hoirs Martin Moreau.. .... cincq toizes.
Le curé et la fabrice de Champaigné........ 291 toizes.
 sans conter ce que doit le seigneur de Champagné et la fabrice.

La chenau de l'Hommeau.

Martin Pellerin et ses parsonniers.......... cincquante toizes.
Ladicte Motherie Racodet pour son relay..... 32 toizes.
La Motherie Pagerault.................. cent huit toizes.
Le seigneur de Champaigné trois quarterons vallant soixante quinze toizes.
La confrairie de Champaigné pour son relay Cheniau..........
Ozanne Poullarde pour le relay Ramfray....................

---

(1) Actuellement l'Epine désigne une cabane située sur l'ancien achenal de Puyravault. Cf. *Carte de l'Etat-Major.*
(2) La Bougrine non loin de la Pire Claire. Cf. *Carte de l'Etat-Major.* — Les premiers seigneurs de la Flocellière s'appelaient sires de la Bougueraine. Cf. H. Filleau, *Dictionnaire*, t. II, p. 681.

PIÈCES JUSTIFICATIVES

Michau Couillebaud pour Cheniau..................................
Ledict Fourestier............................ quatre toizes.
Pierre Martin et ses parsonniers au lieu........................
..................................(1). six toises.
Le curé de Luçon........................... 7
Mourcilles................................. 9
Les Paradis................................ 6
Symeon a cause de Poullarde............... 14
P. Argenteau............................... 4
Ledict Symeon a cause des dessusdicts....... 16 toises et les
  deux tiers d'une toise.
Julien Barbier............................. 5 toises et le
  tiers d'une toize.
Trezay (2) pour Beauvoyr..............................
Le feu sieur Cortecheau...............................
2 toises en ce qui est aresté.

XVI

1550, octobre, Champagné.

Liste notariée des habitants de Champagné répartis par dizaines, chargés de l'entretien des bots de l'achenal de Champagné.

Original papier, 6 ff. Archives de la Vendée, série E, liasse 186.

Comme ainsi soict que en la court de Champaigné aict esté ordonné aultreffoys faire dixaines pour faire les reparations des boutz de l'achenaud dudict Champaigné, et que, despuys, plusieurs qui estoient en numbre et memoire desdictes dixaines sont decedés, lesdictes reparations ne se pouhent faire bien et convenablement parce que plusieurs, qui sont a present demourant et residant audict lieu de Champaigné, ne sont mys esdictes dixaines. Et par ce,

---

(1) Une ligne effacée.
(2) L'abbaye de Trizay.

aujourd'huy, — jour du moys d'octobre, l'an mil cinq cens cinquente, nous, Pierre de la Groye et, — noterez jurez de la court dudict Champaigné, a la requeste de Jacques Poullard, Laurent Marot, Richard Guilbaud et plusieurs aultres, avons mys par ordre les noms et sornoms de tous les manens et habitens de la parroisse dudict Champaigné subgect ausdictes reparations, et les dixainers de chacune dixaines, qui seront tenuz de le faire assavoir a chascuns de ceulx qui seront de leurs dixaines, et en tenir conte quant ilz ont seront requis en ladicte court.

Et premierement.

La dixaine de Nicollas Besson (1) :

Martin Moreau.
Pierre Derrye.
Ledict Nicollas Besson.
Mathurin Besson.
André Phelippeau.
Jean Barbier le jeune.
Julien Pellerin.
Martin Pellerin.
Hylairet Pellerin.
Françoys Cailleau.

La dixaine de Jehan Orfrays (2) :

Ledict Jehan Orfrays.
................(3).

La dixaine de Micheau Pelletier (4) :

Clemens Guilbaud.
....

La dixaine de Laurent Marot (5) :

....

---

(1) D'une autre main en marge. Ecriture hâtive de la fin du xvi° siècle : « Condempné ledict Bexon contucteur, sadicte dizayne et quancques ses dizayners a peine de tous despens, dommages et interestz. »

(2) « Condempné comme dessus. »

(3) Suivent neuf noms. Nous n'avons transcrit intégralement que la première dizaine, nous contentant pour les suivantes d'indiquer le premier nom.

(4) « Et sera enjoinct audict defaillant de contraindre ses dizayners esdictes reparations a peine de tous despens..... et interestz et de..... amende. » Les points remplacent les mots que nous n'avons pu lire.

(5) « Condempné a reparer comme les susdits. » Le nom de Laurent Marot

PIÈCES JUSTIFICATIVES

La dixaine de Pierre Aigreteau (1).

....

La dixaine de Mathurin Touchard (2).

....

La dixaine de Thomas Galloys (3).

....

La dixaine de Jacques Regremy (4).

....

La dixaine de Richard Guilbaud (5).

....

La dixaine de Jamet Griffer (6).

....

La dixaine de Pierre Grignon (7).

....

Lesquelles dixaines susdictes en avons faict extraict a chacuns desdicts dixainers, que nous avons mis a part et baillé a chascun d'eulx (8).

---

a été rayé et remplacé par celui de Charles Lozeau, et réciproquement à la fin de la liste.
(1) « Condempné a reparer comme les dessus dicts. »
(2) « Condempné a reparer comme les dessus dicts. »
(3) « Dizaine pareille, comme dessus. »
(4) « Condempné a reparer comme les dessus dicts. »
(5) « Condempné a reparer comme les dessus dictz. »
(6) « Condempné a reparer comme les dessus dicts. »
(7) « Condempné a reparer comme les dessus dicts. »
(8) « Aujourd'huy ....
.... auffert pour la descharge desdictes dizaynes fere fere par chascun an au lieu qui sera veu estre le plus necessaire fere fere cent toyzes de ferray de deux et trois paulz et au..................
.... sa dizaine comme csdicts manans et habitans est a faire, et par ce de son consentement et volonté. Et outre est enjoint a tous les dessus nommez tenuz faire es reparations par dizaine de estre au sien que faire assavoir les dizayners pour y faire et restegrer ainsi qu'il apartient et..
.... par dizayne assister et faire ce qu'il est tenu faire, le tout a peine de despens, dommages interestz et de la peine d'amende. »

XVII

1560, 26 avril, Amboise.

Procuration donnée par Louise de Sainte-Marthe, dame de Champagné, pour répondre à sa place à l'assignation lancée contre elle au sujet des réparations des digues et achenaux.

Original parchemin jadis scellé sur double queue (1). (Communiqué par Madame Charier-Fillon à Fontenay-le-Comte. Provient de la collection B. Fillon.)

Saichent tous presens et advenir que, en la court du roy nostre sire a Amboise, pardevant nous personnellement establye, damoiselle Loyse de Saincte Marthe (2), vefve de deffunct maistre Gabriel de Pontoise (3) en son vivant conseiller du roy et son medecin, seigneur de la Roumanerie, estant a present audict Amboise, laquelle a congneu et confessé en ladicte court en laquelle elle s'est soubzmise et soubzmect quant a ce, avoir faict, nommé, constitué, ordonné et estably et par ces presentes faict, nomme, constitue, ordonne et establist ses procureurs — ausquelz et chascun d'eulx seul pour le tout ladicte constituante a donné et donne plain pouvoir, puissance, auctorité et mandement special de comparoir pardevant maitre François Brisson (4), lieutenant particullier assesseur au siege royal et seneschaussee de Fontenay le Conte, commissaire en ceste partie, en l'assignation qui a la requeste du substitud du procureur general du roy avoict esté baillé a icelle damoiselle constituante comme dame des deux tierces parties de Champaigné es marrais,

---

(1) Sur le repli : « Duruy. » Au dos, écriture du xvie siècle : « Procurations. » Écriture du xviiie : « L'achenal le roy, n° 1, liasse 6e. Procuration de damoiselle Louise de Ste Marthe pour le retablissement du canal apellé l'Acheneau le Roy avec autres particuliers du 26e avril 1560. » D'une autre main : « Cette piece est de consequance pour faire voir qui doit entretenir les achenaux des marois depuis l'Achenal le Roy jusques a l'achenal de Luçon, lequel Achenau le Roy estoit autrefois de quinze toises de largeur et commançoit au dessus le Langon. »

(2) Fille de Gaucher de Sainte-Marthe et de Marie Marquet. Cf. H. Filleau, *Dictionnaire*, t. II, p. 660.

(3) Médecin ordinaire de Henri II.

(4) Fils de Nicolas Brisson et de Jeanne du Vignault, mort en 1561. Cf. H. et P. Beauchet-Filleau, t. II, p. 2, col. 1.

au jeudy vingt huictiesme de mars dernier passé, en l'auditoire dudict Fontenay, par Jeudy, sergent royal, et icelle assignation depuis continuee et prorogee au lundy d'après *Misericordia* (1), pour, et audict jour et assignation qui eschera, dire et remonstrer pour icelle dame constituant que d'anciennetté et de temps inmemorial pour le bien public fut par nos feux tres honorez seigneurs les rois de France, comptes de Poictou, faict faire ung canal de quinze toises de largeur ou environ appellé l'Eschenau le Roy et prenant en sa longueur depuis le Langon et au dessus (2), faisans son cours vers l'eschenau de la Charroye, aultrement dict l'eschenau de Luczon et tombant en icelluy; lequel canal ou Eschenau le Roy estoict destiné et desvié tant pour le navigaige qui ce faisoit tant des villes de mer, Fontenay, Marrans et aultres parties circonvoisines, audict lieu de Lusson, Champaigné et lieux circunjacens.

Aussi servoit et estoit propre l'eschenal ou Eschenau le Roy a prandre et recepvoir les innundacions d'eaues provenantz desdicts lieulx de Fontenay, marrais, le Langon et les escouller en ladicte eschenau de Lusson.

Et parce que ledict canal ou Eschenau le Roy, puis certain temps en ça, n'a esté entretenue et est de present comblee et envazee, cela redonde grandement au doumaige du bien public et notamment d'icelle dame constituant et de ses subjectz dudict Champaigné, d'aultant que ses doumaines qu'elle et ses subjectz ont entre ledict Eschenau le Roy et le bourg Saincte Ragond, tirant au bourg de Puy Raveau, et d'illec passant par le bourg dudict Champaigné et dudict bourg de Champaigné rendant au port de la Charroye sont la plus part du temps submergez pour les frequentes innundacions qui y surviennent, a deffault qu'elles ne peuvent escouller par ledict Eschenau le Roy comme elles avoient acoustumé.

Aussi que par ce moien luy est tollu le proffict du commerce qui se faisoit au navigaige dudict eschenau, d'aventaige telles innundacions et cours ordinaires venant par ledict eschenau en ledict eschenau de la Charroie, avalloient a la mer les immundicitez et choses limoneuses que la mer y desgorgeoit, lesquelles immundicitez, qui de present y sont poulsees par la mer, demeurent en icelle a deffault que le cours qui soulloict venir, comme dict est, par ledict

---

(1) 29 avril.
(2) L'Anglée était considérée comme au-dessus du Langon.

Eschenau le Roy ne les avallent a la mer comme ilz avoient acoustumé ; tellement que a ce moien a present fault a ladicte damoiselle constituant et aultres ses consors, au peage et rivaige dudict Lusson, par main d'homme et a grands fraictz, faire nectoier, ferraier et curer ledict eschenau de la Charroie que soulloit nectoier le cours dudict Eschenau le Roy.

Aussi de dire et remonstrer que entre ledict Eschenau le Roy et ledict bourg de Champaigné y a ung aultre moindre canal appellé le bot Vandee lequel est de present aussi comblé, aultreffois desvié pour recevoir les innundacions, lequel canal ou bot de Vandée et aultres l'abbé de Moreilles et aultres sont tenuz entretenir.

Aussi de dire et remonstrer que, entre ledict Eschenau le Roy et les Grois (1) de Champaigné, y a ung grand marrais doux dans lequel commance ung eschenau appellé l'eschenau de Loumeau aultreffois faicte et ordonnee pour prendre et recepvoir les eaues dudict marrais et aultres innundacions qui y surviennent des lieulx circonvoisins et les conduire a la mer, traversant icelluy eschenau de Loumeau au travers le bot ou levee devers la mer, comme encore au dela ladicte levee et tirent vers la mer on peult veoir la bouche et anciens vestiges dudict eschenau bien pres du coix appelé le coix de la Bougraingne (2) ; lequel canal ou eschenau de Lhoumeau avec son portereau les religieuses prieure et couvent des Seriziers (3), membre dependant de Frontevault sont tenuz d'entretenir pour une moictié a cause de leur maison appellée la Nonnerie (4) et l'aultre moictié sont tenuz l'entretenir chascun au droict de son domainne.

Aussi d'offrir pour icelle damoiselle constituant curer, ferraier et entretenir deuement l'eschenau dudict Champaigné pour les deux tierces parties seullement et dont ledict sieur de Nemy (5) est tenu pour l'aultre tierce partie, a prandre ledict eschenau des et depuis ledict bot de Vandee jusques au pont dudict Champaigné, et audict pont offrir pour icelle constituant pour les deux pars, comme dict est, faire des portes ou portereaulx, si trouvé est qu'elle (6) y soict

(1) Les Groix entre Champagné et la Charrie. Cf. *Carte de l'Etat-Major*.
(2) La Bougrine. V. ci-dessus p. 228, n. 2.
(3) Les Ceriziers. Vendée, commune du Fougeré. Cf. Aillery : *Pouillé*, p. 44, et *Revue du Bas-Poitou*, année 1903.
(4) La Nonnerie, au nord des Groix. Cf. *Carte de l'Etat-Major*.
(5) V. pièce just. XIV.
(6) Les mots rétablis entre crochets sont rongés par l'humidité ou laissés en blanc.

tenue, donnant pouvoir a chascun de sesdicts procureurs de jurer en son ame partout ou il appartiendra, qu'elle n'a seu recouvrir du seigneur de Montsoreau duquel elle a achepté les deux dictes tierces parties de Champaigné le[s ti]ltres concernans icelle seigneurie ; au moien de quoy elle ne peult estre certaine si elle est tenue a la faczon desdictes portes ou nom. Et quant a l'entretenement dudict eschenau de Champaigné ainsi qu'il se poursuict depuis ledict pont j[usques a] la mer sont tenuz l'entretenir et nectoyer par dizaines les habitans dudict Champaigné pour la servitude qu'ilz ont d'aller eulx et leurs bestes sur les botz dudict eschenau tant pour le faict de pasquaige [que de] schaige.

Aussi de dire et remonstrer que entre ledict eschenau de Champaigné et l'eschenau appelé des [cinq] Abbez qui se rend a la mer pres la Croix du Berauld qui est l'un des boutz de ladicte chastellenie de Champaigné, sont plusieurs aultres eschenaulx aultreffois destinces pour avaller a la mer les eaues doulces qui abondent audict païs, tant pour l'innundacion de la riviere de la Vandee que de la Scevre venant devers marrais ; lesquelz eschenaulx avoient leurs portereaulx aux botz de Garde devers la mer pour les faire couller en icello, lesquelz portereaulx fermoient si et quand la maree venoit jusques au pied desdicts botz et levee de Garde.

Et entre aultres eschenaulx sont : l'eschenau de la Pironniere qui se commance au marrais de Beauvais (1) passant devant l'hostel de la Pironniere, et de la, poursuivant jusques a la mer, lequel eschenau avec son portereau l'abbé et couvent de Trizay sont tenuz entretenir pour une moictié a cause de leur maison et marrais de Beauvois ; et l'aultre moictié sont tenuz la faire et entretenir les seigneurs de la Pironniere et aultres.

Aussi y est l'eschenau de la Grenetiere, se commançant audict [lieu] de la Grenetiere et passant pres l'hostel dudict lieu tirant droict a la mer au travers ledict bot ou levee de garde, lequel canal ou eschenau de la Grenetiere sont tenuz faire et entretenir avec son portereau les religieulx abbé et couvent de Moreuilles, a cause de leur maison noble dudict lieu de la Grenetiere.

Aussi y est l'eschenau du Bordeau que Pierre Gast, les Gauducheaulx, les Simeons, les Sicoteaux, (2) et plusieurs aultres sont tenuz entretenir avec le portereau de ladicte eschenau vers la mer.

(1) Beauvais ou Beauvoir, peut-être Bellevue. Cf. *Carte de l'Etat-Major.*
(2) Pour ces noms voir les pièces justificatives XIV, XV et XVI.

Aussi y est l'eschenau du Puy Raveau que le commandeur dudict lieu est tenu d'entretenir jusques a la mer avecques son portereau. Aussi y sont les eschenaulx de la Fenouse, la Bardette, et aultres, toutes lesquelles eschenaulx susdictes sont de present toutes comblés et leurs portereaulx bouchez. Au moien de quoy toutes les terres qui sont entre lesdictz botz ou levees de Garde vers la mer, et lesdicts bourgs de Champaigné, Puy Raveau et Saincte Ragond sont dezertes et sterilles pour la frequente innundacion d'eaue sallee qui y survient a deffault de l'entretenement desdicts eschenaulx et leurs portereaulx au grand doumaige des subjectz de ladicte constituant, et d'elle aussi pour le droit qu'elle a de prendre terraige en la plus part desdictes terres quant elles seroient ensepmancees comme elles ont esté aultreffois.

Et pour ces causes requerir a ladicte assignation avec le substitud de mondict sieur le procureur general du roy, que tous les dessus nommez et toutes aultres personnes qui seront trouvez estre tenuz a l'entretenement desdicts eschenaulx, portereaulx et aultres eschenaux, botz, contrebotz, turcies, levees, coix et videnges soient a ce faire contrainctz, a les refaire, nectoier et entretenir tout ainsi que icelle constituant offre faire de sa part, et sans lesquelles reparations, et mesmement celle dudict Eschenau le Roy, le nectoiement qu'icelle constituant feroict faire de sadicte eschenau de Champaigné seroit et demouroit du tout inutille.

Et en cas de besoing plaider, opposer, d'advouer, de desadvouer, de garentir et prandre en partaige, de contester pleetz et proces et les mener affin deue, de jurer de calom[n]ie, de mallice et de verité et faire tous aultres sermens requis par l'ordonnance royal et que droict le requier, don, droictz, arrestz, interlocutoires et sentences deffinitives ; d'en appeler une fois ou plusieurs leur appel ou appeaulx, rellever, poursuir ou eulx en delaisser, se mestier est et bon leur semble ; et d'eslire domicille suyvant l'ordonnance (et d'eslire domicille suyvant l'ordonnance).

Et generallement en tout ce que dit est y faire le necessaire, et que ladicte constituant feroit et faire pourroit, se presente en sa personne y estoit, jaczoit que le cas requierre mandement plus especial, promectant ladicte damoiselle constituant en bonne foy, tant pour elle que pour ses hoirs et aians cause, soubz l'obligacion et hipothecque de tous et chascuns ses biens presens et advenir, avoir, tenir ferme, stable et agreable, a tousjours, tout ce que dict est, circunstances et deppendances, et rellever sesdicts procureurs de toutes charges.

Ce fut faict audict lieu d'Amboise et jugié a tenir par le jugement de ladicte court, ladicte establissante presente et a ce consentante, qui a promis et juré de non jamais aller au contraire, et seellé a sa requeste du seel roial estably et dont l'on use aux contractz roiaulx d'Amboise, en tesmoing de verité. Donné et faict le vingt sixiesme jour d'avril, mil cinq cens soixante, es presences de Christofle Charle, clerc, et Georges Marchal, tesmoings a ce appellez.

Duruy.

XVIII

1560, 7 novembre, Champagné.

Assise tenue par Abel Ramfray, juge chatelain de la cour de Champagné, dans laquelle sont baillées à ferme plusieurs terres de marais près de l'achenal de Champagné, à la charge de relever les Petits-Bots.

A. — Original perdu.

B. — Copie du xviiie siècle (1). Bibliothèque de Niort, carton 144, pièce 4 (Provient de la collection La Fontenelle de Vaudoré). Papier, 3 ff.

Sur ce que le procureur de la cour comparant par maitre François Olivier nous a dit et remontré que les habitans de ce lieu de Champagné, et au commencement de l'habitation qu'ils y firent, edifierent au devant la mer certains bots et levees, lesquelles levees et ledit bourg leur fut baillé par le seigneur de la cour de ceans, toutes les terres y estant encloses a droit de cens et devoirs, ainsi que lesdites terres se comportent desles susdits bots jusqu'aux jardins desdits habitants, chemin des Crasses entre deux.

Depuis seroit advenu qu'ils auroient fait autres bots ou levees

---

(1) En marge, de la même main : « Baillette de terres expousées avant 1560 où il est fait mention des anciens bots et levées et du commencement de l'habitation du bourg de Champagné. »

au devant la mer, plus outre lesdits Petits Bots, appellez iceux bots faits secondement les Bots Cheminaux; et encore auroient eté depuis, encore plus outre, faits autres bots au devant la mer appellés iceux (1) bots les Vieux Bots; et dernierement en l'an mil cinq cens vingt six auroient eté faits autres bots appellés les bots de Garde autrement les bots des Relais, comprenants tous lesdits bots a l'achenau de Champagné, faisants tous lesdits bots l'un apres l'autre comme dit est, seroient demeurez les prochains bots du bourg en gaste par la fortune et coulpe desdits habitans, qui durent les entretenir chacun au droit soy, afin que, sy par fortune ou vimere de mer advenoit que lesdits bots des Relais prochains de la mer fussent rompuz, lesdits Vieux Bots, Cheminaux et Petits Bots tinssent coup contre ledit vimere, et que par ce moyen lesdites terres etants entre lesdits bots, et memement les susdittes etants entre les Vieux Bots et ledit chemin des Grasses, demeurassent toujours en etat d'agriculture.

Mais au contraire tous lesdits Vieux Bots, Bots Cheminaux et Petits Bots etoient dechus, et depuis seroient lesdittes terres demeurees en gaste et inutiles a ladite cour de ceans, tellement que la plupart des detempteurs d'icelles les auroient expoxsees (2), dont, par ci devant auroit eté baillé trois russonnees joignant l'achenau de Champagné a François Bretaud au terrage de onze deux; et les autres y joignant sujettes a laditte cour a deux boisseaux de froment, auroient eté expousees ce jourd'huy par Colas Rousty et Vincent Raoul, comme aussi auroit eté ce jourd'huy expoxsé par Maturin Touchais, greffier de la cour de ceans, une russonnee de terre sujette a deux boisseaux de froment de cens, icelle russonnee a luy appartenante autrefois par moitié par titre successif de son feu pere et l'autre moitié par acquest par luy fait de feu messire Julien Robin. Aussi auroient eté expousees longtemps deux russonnees joignant l'une l'autre par Jean Maitre, Greffier, Etienne Soudayer et autres sujette a deux boisseaux de froment de cens a la cour de ceans; et depuis auroient lesdittes terres eté baillees audit Greffier, Soudayer et autres leurs parsonniers a six sols huit deniers au lieu dudit froment, lesquelles terres auroient encore eté expousees pour ledit devoir; comme aussi auroient [eté] autrefois expousees une

---

(1) Le texte porte : « vieux ».
(2) Sur l'exponction en Poitou. Voir *Coutume de Poitou*, art. LVII, LVIII, LIX.

russonnee de terre etants entre les deux precedentes et trois russonnees qui sont a la dame de la Flocelliere.

Et outre seroient des appartenances de laditte cour de ceans comme choses vaccantes et sans aveu, trois russonnees de terre joignants d'un bout au chemin des Crasses contenant pareille largeur que la terre de Pierre Archambaud qu'il tient de la fabrice de Champagné et Richard Guillebaud de la seigneurie de la Motherie Racodet, joignant lesdittes trois russonnees d'un coté a la ditte terre de la Floceliere, cy dessus mentionnee, d'autre a la terre du sieur d'Homme.

Toutes lesquelles terres ci dessus delaissees tant expousees que vaccantes, seroit de besoin pour le proffit de laditte cour de ceans, bailler a droit de terrage en commutation desdits devoirs, a la charge par ceux qui les prendront de refaire a neuf a double jet et double gornelle bien et duëment lesdits Petits Bots chacun au droit des terres qu'il prendra, et en outre de contribuer, chacun pour telles parts qu'il aura auxdittes terres, a la façon d'un autre bot qui sera fait neuf, comprenant depuis lesdits Petits Bots, tirant droit au long de l'enclose de Michel Lainé, demeurant la largeur desdittes encloses franche vers lesdittes terres.

Vu laquelle requete et inquisition par nous faite judiciairement avec plusieurs des anciens de cette paroisse, et en leurs avis sur ce, avons ordonné qu'il sera par nous procédé au bail desdittes terres tant expousees que vaccantes, ci-dessus declarees, audit droit de terrage de onse deux, au lieu et commutation desdits devoirs, a la charge de ceux qui les prendront de refaire a neuf a double jet et double gonnelle les dits Petits Bots, et outre de contribuer chacun pour telle part qu'il auroit auxdittes terres a la façon d'un autre bot qui sera fait neuf, comprenant depuis lesdits Petits Bots tirant droit au coin de l'enclose de Michel Layné a la charge de laisser a l'endroit de leurs dittes terres de la largeur de vingt pieds pour ledit chemin des Crasses, et de laisser et faire aussi entre le bout du bot qui sera fait neuf, un pas de bonne et suffisante largeur pour ledit chemin des Crasses.

Et outre, ce requerant ledit procureur, avons ordonné que les autres personnes, qui ont terres au dedans des confrontations cidessus, seront appellees a certain jour bref et competant pour souffrir condamnation, chacun en droit de soy, pour faire les reparations susdittes, et icelles entretenir a l'avenir, si mieux ne veulent icelles terres expouser pour etre appliquees au domaine de ladite cour. Donné et fait en l'assise de la chastellenie de Champagné y tenuë par nous Abel Ramfray, licentié es loix, juge chatelain de ladite cour, le septieme jour de novembre l'an mil cinq cent soixante. Signé Ramfray, et Olyvier, Touchays, greffier.

XIX

1568, 26 août, le Langon.

Bail à cens par Jean de Pons et Catherine de Montjohan, sa femme, à René Bobeau, laboureur à Vouillé, d'un écluseau le long de l'achenal du Langon.

A. — Original perdu.
B. — Copie fragmentaire du xvIII^e siècle (1). Archives communales du Langon.

Sachent tous, etc.
Savoir est un terrier de l'achenaud qui conduit dudit Langon a Marans du coté et a l'endroit de l'ecluseau qui fut a Jean Bobeau (2), pere dudit René, et de la longueur d'icelui, ainsi du bout dudit Langon qui porte l'ecluseau qui tombe en ladite achenaud et de l'autre bout devers Marans ainsi que est la loge dudit escluseau ; et aura ledit Bobeau davantage en longueur a chacun bout cinq brasses dudit terrier, et tenant ledit terrier audit ecluseau. Et sera tenu et a promis ledit Bobeau faire ferroyer entierement ladite chenaud de trois pieds de profond a l'endroit et de la longueur dudit terrier a present accensé, et en faire le jet des deux cotés et ci dedans la fete de Saint Vincent prochaine. Au dedans de laquelle chenaud et de la longueur comme dit est, ledit Bobeau aura droit de pecherie et d'y faire un bouchaud a son profit, lequel bouchaud s'etendra au travers de ladite chenaud, ayant appuy des deux coustez et contre les terriers d'icelle chenaud ; laquelle chenaud,

---

(1) En tête on lit : « Extrait de l'accensement du 26 août 1568 fait par Jean de Pons et Catherine de Montjehan, sa femme, pour lors seigneur du Langon, a René Bobeau, laboureur a Vouillé. »
(2) V. planche II.

a l'endroit que dessus, ledit Bobeau sera tenu et a promis dorenavant entretenir et ferroyer, et ne pourront lesdits sieur et dame y faire aucun autre bouchaud. Et outre sera tenu et a promis ledit Bobeau planter ou faire planter, au profit desdits sieur et dame, deux rangs de plantes courtes d'aubier et de saulze, dedans le mois de mars prochain, sur le terrier de ladite chenaud du cousté de Chaillé et de la largeur dudit escluzeau, et icelles plantes plantées loin de l'un de l'autre d'une brasse; en laquelle plante ni autres ledit Bobeau ne prendra rien, mais quant a l'autre terrier qui demeure a cens audit Bobeau, le pourra aussi planter ou faire planter a son profit et le tenir a telle autre nature que bon lui semblera. Et pourtant, ne pourra ledit Bobeau empêcher le passage de batteaux pour aller a Marans et ailleurs, mais sera ledit bouchaud convenable en largeur pour laisser passer les batteaux comme les autres bouchauds font. Et lequel ecluseau tient et cheut des deux bouts dans ladite achenaud, lesquelles entrées et issues dudit écluseau ne seront clos, ains demeureront ouverts comme par cy devant et a present sont, dont les dites cinq brasses dudit terrier, et de ferrayer et entretenir ladite chenaud et planter ledit terrier, — s'estendront a chacun bout outre et davantage ladite entrée et issue dudit ecluseau, comme dit est, sans préjudice esdit sieur et dame de pouvoir repetter la baillette faite dudit ecluseau. Fait le dit accensement, etc.

Fait et passé audit Langon, le vingt-sixième jour du mois d'août l'an mil cinq cens soixante et huit, signé a la minute sur une feuille de papier libre : J. de Pons, de Montjehan, A. Bernard, notaire, et H. Bernard (1), notaire protocole.

XX.

1639.

Note de Jonas Bouhier, sénéchal du Langon, relative au procès-verbal d'une visite faite dans les marais par les commissaires royaux en 1455.

A. — Original perdu.

(1) C'est Antoine Bernard, auteur de la Chronique du Langon, et son frère Hilaire. Cf. *Chronique du Langon*, p. 11.

B. — Copie du xviiiᵉ siècle (1). Archives communales du Langon.

C. — Copie vidimée de la fin du xviiiᵉ siècle, signée Gauvain greffier (2). *Ib.*

L'an 1639, j'ai veu la coppie d'un vieux proces verbal de visitte faitte(*a*)sur les (*b*) marais, que M. Geruyer, demeurant a Chevrette, et qui a estés autrefois agent de M. l'abé de Moureilles m'avoit mis entre les mains et que je luy ay depuis rendu.

Par (*c*) lequel ce voit qu'en l'an 1283 l'Achenal le Roy fut faitte par commissaires du roy, present l'abé de Moureilles, celluy de Maillezays, celluy de Saint-Michel en l'Herm, celluy de l'Apsie et celluy de Saint-Maixant.

Jean Angelet, escuyer, et plusieurs autres, visitation l'an 1455, et M. Geoffroy Vassal commissaire (*d*), dont le proces verbal est au tresor des comptes a Paris, aussi bien que celluy de la construction dudit achenal.

Item ce voit que l'achenal des Abbés doit estre entretenue par l'evesque (*e*) de Maillezays, le prieur de Vouïllé, pour l'abbé de Saint-Maixant, celluy de la Sie (*f*) en Gatine et celluy de Niœuïl sur l'Outize, avec celluy de Saint-Michel en l'Herm qui est le prieur du Langon.

Il y a un autre achenal appellé l'achenal de la Traverse (3) entre la Taillée et Vouillé, et prend des le bot de l'Anglée jusques au bot du Sableau ; sont tenus l'entretenir la paroisse d'Auzay, le Gué

---

a) faite *B*. — *b*) le *C*. — *c*) *Note marginale B :* Philipes III du nom ; il y a douze paroisses contribuables a l'entretien, *introduite maladɪoitement dans le texte C*. — *d*) comissaire *B*. — *e*) seigneur *C*. — *f*) Cie *C*.

(1) En note on lit : « Ce que dessus est écrit en l'original par Jonas Bouhier. » Et au dos : « Au dos il y a de l'écriture de Jacques d'Arcemalle : Memoire de la visitation des marais et construction de l'Achenal le Roy par commissaires du roy et la coppie de la baillette des bois marais de Maillezais de 1566. »

(2) A la suite on lit : « Coppie de ce que dessus et de l'autre part a esté autrefois écrit par Jonas Bouhier, senechal du Langon sur une feuille de papier estant restée aux archives de la seigneurie du Langon, au dos de laquelle demie feuille est aussi écrit de l'écriture de Jacques d'Arcemalle, ancien seigneur du Langon. Memoire de la visitation des marais et construction de l'Achenal le Roy par commissaires du roy. — Certifié par moy greffier de la baronnie du Langon soussigné : Gauvain, greffier ». — Jacques d'Arcemalle, fils d'Henri d'Arcemalle et de Gabrielle de La Roche. Cf. Beauchet-Filleau, t. I, p. 90.

(3) V. planche II.

de Velluire, la paroisse dudit Velluire, Fontaine, Saint-Marcq des Prés, Chaix, Vouillé, Chaillé, Doix, Montreuil, Coussay (*g*) et Fresgneau.

Le restant regarde Moureille et Chaillé.

Il est aussy fait mention de l'essay de Mourillon qui prend des le bout de l'OEuvre Neuf jusques au rocher de Chaillé ; et doivent le tenir en estat les evesque de Maillezays et l'abbé de Niœuïl, savoir l'evesque pour les deux parts et l'abbé de Niœuïl pour la tierce partie.

En l'année 1442 avoit estés (*h*) faitte (*i*) autre visitation par commissaire envoyés sur les lieux par le roy, dont le proces verbal est aussy au tresor aux comptes (1).

A laquelle visitation les habitants du Langon comparurent ; firent employer qu'ils avoient tout droit de pacage et pechage sur ledit marais.

g) Coussaye *C*. — *h*) esté *C*. — *i*) faite *B*.

(1) Nous n'avons pu retrouver ni l'un ni l'autre de ces procès-verbaux.

TABLE CHRONOLOGIQUE
DES PIÈCES JUSTIFICATIVES

1199. — Raoul de Tonnay, avec l'assentiment de ses fils Raoul et Guillaume, accorde aux religieux de Notre-Dame de Moreilles la permission d'effectuer sur son domaine des travaux de desséchement.................................. I 180

1199, Moreilles. — Pierre de Velluire, avec l'assentiment de son épouse Ameline et de son fils Hervé, concède aux religieux de Notre-Dame de Moreilles plusieurs marais entre Sainte-Radegonde et Chaillé, moyennant le paiement d'une rente annuelle de dix setiers de froment et de dix setiers de fèves et le desséchement de ces marais....... II 183

1200, 17 juin, Luçon. — Pierre de Velluire, avec l'assentiment de son épouse Ameline et de ses fils Hervé et Pierre, concède aux religieux de Notre-Dame de l'Absie un marais situé entre Aisne et Chaillé, avec la faculté de dessécher ce marais en utilisant les œuvres de desséchement comprises dans l'étendue de son fief ou en profitant des travaux des religieux de Moreilles............................. III 185

1210, Chaillé. — Accord passé entre Pierre de Velluire et les religieux de Notre-Dame de Moreilles pour la délimitation de leurs marais respectifs........................ IV 187

1211, Chaillé. — Pierre de Velluire, seigneur de Chaillé, concède à ses hommes de Chaillé un marais de dimensions indéterminées moyennant un cens de trois sols par cent brasses, cens qui sera remplacé, après la mise en culture, par un setier de froment................................. V 189

Avant 1217. — Sentence arbitrale des définiteurs de l'ordre de Cîteaux terminant les contestations qui s'étaient élevées entre les abbés de la Grâce-Dieu, de la Grâce-Notre-Dame de Charron, et de Saint-Léonard-des-Chaumes, au sujet du marais des Alouettes............................ VI 191

TABLE CHRONOLOGIQUE DES PIÈCES JUSTIFICATIVES

1217, Chaillé. — Pierre de Velluire, seigneur de Chaillé, concède aux abbayes de Saint-Michel-en-l'Herm, de l'Absie, de Saint-Maixent, de Maillezais et de Nieul, le droit d'ouvrir un canal dans les marais du Langon, de Vouillé, de Mouzeuil et de l'Anglée................................... VII 193

1217, Marans. — Porteclie, seigneur de Mauzé et de Marans, concède aux abbayes de Saint-Michel-en-l'Herm, de l'Absie, de Saint-Maixent, de Maillezais et de Nieul le droit d'ouvrir un canal dans les marais du Langon, de Vouillé, de Mouzeuil et de l'Anglée................................... VIII 196

1267, 29 mai. — Sentence rendue par Thibaud de Neuvy, sénéchal de Poitou, contre Maurice de Velluire, accusé par les religieux de Moreilles d'avoir brisé une digue leur appartenant................................... IX 199

1274. 19 mai. — Pierre de Velluire, seigneur de Chaillé, emprunte à Aimeri, abbé de Moreilles, son canal de Bot-Neuf pendant cinq ans pour dessécher un pré situé près de Chaillé................................... X 200

1442, 30 juin, Poitiers. — Jugement de la cour de la sénéchaussée de Poitiers renvoyant sans dépens les prieur et frères de la commanderie de Puyravault, auxquels le chapitre de Poitiers reprochait de percevoir injustement des droits sur sa terre de Champagné et de laisser, contre leurs conventions, les achenaux tomber en ruine........ XI 201

1517, 17 juillet, Benet. — Transaction passée entre Jean de Hautmont, baron de Conches et autres lieux, seigneur de Benet, et les habitants de Benet au sujet des droits d'usage et de pacage dans les marais..................... XII 207

1526, 11 août, Paris. — Mandement de François Ier, roi de France, au sénéchal de Poitou ou à son lieutenant au siège de Fontenay-le-Comte, enjoignant de rechercher les personnes tenues d'entretenir les travaux de desséchement à Champagné, Puyravault, Sainte-Radegonde et Chaillé, et de les contraindre à remplir leurs charges... XIII 213

1527, 7 mars (n. st.), 21 août. — Procès-verbal des visites et réparations faites aux marais de Champagné, Puyravault et Sainte-Radegonde par les commissaires pour ce désignés................................... XIV 216

[1527]. — Liste des personnes appelées à relever le bot de Garde, avec le nombre de toises assignées à chacune.... XV 225

1550, octobre, Champagné. — Liste notariée des habitants de Champagné, répartis par dizaines, chargés de l'entretien des bots de l'achenal de Champagné.............. XVI 229

1560, 26 avril, Amboise. — Procuration donnée par Louise de Sainte-Marthe, dame de Champagné, pour répondre à sa place à l'assignation lancée contre elle au sujet des réparations des digues et des canaux.................. XVII 232

1560, 7 novembre, Champagné. — Assise tenue par Abel Ramfray, juge châtelain de la cour de Champagné, dans laquelle sont baillées à ferme plusieurs terres de marais près de l'achenal de Champagné, à la charge de relever les Petits-Bots................................ XVIII 237

1568, 26 août, le Langon. — Bail à cens par Jean de Pons et Catherine de Montjehan, sa femme, à René Bobeau, laboureur à Vouillé, d'un écluseau le long de l'achenal du Langon............................... XIX 240

1639. — Note de Jonas Bouhier, sénéchal du Langon, relative au procès-verbal d'une visite faite dans les marais par les commissaires royaux en 1455................. XX 241

GLOSSAIRE

N. B. — *Les termes précédés d'un astérisque* sont ceux auxquels nous n'avon*[s]
pu attacher une signification précise.*

ABBOTAMENTUM, 80, 81 n.1, 182, 184 ; *abotamentum*, 80 n. 3 ; action d'élever un bot et par extension droit de construire des bots.

ABOTEAU, 80 n.3 ; batardeau.

ACHENAL, 26 n.1, 34 n.2, 93, 94 ; *canalis*, 43 n.1, 197, 199, 200, 201 ; *achenau*, 51, 54 n.3, 67, 204, 205 ; *achenaud*, 118 n., 222, 229 ; *achenault*, 94 n.4, 115 n.3 ; *acheneau*, 29, 33 n.4, 167 n.3, 205, 221 ; *chenau*, 28 n.1, 43 n.1, 56 n. 2, 130 n.6, 226, 227 ; *chenaud*, 240 ; *chenault*, 71, 135 n.3 ; *eschenal*, 233 ; *eschenau*, 202, 233 ; *escheneau*, 108 n.1, 146 n.1 ; canal.

ALLIER, 127 ; petite écluse.

ANCROSTZ. — Voir ENCROUST.

AUBARÉE, 109 ; *auberoyes*, 110 n. ; marais planté d'aulnes ou de peupliers (?). Cf. Ducange, v° *alberia*.

*BARRAQUINE, 128 n. ; *barrayna* (acte de 1237, Arcère, t. II, p. 655) ; engin de pêche.

BIEF, 157 ; *beccus*, 21 n.1, *bé*, 130 n.2 ; *befz*, 108 n., 211 ; *betz*, 115 n.1, 124 n.4, 129 n.3 ; *bief*, 130 n.1 ; *biefz*, 119 n.3 ; *biez*, 157 n.2 ; cours d'eau, canal de dérivation dans les marais mouillés.

BOT, 96 à 99 ; *bootum*, 119 n.2, 146 n.1 ; *botum*, 28 n.4 et 5, 33 n.4, 39 n.2, 41 n.1, 42 n.3, 95 n.2, 197, 199 sqq. ; *booth*, 26, 40 n. ; *bost*, 31 n.1 ; *botz*, 202, 203, 215, 217 ; *bout*, 58 n.1, 96 n.1 ; *boutz*. 229 ; *bouz*, 96 n.1 ; digue, bord surélevé d'un canal.

BOT DE GARDE, 225, 226, 235 ; digue élevée sur les relais et opposée à la mer.

BOT DES RELAIS. Voir BOT DE GARDE.

BOUCHAUD, 127 ; *bochellum*, 129 n.3 ; *boscalis*, 43 n.1 ; *boschellum*, 39 n.2, 127 n.3 ; *bouchaud*, 240 ; *bouchault*, 108 n. ; *bouchaux*, 155 n., 203 ; pêcherie d'eau douce.

BOUCHOT, 127 n.4 ; *bouchaud*, 128 n. ; pêcherie de mer. Cf. Littré, v° *bouchot*.

BOURGNE, 128 ; *borgnes*, *borgnons*, 128 n.2 ; engin de pêche, en osier affectant la forme d'une nasse. Cf. Ducange, v° *borgnus*, et Littré, v° *bourgne*.

BOURRINE, 107 n.1 ; hutte couverte de bourrées d'herbes aquatiques.

BOUROLLE, *bourelle*, 128 ; nasse en osier, plus petite que la bourgne s'adaptant d'ordinaire à un plus grand filet, comme l'encroust. Cf. Littré, v° *bouterolle*.

*BOUTTERON, 128 ; engin de pêche.

BOUZES, 112 n.2 ; gâteaux ronds, faits de fumier séché, servant de combustible au Marais.

CARVANE, *carrain*, 117, 118 ; droit seigneurial perçu à l'occasion du pacage des bestiaux. Cf. Ducange, v° *cararanna*.

CHAMBAUT, 110 ; *chamboz*, 110 n.4 ; *chemboz*, 110 n. ; pré-marais, jardin-marais. Cf. Ducange, v° *cambo*.

CHARRAU, 224 ; *chemyn charrault*, 224 n.1 ; voie carrossable. — Voir CHARRIÈRE.

CHARRIÈRE, 114 n.3, 177 ; chemin

de traverse. Cf. Ducange, v° *carreria*.
CHEIETA, 197, chute, déversoir.
CHENAU, *chenaud, chenault*. — Voir ACHENAL.
CLAUSURA, 192, 193 ; canal de desséchement.
CLUSELLUM. — Voir ECLUSEAU.
COI, 99, 101 ; *coyum*, 101 ; *coëf*, 101 ; *coes*, 101 n.8 ; *coex*, 100 n.1, 101 ; *coez*, 101 ; *coix*, 101, 204, 205, 206, 234 ; *couas*, 101 n.4, 103 ; *coy*, 101 ; *coyx*, *coyz*, 205, 206 ; conduit primitivement en bois, établi en travers d'un bot et reliant ensemble deux canaux ; fossé d'écoulement. Cf. Littré, v° *coi*.
CONCHE, 157 ; *consche*, 157 n. 2 ; cours d'eau de peu de longueur, petit port, bras dérivé. Cf. Ducange, v° *concha*.
CONTREBOT, 93, 99, 118 n. ; *contrabotum*, 192 ; canal creusé au pied du bot.
COUBLAGE, 134 n.4, 136 ; droit seigneurial perçu à l'occasion de la chasse au filet. Cf. Ducange, v° *cobla*.

*DÉLIS, 100 n.1. — Voir RELAIS (?).

ECLUSE, 21, 126 ; *exclusa*, 21 n.1 ; 188 ; *escluse*, 92 n.1, 130 n.1, 142 n.1 ; *excluse*, 124 n.4, 127 n.1, 131 n.4 ; pêcherie d'eau douce. Cf. Ducange, v° *exclusa*.
ECLUSEAU, 127 ; *clusellum*, 21 n.1 ; *exclusellum*, 39 n.2, 127 n.3, 192 ; *esclusilum*, 21 n.1 ; *eclusea* 142 n.1 ; *esclousea*, 108 n.1 ; *escluseau*, 108 n. ; petite écluse, et par extension canal de dérivation où est établie une petite écluse.
ECOURS, 31, 99 ; *excursus*, 28 n.5, 33 n.4, 99 n.4, 192, 194, 197 ; cours d'eau. Cf. Ducange, v° *excursus*.
ENCROUST, 129 ; *ancrotz*, 129 n.2 : *encrouhes*, 127 n.1 ; verveux muni d'ailes ou ailettes.
ENTRENÈGRE, 137 n. ; temps pendant lequel on pratique la chasse aux rets.

ENTRENUIT, 131, 136 ; droit seigneurial perçu à l'occasion de la chasse ou de la pêche.
ESCHENAL, *eschenau, escheneau*. — Voir ACHENAL.
ESSAIGAMENTUM, 201 ; desséchement
ESSAY, 56 n.2, 99, 204 ; *exaium*, 81, 99 n.5, 182, 184 ; *esseau*, *essiau*, 99 n 5 ; action de dessécher, et, par extension, droit de dessécher, canal. Cf. Ducange, v° *essayum*, et Godefroy, t. III, p. 257, col. 2. — Parfois *essay* semble avoir été pris comme synonyme de *coi*. Voir p. 204.
ETIER, 27, 95, 99, *esterium*, 27 n.6, 192 ; *exterium*, 126 n.3 ; *hesterium*, 28 n.2 ; canal aboutissant à la mer, et par extension toute espèce de canal. Cf. Ducange, v° *esterium*, et Littré, v° *étier*.
EXAQUARE, 39 n.1 ; *essagare*, 200 ; *exaiguiare*, 200 ; dessécher.
EXAQUARIUM, 83 n.2, 187 ; ensemble de travaux de desséchement.

FERRAYER, 96 ; *ferraier*, 234 ; *ferroyer*, 240 ; étayer, renforcer. Cf. Chronique du Langon, p. 121.
FILOTTE, 127 ; petite écluse.
FOURCHAZ, 157 ; *forchaz*, 157 n.4 ; *fourchié*, 157 n.4 ; longue perche fourchue à son extrémité inférieure, servant à la propulsion des bateaux ; actuellement appelée *pigouille*.
FRUSTE, lisez TOUSTE. Voyez ce mot.
FUERNAE, 102, 169 n.6 ; vantaux du portereau (?). Voir ce mot.

GARDOU, *gardouer*, 129 ; caisse immergée où l'on conservait le poisson vivant.
GECT. — Voir JET.
*GONNELLE, *gornelle*, 239 ; revêtement du bot (?)
GROYES, 56 n.2, 113 n., 223 ; *grois* 234 ; terre sablonneuse et marécageuse. Cf. Ducange, v° *groa*.
HERBER, *herbier*, 115 ; pré fauchable.
HESTERIUM. — Voir ETIER.

JOTIÈRES, 127; dépendance d'une écluse. — Peut-être faut-il lire, *joliéres*, murs d'aplomb avancés dans l'eau qui retiennent les berges de l'écluse et auxquels sont attachées les coulisses des vannes. Cf. Littré, v° *jouillères*.

JET, 94, 239, 240; *geet*, 220; terre qu'on tire d'un fossé ou d'un canal et qu'on jette sur les bords. Cf. Ducange, v° *jactus*, Littré, v° *jet*.

LAISSE, 92,145 ; terrain abandonné par la mer. Voir — RELAIS.

LUZAUT, *luysaut*, 136; droit seigneurial perçu à l'occasion de la chasse au filet.

MARAIS ; *maresium*, 12 n.3, 13 n.1, 92 n.3, 93 n., 112 n.3, 119 n 2, 127 n.3, 143 n.1, 182 sqq.; *mariscum*, 92 n.3, 114 n.4, 143 n.1; *maraiz*, 94 n.4; *maray*, 108 n. ; *marés*, 112 n.1, 108 n. ; *maresc*, 119; *marois*, 54 n.3 ; *maroix*, 42 n.4; *maroys*, 92 n.1, 112 n.3; *marrest*, 108 n. ; *marroys*, 117, n.1 ; *marroystz*, 114 n.3.

* MARATE, 114 ; pré-marais. Lieu dit : la Morate, Vendée, com. Saint-Benoît-sur-Mer.

* MARCHAUSSÉE, *marchaussié*, 114 ; *marescalcicia*, *mariscalchia*, 114 n 5 ;. *mareschaucée*, 100 n.1, 114 n.5; *marchaussié*, 114 n.5; marais à chevaux (?). Cf. Ducange, v^{is} *marescalciata*, *maresciscalcia*.

MERVEAUX, 134 ; *merveaulx*, *merraux*, 134 n.4 ; filets de chasse.

MERVELAGE, 136; droit de chasser aux *merveaux*. Voir ce mot.

MIZOTTIÈRES, 113, 144 ; prés couverts par la mer aux marées d'équinoxe où pousse une herbe drue et fine appelée *mizotte*. Cf. Gautier (A.), *Statistique de la Charente-Inférieure*, 2e partie, p. 20, et Cavoleau, *Statistique de la Vendée*, p. 347.

NADE, 188 n.3, 200 n 2; *nayde*, *nède* (acte du 11 mars 1499, Arch. Vienne, II. 67) ; lieu marécageux, mare. Cf. Godefroy, v° *nesde*, et Ducange, v° *neez* (?)

NOUÈRE, 37, 98 n.2, 100; *nouhère*, 158 n.3; levée de terre bordant un canal. Cf. Ducange, v° *noa*.

OYSIL, *oysif*, 110 ; *oyzif*, 100 n.1 ; osier. Cf. Littré, v° *osier*. — Il y avait jadis, au Langon, une Conche aux Oysifs (V. pl. II), dont parle Antoine Bernard, dans sa chronique.

OYSILLIÈRE, 109 ; *oyzillere*, 110 n.1; lieu planté d'osier.

PARCHET, *perchiez*, 134 ; emplacement réservé sur les vases, ou « place de mer » où l'on fichait les perches destinées à supporter des filets de chasse ou de pêche.

PERRÉ, 178: *peiratum*, 176 n.6 ; *pairé*, 169 n.6; *peré*, 108 n.1; *peyré*, 142 n.1, 175 n.3 ; *poyrez*, 114 n.3; gué pavé.

PIGOUILLE. — Voir FOURCHAZ.

PORTEL, 21 n.1; écluse de pêche.

PORTEREAU, 68 n., 70 n.4, 102, 103, 234, 235, 236; *porterellum*, 102, 197 ; porte de flot.

* POURFENS, 100 n.1; travail de défense contre la mer.

* RAES, 114; pré-marais.

RÉCALER, 95 : récurer.

RELAIS, 92,146; *relays*,92 n.1, 228; *relés*,101 n.3; terrain abandonné par la mer. — Voir LAISSE.

RESSONNÉE, 214, 222, 224; *roussionatæ* (acte du 4 janvier 1469 (n. st.). Bibl. Nat., lat. 12768, fol. 293); division agraire usitée à Luçon et à Champagné, contenant 10, 12 ou 15 arpents au plus.

RETZ, 134 ; *rects*, 134 n.3; filets de chasse tendus sur les vases de la mer.

ROUCHE, 106, 107 ; roche, 108 n. ; laîche, iris d'eau.

ROUSSIÈRE, 115 ; *rosseria*, 116 n.1 ; pré-marais.

ROUX, *rouse*, 107 n.2 ; roseau employé comme luminaire.

RUCURA, 21 n.1; pêcherie.

Sausoye, 109 ; *sauzoye*, 109 n. 4 ; marais planté de saules.

Taillée, 100 ; digue.

Tende, 135, 224 ; *tenda*, 135 n. 3 ; *tandes*, 435 n.3 ; *tantes*, 96 n.1, 135 n. 3 ; emplacement où l'on tendait des filets de chasse. Cf. Ducange, v° *tenda* 3.

Terrée, 109, 109 n. 5 ; levées de terre parallèles, séparées par des fossés, sur lesquelles on plantait des arbres.

Touste (et non *fruste*), 131 ; droit seigneurial perçu sur la pêche. Cf. Ducange, v° *tolta*.

Turcie, 236 ; nom donné aux digues sur les bords de la Loire, inusité en Bas-Poitou. L'acte auquel nous l'empruntons est daté d'Amboise.

Vergé, 128 n. 2 ; engin de pêche. Cf. Ducange, v° *vergatum*.

Vermée, 129 ; *vermeia*, 129 n. 3 ; gros paquet de vers enfilés sur des ficelles avec lequel on prend des anguilles.

Vettès, 134 ; filet de chasse ou de pêche.

Vrettez, 134 ; filet de chasse ou de pêche.

Vrignée, 109 ; marais planté d'aunes ou vergnes.

TABLE DES NOMS PROPRES

N. B. — *Les noms marqués d'un astérisque* * *n'ont pu être identifiés.*

Abbés (Achenal des). — Voir Cinq-Abbés (Achenal des).
* Absia (Botum de), 28 n. 4.
Absie (L'), Deux-Sèvres, arr. Parthenay, cant. de Moncoutant. Abbaye de Notre-Dame, 25, 28, 29, 31, 36, 47 n.3, 50, 53, 72, 81, 115 n.6, 120 n.1, 121 n.3, 142 n.1, 185, 186, 193, 197, 242.
* Achaptays (Les Grands et Petits), 164 n.2.
Achenal-le-Roy, nord de la Sèvre, 32, 34, 36, 37, 45, 46, 56, 64, 66, 68, 86, 94, 111, 118 n., 131, 146, n.1, 169, 180, 232 n.1, 233, 234, 236, 242.
— Sud de la Sèvre, 39, 40, 42.
Achenal Royal, 40
Achenal Vieille, 58.
Achenau-du-Roy, sud de la Sèvre, 40 n. — Voir Achenal-le-Roy.
Achenau-le-Roy, sud de la Sèvre, 40 n. — Voir Achenal-le-Roy.
Achenaud Neuve, 36. — Voir Achenal-le-Roy, nord de la Sèvre.
Adam, témoin en 1210, 189.
Adelburge, femme d'Adémar, 135 n.1.
Adémar, donateur du xe siècle, 135 n.1.
Agenus, 100 n.4.
Agnès, mère de Pierre de Velluire, 184.
Aigreteau (Pierre), habitant de Champagné, 231. — Voir Aygreteau (Pierre).
Aiguequée (Ecluse d'), 130 n.1. — Voir Eve-Cléé.
Aiguillon (L'), Vendée, com. de Maillezais, 108 n.

Aiguillon sur-Mer (L'), Vendée, arr. de Fontenay-le-Comte, com. de Luçon, 16 n.1, 73 n.2, 120, 130 n.6.
— (Baie de l'), 32, 91, 103, 104, 125, 126.
Aimeri, abbé de Nieul, 28 n.4.
A meri, sire de Moricq. 163 n.2.
Aines, 186 n.2. — Voir Aisne.
* Ainette, lieu-dit disparu, près d'Aisne, sans doute le Vigneau, 30, 192.
Ainou, prieur de Saint-Martin de Fontaines, 22 n.2, 136 n.3.
Airaud, habitant de Courdault, 21 n.1.
Aisne, *Aynes, Naenes, Naines, Nesne*, Vendée, com. de Chaillé-les-Marais, 16 n.1, 33 n.1, 169, 171, 184 n.3, 185, 186, 188 n. 6, 190 n.1, 192.
Alamans (Johannes), témoin en 1211, 190. — Voir Alemant (J.).
Alemant (J.), témoin en 1210, 189, — Voir Alamans (Johannes).
Aliénor d'Aquitaine, 38, 116 n.1.
Allemagnia (Galterus de), 127 n.3.
— Voir Allemagne (Gautier d').
Allemagne (Gautier d'), seigneur d'Andilly, 43 n.1, 127 n.3, 144 n. 1 et 2.
— (Hugues d'), 43 n.1, 164 n.
Alleneau (Mery), habitant de Velluire, 110 n.1.
Alleuds (Les), Deux-Sèvres, arr. de Melle, canton de Sauzé-Vaussais. Abbaye, 31 n.1, 98.
Aloete de Charons (Bot de l'), 30 n. 3. — Voir Alouette (Bot de l').
Alon, Charente-Inférieure, com.

d'Andilly-les-Marais, 22 n.1, 164 n.1.
Alons. — Voir Alon.
Alouette (Bot de l'), 30, 32, 33, 79 n.1, 95 n.2, 101 n.8.
Alouettes (Marais des), Vendée, com. de Marans, 30, 31, 95 n.3, 98, 133 n.3, 191, 192.
Alphonse, comte de Poitiers, 41 n.1, 43 n.2. 119 n.2, 129 n.3, 130 n.5, 132 n 2, 140, 142 n.1, 143, 146 n.1, 152, 160 n.2, 162 n.2.
Amarres (Les), Vendée, com. de Champagné-les-Marais, 64 n.4.
Amboise, Indre-et-Loire, arr. de Tours, chef-lieu de canton, 232, 236
— (Louis d'), prince de Talmont, 115 n.3, 117 n.1, 119 n.4, 133 n.2.
Ameline, épouse de Pierre de Velluire, 183-186.
Amourettes, Vendée, com. de Damvix, 109 n.3.
Anchais, Vendée, com. de Maillezais, 155 n.1.
Ancienne-Digue (L'), 31 n.1.
Andelée, 193. — Voir Andilly-les-Marais.
Andillé-le-Maroys, 121 n.2, 160 n.4. — Voir Andilly-les-Marais.
Andilly-le-Marois, 16. — Voir Andilly-les-Marais.
Andilly-les-Marais, Charente-Inférieure, arr. de la Rochelle, canton de Marans, 38, 39, 69 n.1, 96 n.1, 104, 112, 113 n., 121 n.2, 135, 143, 144 n.1, 145, 169, 173, 174 n.3.
— Achenal, 39-42, 54, 94, 160, 168.
— La Laisse, 145 n.2.
Andillyé, 145 — Voir Andilly-les-Marais.
André, abbé de Lieu-Dieu en Jard, 198.
Angelet (Jean), commissaire sur le fait des marais, 53, 87 n.1, 242.
Angibay, Charente-Inférieure, com. de Courçon, 176.
Angibé, 176 n. — Voir Angibay.
Angle (Bot de l'), 39-42 n.3, 127 n.3.
— (Canal de l'), 40 n.
Angledonis (Ecluse dite), près Maillezais, 21 n.1.

Anglée (l'), Vendée, com. du Poiré-sur-Velluire, 25, 28, 30, 34 n.1, 36, 93 n., 109 n.1, 120 n.1, 165 n 1, 193-197, 233 n.2.
— (Achenal et bot de l'), 28, 29, 35-37, 55, 86, 96 B.1, 102, 115 n.3, 119 n.2, 146 n.1, 242.
Angles, Vendée, arr. des Sables-d'Olonne, canton des Moutiers-les-Maufaits, 22, 43, 54, 92 n.3, 114 n.2, 116 n.1, 136 n.3, 138 n.1, 164 n.2.
— Pricuré, 43, 113 n.1, 133 n.2, 189, 198.
Angoumois (Jean d'), donateur du xie siècle, 21 n.1.
Anguillez (L'), pêcherie à Marans, 124.
Anière, Asnère. Vendée, com. de Rosnay, 154 n.1.
Anselonensium (Maresium), 188. — Voir Ascelinensium.
Apremont (Guillaume d'), 171 n.7.
Apsie (L'). — Voir Absie (L').
Aqua Quieta (Ecluse dite). — Voir Aiguequée, 21 n.1.
Arbiter (Radulfus), témoin en 1211, 190.
Arçais, Deux-Sèvres, arr. de Niort, canton de Frontenay, 15 n.2, 21, 107, 108 n.1, 111, 121 n.1, 129 n.5.
Arceau (L'), Charente-Inférieure, com. de Marans, 144 n.4.
Arcemalle (Henri d'), seigneur du Langon, 242.
— (Jacques), seigneur du Langon, 242 n.
— (Louis d'), seigneur du Langon, 165 n.1.
Archambaud (Pierre), habitant de Champagné, 239.
Arconcellum, Charente-Inférieure, com. de Marans, 21 n.2, 143 n.1, 144.
Ardouin (Estienne), 226.
Argenteau (P.), habitant de Champagné, 229. — Voir Aigreteau (Pierre)?
Arnaudeau (Jean), habitant du Poiré-de-Velluire, 115 n.4.
— (Lucas), habitant du Poiré-de-Velluire, 119 n.1.
Arsay, 129 n.5. — Voir Arçais.

TABLE DES NOMS PROPRES

Ascelinensium (Feodum), 184. — Voir Anselonensium.
Asnere, 154. — Voir Anière.
Asye en Gastine (L'), 142 n.1. — Voir Absie (L').
Auber Locart (L'), sur la Vendée, 130 n. 3.
Aubier (Le Gros), Charente-Inférieure, com. de Marans, 96 n.
Auboinsnière (L'). — Voir Aubonnière (L').
Aubonnière (Seigneur de l'), Vendée, com. de Belleville, 227.
Aubonnière (Relais de l'), Vendée, com. de Champagné-les-Marais, 227 n.2.
Aubrii (Exclusa), 188.
Audayer (Pierre), seigneur de Guignefolle, 155 n., 166 n.
Audebertus, 189.
Auguerruens, 197. — Voir Guerruens.
Aulbin (Relais), Vendée, com. de Champagné-les-Marais, 228.
Aureus Beccus (Ecluse dite), 21 n.1. — Voir Norbec.
Autgé, 174. — Voir Gué-de-Velluire (Le).
Autier (Consche), Vendée, com. de Vix, 157 n.2.
Autize, affluent de la Sèvre, 18, 123, 178.
Auvert, 210. — Voir Nauvert.
Auzay, Vendée, arr. et com. de Fontenay-le-Comte, 38, 56, 142 n.1, 242.
Auzay (Hugues d'), 115 n.6, 120 n.1, 121 n.2, 194, 197.
Avermel (J.), témoin en 1211, 190.
Avrars (Colas et Phelipon), habitants de Damvix, 124 n.1, 131 n.4.
Aygreteau (Pierre), 227. — Voir Aigreteau.
Aymeri, abbé de Moreilles, 46 n.1, 83, 163, 200.
Aymeri, prieur de Puy-Gelame, 195.
Aynes, 171 n.2. — Voir Aisne.
Aziré, Vendée, com. de Benet, 107, 108 n., 207 n.9.

Badori, 189.
Banche (Canal de la), 181.
Bande (La), 26 n.1.

Banzay, Vendée, com. de Benet, 108 n., 114 n.4.
Baraquine (La), Vendée, com. d'Angles, 128 n.
Barbe (Giraudus), témoin en 1211, 190.
Barbecane (Bot de la), 39, 42, 49 n.1, 53, 54, 69, 96 n.1, 166 n.2, 169, 170 n.1.
Barbequenne (Bot de la), 43 n.1. — Voir Barbecane (Bot de la).
Barbier (Jacques), habitant de Champagné, 228.
— (Jean), habitant de Champagné, 230.
— (Julien), habitant de Champagné, 229.
— (Micheau), commissaire sur le fait des marais, 60, 87 n.1, 217, 223, 225.
Bardette (Achenal de la), 167, 226 n.1, 236.
Barillaut (Nicolas), habitant d'Angles, 133 n.2.
Barlot (Jean), seigneur du Châtellier-Barlot, 109 n.1.
— (Joachim), seigneur du Châtelier-Barlot, 110 n.1, 115 n.3 et 4.
— (René), seigneur du Châtelier-Barlot, 109 n.1.
Bastard (Mathieu), commandeur de Puyravault, 61, 217.
Bastille (La), Charente-Inférieure, com. de Marans, 177.
Baudet (Pierre), procureur à Champagné, 61, 217.
Baussay (André), habitant de Benet, 211.
Bayet (Pierre), habitant de Benet, 211.
Beau-Cornet, Botz Cornetz, Vendée, com. de Angles, 114 n.3.
Beaumener (Jean), habitant de Champagné, 219.
Beauregard, Charente-Inférieure, com. de Marans, 158 n.1, 177.
Beauvais, 235. — Voir Beauvoir.
Beauvoir, Vendée, com. de Champagné-les-Marais, 71 n.2, 94 n.4, 98 n.4, 229, 235.
Beauvoir-sur-mer, Vendée, arr. des Sables-d'Olonne, ch.-l. de cant., 49, 137 n.2.
Bec de l'Aguillon (Le), 120 n.1. — Voir Aiguillon-sur-Mer (L').

Béchée (La), Vendée, com. de Maillezais, 155 n.1.
Becheron, 197.
Béchillon (Guillaume), seigneur d'Irleau, 124 n.1.
Belleville (Philippe de), dame de la Flocellière, 227 n.3.
Bellevue, Vendée, com. de Champagné-les-Marais, 235.
Belon, 27 n.6.
Belon (Etier du), 27.
Bellum (Esterium dictum), 27 n.6. — Voir Belon (Etier du).
Benet, Vendée, arr. de Fontenay-le-Comte, cant. de Maillezais, 106 n.1, 107 n.2, 108 n., 109 n.3, 114 n.4, 115 n.1, 116 n.4, 117 n., 124 n.1 et 4, 130, 131 n.4, 152 n.-154, 157 n.1 et 2, 161 n.3, 207-211, 213.
Benon, Charente-Inférieure, arr. de la Rochelle, cant. de Courçon, 38 n.2, 175 n.1.
Béraud, donateur du XIe siècle, 22 n.3.
Bérauld (Le), 170 n.2. — Voir Braud (Le).
Berault (Le), 167, 172. — Voir Braud (Le).
Berjoneau (Etienne), habitant de Vix, 110 n.1.
Bernard (Antoine), notaire au Langon, 241.
— (Hilaire), notaire au Langon, 241.
Bernay, Charente-Inférieure, com. de Marans, commanderie, 25, 39, 40, 42 n.4, 94 n.6, 110 n.2, 114 n.4, 116 n.4, 124 n.2, 128 n.2, 177 n.3.
Bertin (Pierre), prévôt de Benon, 38 n.2, 135 n.3, 144 n.1.
Bertrand (Pierre), habitant de Damvix, 109 n.4.
Besgue, Charente-Inférieure, com. de Saint-Martin-de-Villeneuve, 124 n.1.
Besnyer (Pierre), habitant de Benet, 211.
Bessay, Vendée, arr. des Sables-d'Olonne, cant. de Mareuil, 125, n. 2.
Besse (Pont de la), 169.
Besson (Micheau), habitant de Champagné, 224.
— (Nicolas ou Colas), habitant de Champagné, 227, 230. — Voir Bexon, Bixon.
Besuchet (Jehan), commissaire sur le fait des marais, 50, 87 n.1.
Beuf (Loys), habitant de Benet, 210.
Bexon, 230 n.1. — Voir Besson (Nicolas).
Bienvenue la Borrelle, 46 n.1.
Biez Neigre, le Bief-Noir, Deux-Sèvres, com. de Mauzé, 157 n.2.
Bigeault (Jean), habitant de Velluire, 34 n.2.
Billaudière (La), Vendée, com. de Champagné-les-Marais, 217.
Billy (Jean de). — Voir Jean Ier de Billy.
Biné, habitant du Breuil près le Langon, 158 n.3.
Bixon (Colas), habitant de Champagné, 217. — Voir Besson (Nicolas).
Blaizé, Blezay, Deux-Sèvres, com. de Saint-Hilaire-la-Pallud, 157 n.2.
Blanche Coulsdre (Maroys de), Vendée, com. de Champagné-les-Marois, 63 n.2.
Blazon (Maurice de), évêque de Poitiers, 185, 187, 190.
Blezay (Biez de), 157 n.2. — Voir Blaizé.
Blossac (De), intendant de Poitou, 73 n.2.
Bobeau (Jean), habitant de Vouillé, 240.
— (René), laboureur à Vouillé, 240, 241.
Bocine (Les), 184.
Boenets (Guillelmus), témoin en 1199, 183. — Voir Boenez (Guillelmus).
Boenetz (Guillelmus), témoin en 1199-1200, 185, 186. — Voir Boenetz (Guillelmus).
Boer (Hilarius), témoin en 1211, 190.
Boère (Levée de), 106 n.1.
Boesses, 159 n 2. — Voir Boisse.
Boeve (A. de), témoin en 1210, 189.
Boicelleau (Jean), habitant de Champagné, 219.
Bois (Etier du), 28, 64.
Bois-d'Able, Charente-Inférieure, com. de Saint-Cyr-du-Doret, 16 n.1.
Bois-de-Fontaine, Vendée, com. de

Chaillé-les-Marais, 188 n.5, 200.
Bois-Grolland, Vendée, com. du Poiroux, abbaye, 25, 27 n.5 et 6, 28 n.2, 43, 119 n.2, 120 n., 171 n.6, 182 n.2, 189.
Bois-Lambert, Vendée. com. de Montreuil-sur-Mer, 150 n.1.
Bois-Naulain, Vendée, com. de Maillezais, 155 n.1.
Boisse, Vendée, com. de Saint-Médard-des-Prés, 159 n.2, 195.
Boisse (Olivier de), 195.
Bon (Gilles), habitant de Benet, 210.
— (Toussainctz), habitant de Benet, 210.
Bonet (Guillaume), 183 n.3. — Voir Boenets (Guillelmus).
Bonnaud (Jacques), habitant de Champagné, 220.
Bonneau (Le), 71. — Voir Bot-Neuf (Achenal de).
Bonneau (Jehan), habitant de Benet, 210.
— (Pierre), habitant de Benet, 211.
Bonnessay (Guillaume de), commissaire sur le fait des marais, 50, 87 n.1.
Bonnet (Jean), procureur du roi, 146.
— (Pierre), laboureur à Benet, 210.
— (Pierre), marchand à Benet, 210.
Bonnevaux, Vienne, com. de Marçay. Abbaye de Notre-Dame, 31 n.1, 192 n.6.
Bonnyer (Constantin), habitant de Benet, 210.
Booth-le-Roi, 40 n.
Booth-Neuf (Le), Vendée, com. de Sainte-Radegonde-des-Noyers, 184 n.5.
Booth-Neuf (Arceau du), 26 n.1, 171 n.3.
Bordes (Les), 28 n.1. — Voir Bourdeau (Le).
Bordes (Achenal des), 28. — Voir Bourdeau (Achenal du).
Borreau (Les), habitants de Saint-Hilaire-la-Palud, 108 n.1.
Bosco (Hesterium de), 28 n.2. — Voir Bois (Etier du).
Boson (Pierre), commandeur du Temple, 40.
Bot (Le Grand). — Voir Grand-Bot (Le).
Bot de Garde. — Voir Garde (Bot de).

Bot-l'Abbé, 117 n.1, 165 n.1.
Bot-l'Abé, 117 n.1. — Voir Bot l'Abbé.
Bot Herbu (Le), 57, 97 n.4, 135 n.3.
Bot-Neau, Vendée, com. de Chaillé-les-Marais, 200 n.2.
Bot-Neuf (Le), à Mouzeuil, 150 n.3, 165.
Bot-Neuf (Achenal de), nord de la Sèvre, 26, 31, 59, 62, 67, 68 n., 70 n.4, 73, 80, 83, 101, 116, 171, 174 n.1, 180, 199, 200, 220, 221, 226 n.1.
Bot-Neuf (Le), sud de la Sèvre, 42.
Bot-Nou, 184, 186 n.2. — Voir Booth-Neuf (Le).
Bots (Les Petits). — Voir Petits-Bots (Les).
Bots (Les Vieux). — Voir Vieux-Bots (Les).
Bots-Cheminaux (Les), 57, 58 n.1, 238.
Bots-Courants (Les), 97.
Botz Corneiz (Les). — Voir Beau-Cornet.
Bouchayres (Jehan et Colas), habitants de Damvix, 124 n.1, 131 n 4.
Boucher (Jean), habitant de Saint-Martin-l'Ars, 46 n.1, 171.
Bouchet (François du), seigneur de Sainte-Gemme, 38 n.
— (Lancelot du), seigneur de Sainte-Gemme, 217 n.3.
Bougraigne (La), 234. — Voir Bougrine (La).
Bougregne (La), 228. — Voir Bougrine (La).
Bougrine (La), Vendée, com. de Champagné-les-Marais, 228 n.2.
— Voir Bougraigne (La).
Bougueraine (Seigneur de la), 228 n.2.
Bouher (Marc), habitant de Benet, 210.
Bouhereau (Laurens), habitant de Puyravault, 220.
Bouhier (Jonas), sénéchal du Langon, 241, 242.
Bouil (Le), Vendée, com. de Chaillé-les-Marais, 36, 66.
Bouillé-Courdault, Vendée, arr. de Fontenay-le-Comte, canton de Maillezais, 178.
Boulaye (La), Vendée, com. de Luçon, 72 n.3, 73.

BOULLAIE (La), 72 n.3. — Voir BOULAYE (La).
BONNEUF (Achenal de), 220, 221. — BOT-NEUF (Achenal de).
BOURDEAU (Le), Vendée, com. de Champagné-les-Marais, 61.
— Achenal, 28, 56, 73, 85, 222.
BOURG-CHAPPON, Charente-Inférieure, com. de Charron, 177.
BOURGNEUF, Vendée, com. de Fontaines, 107, 109 n.2, 155 n.1.
BOURNEAU (Mery), habitant de Benet, 211.
BOURNEUF, 109 n.2. — Voir BOURGNEUF.
'BOUTEILLE (Conche de la), Vendée, com. de Damvix, 157 n. 2.
BOUYER (Pierre), habitant de Benet, 210.
BOYOT, garde du scel, 213.
BRANTOSME (Jehan), habitant de Marans, 159 n.2.
BRAUD (Le), le Berauld, Charente-Inférieure, com. de Charron, 26, 32, 54, 166-168, 170, 172, 192 n.3 et 5, 235.
BRECHOU (Jean), lieutenant de Fontenay-le-Comte, 178 n.2.
BREDIN (André), habitant de Champagné, 219.
BRELAY (Guillaume), habitant de Benet, 211.
BRENNESSART, Vendée, com. de Saint-Benoit-sur-Mer, 130 n.6.
BRESCARD, sieur de la Corbinière, 73 n.3.
BRETAUD (François), habitant de Champagné, 238.
BRETHYN (Jean), prêtre. — Voir BRETIN (Jean).
BRETIN (Jean), prêtre, 61, 219, 224.
BRETONNERE (La), 124 n. et n. 3. — Voir BRETONNIÈRE (La).
BRETONNIÈRE (La), Vendée, arr. de la Roche-sur-Yon, cant. de Mareuil, 16 n.1, 73, 111, 124 n., 124 n.1 et 3, 130, 131 n.4, 134 n.4, 136 n.1, 155 n.
BREUIL (Le), Vendée, com. de Chaillé-les-Marais, 112 n.1, 188 n.6.
BREUIL (Le), Vendée, com. du Langon, 37.
— (Bot du), 98 n.1, 158 n.3, 165 n.1.
BRIDIER, chevalier, 29 n.

BRIE (La), Charente-Inférieure, com. d'Andilly-les-Marais, 39, 43 n.2, 54 n.2, 141 n.2, 143, 164 n.1, 169 n.6.
— (Bot de), 39-41.
' BRILLOUET (Le), Vendée, com. de Champagné-les-Marais, 227.
BRISSON (Barnabé), 34 n.2, 130 n.4.
— (François), lieutenant particulier à Fontenay, 87 n.1, 232.
— (Nicolas), 232 n.4.
— (Pierre), sénéchal de Fontenay-le-Comte, 72, 73, 87 n.1.
BROLEAU (Guillaume), habitant de Benet, 210.
' BROLIUM Herbaudi, Vendée, com. de Chaillé-les-Marais, 112 n.1. — Voir BREUIL (Le).
BROLOET (Willelmus de), témoin en 1211, 28 n.4.
BRON (Pont du), 160. — Voir BRAUD (Le).
BROSSES (Seigneur des), 224.
BROSSES (Vicomte de), 210.
BROUAGE, Charente-Inférieure, com. de Hiers-Brouage, 101.
BRUNE (Marais de la), Charente-Inférieure, com. de Marans, 39, 43.
— (Achenal de la), 42, 44, 54, 78, 94, 101 n.2, 181.
— (Nouvelle), 54.
— (Pont de la), 42, 144.
BRUNES (Les Vieilles), 42 n.2, 54 n.3.
BRUSLART (François), prieur de Vouillé, 130 n.4.
BUTAUD (André), habitant de Champagné, 224.

CAALERIA (Willelmus de), témoin en 1217, 195.
CADOIFFE (Renaut), 192 n.4.
CADUPELLIS (Villa), 121 n.2, 141 n.4. — Voir CHOUPEAU.
CAILLEAU (Françoys), habitant de Champagné, 230.
CAILLÈRE (La), Vendée, com. du Gué-de-Velluire, 195 n.11.
CANALIS Regius, sud de la Sèvre, 40 n.1. — Voir ACHENAL LE ROY.
CAORCIN (Willelmus), témoin en 1211, 190.
CAPITULI Pictavensis (Maresium). La Chapitrie, Vendée, com. de Champagné-les-Marais, 28 n.2.

TABLE DES NOMS PROPRES

Cardin (Laurent), laboureur à Saint-Sigismond, 115 n.5.
Carré (Perrette), dame d'Andilly, 69 n.1.
Cautheau (Baudouyn), habitant de Benet, 211.
Celesium, 21 n.1.—Voir Damvix(?).
Celiacinse (Condita), en Aunis, 21 n.1.
Celle (Hugues de la), commissaire du roi, 46 n.1.
Cerf-Volant(Le), *Servelant*, Deux-Sèvres, com. de Coulon, 207.
Cérigné, 121 n.2, 157 n.1. — Voir Sérigny.
Ceriziers (Les), Vendée, com. du Fougeré, couvent, 234.
Cesse (Pont de), Deux-Sèvres, com. de Frontenay-Rohan-Rohan, 179 n.1.
Chabot (André), habitant de Puyravault, 220.
— (Pierre), habitant de Velluire, 109 n.1.
— (Thomas), habitant de Velluire, 115 n.3.
Chadonis (Exterium), 136 n.3. — Voir Chaon (Etier de).
Chaigneau (Alain), habitant de Benet, 210.
Chaillé-les-Marais, *Chaliacum*, *Challeium*, *Chaylleium*, Vendée, arr. de Fontenay-le-Comte, ch.-l. de cant., 16 n.1, 26-28, 30-33, 46, 53, 56, 81-83, 111-113, 118 n.1, 132 n.2, 147, 163, 168-172, 183, 186-188 n.1 et 5, 189, 190, 192-195, 199 n.2 et 3, 200, 201, 214, 218, 223, 241-243.
Chaillé (Etier de), 32.
Chaix, Vendée, arr. et cant. de Fontenay-le-Comte, 56, 107, 111, 157 n.4, 243.
Chaliacum, 112 n.1. — Voir Chaillé-les-Marais.
Challeio (Botum et excursus de), 28 n.5, 33 n.1. — Voir Chaillé.
Challeyum, 190. — Voir Chaillé-les-Marais.
Chalonge (Mauricius), prévôt, témoin en 1200, 186.
Chambes (Philippe de), seigneur de Champagné, 219 n.1.
Champagné-les-Marais, Vendée, arr. de Fontenay-le-Comte, cant. de Chaillé-les-Marais, 16 n.1, 25,
27, 28, 33, 51, 53, 56, 58, 59, 61, 63, 64, 67, 68, 72 n.3, 73, 85, 88 n.3, 93 n., 95, 98 n.4, 99 n. 2, 103, 112, 113 n., 116 n.4, 119 n.2, 121, 128 n., 131 n.3, 134-137 n.2, 145, 146 n., 159 n. 1, 160 n.1, 162 n.2, 166, 167, 169 n.3, 170, 172, 204, 214, 216-224, 226, 229, 230, 232, 240. — Achenal, 56, 85, 103, 113 n., 131 n.1, 219, 222, 224, 225 n.1, 228, 229, 234-238.
— Confrairie Notre-Dame, 227. — Curé, 228. — Fabrique, 226. — 228, 239. — Seigneur, 61, 64, 67, 73, 88 n. 3, 99 n.2, 128 n., 131 n.3, 136, 137 n.2, 145, 146 n., 160 n.1, 218, 219 221, 228, 232-235.
Champegné, 28 n. 1. — Voir Champagné-les-Marais.
Champeigné, 121. — Voir Champagné-les-Marais.
Champgillon. — Voir Changillon.
Champigny, 167.—Voir Champagné-les-Marais.
Changillon, Vendée, com. de Saint-Juire-Changillon, 203, 204, 206.
Chaon (Etier de), 136 n.3.
Chaors (Guillaume de), receveur du comte de Poitiers, 190 n.8.
Chapellenie Blessenoys (La), Vendée, com. de Champagné-les-Marais, 227.
Chappea (André), habitant de Sansais, 115 n.1.
Chappellenies (Les), Vendée, com. de Puyravault, 51, 52, 56, 205.
Chappes (Seigneur de), 210.
Charion (Marais), Vendée, com. de Rosnay, 154 n. 1.
Charle (Christofle), clerc à Amboise, 237.
Charlemagne (Chemin de), 175.
Charles V, roi de France, 49 n.1, 164 n.1.
Charles VII, roi de France, 47, 50 n.1, 53 n. 2, 54.
Charles VIII, roi de France, 54 n.1.
Charles IX, roi de France, 69 n.1, 141 n.3.
Charles d'Anjou, 54 n.2.
Charrie (La), Vendée, com. Triaize, 64 n.4, 160 n.2, 167, 169 n.3, 171, 220, 223, 224, 233.
— Achenal. — Voir Luçon (Achenal de).

17

Charron, Charente-Inférieure, arr. de la Rochelle, cant. de Marans, 16 n. 1, 54, 71, 134, 137 n., 146, 168, 172, 177.
— Abbaye de la Grâce-Notre-Dame, 25, 30, 31 n.1, 54 n.2, 191-193.
Charroux, Vienne, arr. de Civray, ch.-l. de cant. Abbaye, 44 n. 1.
Charroye (La).— Voir Charrie (La).
Charzais, Vendée, arr. et cant. de Fontenay-le-Comte, 35.
Chaslon (Jean), prieur de Bouillé, 178 n. 3.
Chasteau-Bon, Vendée, com. de Vouillé, 130 n.4.
* Chastegnay (Seigneur de), 227.
Chastegnier (Seigneur de), 227 n.5.
Chasteigner (Guillaume), 82, 190, 194, 197.
— (Guyon), 130 n.1.
Chastener (Willelmus), 194, 197.— Voir Chasteigner (Guillaume).
Chat (P.), chevalier, témoin en 1217, 198.
Chataigneraie (La), Vendée, arr. de Fontenay-le-Comte, ch.-l.de cant., 73, 190 n.3.
Chateaupers (Jean de), seigneur de Massigny, 111 n.1.
Chateauroux (Vicomte de), 210.
Chatelars (Gaufridus de), chevalier, témoin en 1217, 198.
Chatellier-Barlot (Le), Vendée, com. du Poiré-de-Velluire, 137 n.2.
Chatelliers (Les), Deux-Sèvres, com. de Fontperron. Abbaye de Notre-Dame, 191.
Chauveau (Françoys), habitant de Benet, 211.
— (Guillaume), habitant de Benet, 211.
* Chauvelere (La), Deux-Sèvres, com. de Arçais, 108 n.1.
Chaylleium, 46 n.1. — Voir Chaillé-les-Marais.
* Cheniau (Relais), Vendée, com. de Champagné-les-Marais, 228, 229.
* Chepdeneye, 164 n.
* Chepdeye, 164 n.
Cherbonnière, 94 n. 8.
Chesseraud (Pierre), habitant de Benet, 210.
Chevrettes, Vendée, com. de Nalliers, 37 n.4, 242.
Chopeas, 142 n.1. — Voir Choupeau.

Chopin (Etienne), commissaire sur le fait des marais, 60, 87 n.1, 217, 223, 225.
Choppin (François), 227.
Choupeau, Cadupellis, Charente-Inférieure, com. de Saint-Jean-de-Liversay, 107 n.1, 121 n.2, 132, 141 n.4, 142 n. et n. 1.
Chouppeau, 107 n.1. — Voir Choupeau.
Cinq-Abbés (Achenal des), 31, 33, n.5, 44, 46, 60 n.2, 71, 73, 78, 103 n. 3, 169, 181, 235, 242.
Citeaux, Côte-d'Or, com. de Saint-Nicolas-les-Citeaux. Abbaye, 191.
Claie (La), Vendée, arr. de la Roche-sur-Yon, cant. de Mareuil, 43, 107 n.1, 130, 136 n.1, 157 n.4.
Clain (canal du), 26 n. 1, 180.
Claiz-Baritaudière (Pas de), 165.
Clerc (Jean), aumônier de Benet, 210.
Clote (Maurice de la), prieur de Sainte-Croix de Mauzé, 124 n.1 157 n.2, 159 n.1.
Clou Bouhet (Le Veil), le Clou-Bouet, Charente-Inférieure, com. de Charron, 54 n.3.
Clou Buert (La raes), 114 n.3. — Voir Cloubue (Le).
* Clou Fretereau (Le), Vendée, com. de Longeville, 115 n.3.
* Clou Guyton (Le), Vendée, com. de Longeville, 115 n.3.
* Clou Robert (Le), Vendée, com. de Longeville, 120 n.
Cloubue (Le), Vendée, com. de Angles, 114 n.3.
Clouze (La), Charente-Inférieure, com. de Saint-Ouen, 141 n.1.
Cochard (Collas), habitant de Benet, 210.
— (Jehan), habitant du Mazeau, 107 n.2.
Cocué (Pierre), habitant de Niort, 110 n.1.
Cocis (Canale de), 43 n.1. — Voir Cosses (Canal de).
* Codoifer (Exclusellum), 192.
* Coings de Bynecte (Le), Vendée, com. de l'Ile-d'Elle, 108 n.
Colez (Pierre), habitant de Champagné, 27 n.6.
* Collombin (Le), Charente-Inférieure com. de Marans, 31 n. 1.

TABLE DES NOMS PROPRES

Combaron, Vendée, com. du Poiré-de-Velluire, 142 n.1.
Conche Torte (La), Vendée, com. de Damvix, 157 n.2.
Conches (Baron de), 207, 210.
Concrasse (Achenal), 167 n.3.
Condroys (Pierre), habitant de Champagné, 225.
* Confluentium, 20 n.2.
Contrebot-le-Roi, 32,37, 99, 118 n.
* Cornete (La), Vendée, com. de Angles, 114 n.3.
Cortecheau (Le sieur), habitant de Champagné, 229.
Cosses (Canal de), 42, 43 n.1.
— (Marais de), Charente-Inférieure, com. de Marans, 42 n.4.
Coteau (Le), Vendée, com. de Chaillé-les-Marais, 200 n.2.
Coteau-Gourdon (Le), Vendée, cant. de Mareuil, 130.
Couas (Le), Vendée, com. de Champagné-les-Marais, 103.
* Coudraye (La), 88 n.3, 155 n.
Coueresse (Achenal de la), 167 n.3, 225 n.1, 226.
Couheresse (Achenal de la). — Voir Coueresse (Achenal de la).
Couillebaud (Michau), habitant de Champagné, 229.
Couldreau (Jehan), habitant de Benet, 210.
Coullon, 150 n.1. — Voir Coulon.
Coullons, 160, 161. — Voir Coulon.
Coulon, Deux-Sèvres, arr. et cant. de Niort, 15 n.1, 18 n.2, 92, 107, 108 n., 110, 115 n.2 et 5, 129 n. et n.1, 137 n.3, 150 n.1, 152 n., 159 n.1, 160, 161, 207, 211.
Coulons, 108 n. — Voir Coulon.
Courçon, Charente-Inférieure, arr. de la Rochelle, ch.-l. de cant., 176.
Courdault, Vendée, com. de Bouillé-Courdault, 21.
* Couretta (La), 184.
Courson, 176. — Voir Courçon.
Coussais (Notre-Dame de), Vendée, com. du Poiré, 34 n.1, 36, 37 n.4, 56, 110 n.1, 243.
Coussaye (Notre-Dame de), 34 n.1, 110 n.1. — Voir Coussais (Notre-Dame de).
* Coustette (La), Vendée, com. de l'Ile-d'Elle, 108 n.

Cousture (La), 154 n.1. — Voir Couture (La).
Couture (La), Vendée, arr. de la Roche-sur-Yon, cant. de Mareuil, 154 n.1.
Cram, Charente-Inférieure, cant. de Courçon, 111.
Crasses (Chemin des), à Champagné-les-Marais, 237, 239.
Creux-qui-bouille (Hutte du), com. de l'Ile-d'Elle, 18 n.1.
Crevasse (Hutte de la), Vendée, com. du Poiré, 35.
Croix du Berauld (La), 235. — Voir Braud (Le).
Cron, 111 n.1. — Voir Cram.
Cruzellerie (Bot de la), 165.
Cruzilleuse (Bot de la), 165.
* Culasse (La), Deux-Sèvres, com. de Coulon, 150 n.1.
Culasses (Les), Vendée, com. de Sainte-Christine, 207 n.8.
Curée (La), petite rivière de la Charente-Inférieure, 18 n.3, 39, 176.
Curzon, Vendée, arr. des Sables-d'Olonne, cant. des Moutiers-les-Maufaits, 43, 82, 93 n., 114 n.3, 130, 130 n.7, 142 n.1, 171.

Dabrvert, habitant de Vix, 21 n.1.
Daillet (Pierre), laboureur de Maillezais, 108 n.
Dampvix, 109 n.3. — Voir Damvix.
Dampvys, 124 n.1 et 4. — Voir Damvix.
Damvix, Vendée, arr. de Fontenay-le-Comte, cant. Maillezais, 15 n.2, 21, 92, 107, 109 n.3, 113, 117 n., 124, 157, 211.
David (Guillaume), laboureur de Frontenay-l'Abattu, 179 n.1.
Debourges (Françoys), habitant de Benet, 211.
* Deffens (Les), Deux-Sèvres, com. d'Arçais, 129 n.5.
Delezay (Louis), seigneur du Vanneau, 129 n.
Denfer (Pierre), receveur de la seigneurie de Champagné, 61, 217.
Depons (Jean), habitant du Langon, 37 n.2.
Derrye (Pierre), habitant de Champagné, 230.

DESBEGNES (Pierre), habitant de Nuaillé, 94 n.6.
DESCHAMPS (Colas), batelier de Marans, 159 n.2 et 3.
DESPLANS (Jacques), habitant de Benet, 210.
DESPREZ (Antoine) sénéchal de Poitou, 65.
— (Quantin), écuyer, seigneur d'Auvert ou Nauvert, 210.
DIGUE (L'ancienne). — Voir ANCIENNE-Digue (L').
DIVE (La), Vendée, com. de Saint-Michel-en-l'Herm, 16 n.1.
DOIX, Vendée, arr. de Fontenay-le-Comte, cant. de Maillezais, 56, 107, 243.
DOMAIN de Naines, témoin en 1211, 190.
DORBET (Maroys), 110 n.2. — Voir NORBEC.
DORET, Charente-Inférieure, com. de Saint-Cyr-du-Doret, 175, 176 n.
DOULCE (Port de la), à Velluire, 110 n.1.
DOUX, Vendée, com. Doix, 108 n.
DUBOIS (Achenault des), 94 n.6.
DUMONT (Jacques), habitant de Velluire, 109 n.1.
DUNE (La), Vendée, com. de Saint-Michel-en-l'Herm, 16 n.1, 44 n., 58, 170.
DUPIN (Hugues), habitant de Benet, 211.
— (Robert), habitant de Benet, 210.
DUPLESSIS (Huguet), habitant de Benet, 211.
DUPONT (Guillaume), prieur de St-Pierre de Mauzé, 107 n.1, 128 n.2.
DURAND (Guillaume), 108 n.
— (Nau), habitant de Benet, 210.
DURANDEAU (Loys), habitant de Benet, 210.
DURANT (Jean), habitant de Sainte-Radegonde-des-Noyers, 220.
DURUY, 232 n.1, 237.

ECLUSEAUX (Les), Charente-Inférieure, com. de Marans, 192 n.4.
ECOUÉ, Vendée, com. de Montreuil, 150 n.1.
EGUILLON (La Culace de), 108 n. — Voir AIGUILLON.
ELIZABETH, veuve de Jean de Jart, 171 n.6.

ELLA (Insula de), 107 n.2. — Voir ILE-D'ELLE.
ELLE, 16 n.1.—Voir ILE-D'ELLE (L').
EPINE (L'), Vendée, com. de Puyravault, 228 n.1.
ERMENGARDE, épouse de Daervert, habitant de Vix, 21 n.1.
ESCOUBLEAU (Henri d'), évêque de Maillezais, 72, 176 n.
ESCOURCEAU (Bot de l') 221 n.2.
ESCUYER (Thomas), habitant de Benet, 211.
* ESGAGERIE (L'), sur la Sèvre, 152 n.
ESMER (Micheau), habitant de Damvix, 109 n.3.
ESNANDES, Charente-Inférieure, arr. et cant. de la Rochelle, 16, 113 n., 131 n.3, 134, 135, 160 n.4, 167, 168.
ESPINES (Les grands), 228. — Voir EPINE (L').
ESPINES (Les petites), 227. — Voir EPINE (L').
ESSARTS (Les), Vendée, arr. de la Roche-sur-Yon, ch.-l. de cant. 187 n.5.
ESSAY-L'ABBÉ (L'), 56 n.2.
ESTRABONNE (Baron d'), 210.
ESTIVAULX (Bot d'), 165.
ETIENNE, abbé de Maillezais, 188 n.7, 195.
EUVRE (Bot de l'), 63 n.2. — Voir ŒUVRE (Bot de l').
EVE-CLÉE Deux-Sèvres, com. d'Arçais ; écluse. *Aqua Quieta*, 21 n.1 ; *Aiguequée*, 130 n.1 ; *Veclée*, 127 n.1.
EVRARDUS, abbé de Luçon, 186.

FAUSILLON, 177 n. 4. — Voir FOSSILLON.
FAUSSEBRIE, Vendée, com. de l'Ile-d'Elle, 108 n.
FAUTE (La), Vendée, com. de la Tranche, 54, 112 n.3.
FENOUSE (Achenal de la, 56, 205, 221, 226, 236.
* FIEF-le-Roy, Vendée, com. de Montreuil-sur-Mer, 150 n.1.
FLANDRE (Dessèchements en), 77, 79, 80, 86.
FLOCELLIÈRE (La), Vendée, arr. de Fontenay-le-Comte, cant. de Pouzauges, seigneur, 64, 227, 228, 228 n.2, 239.

TABLE DES NOMS PROPRES

* FLUYRÉ, 42 n.3. — Voir SUIRÉ (?)
FOÇAI (Ugo de), cappellanus, 186.
FOLIE (Ecours de la), 31. 192.
FOLYE (La), 31 n.1. — Voir FOLIE (La).
FONTAINES, Vendée, arr. et cant. de Fontenay-le-Comte, 56, 107, 108 n, 109, 155 n.1, 164 n.2, 243.
FONTAINES, Vendée, com. le Bernard, 71, 96 n.1, 100 n.1, 101 n.3, 113 n.1, 114 n.3 et 5, 117 n., 121 n.1, 138 n.1, 163 n.2.
— Prieuré de Saint-Martin. 22 n.2, 25, 43, 71.
FONTAYNE, 113 n.1. — Voir FONTAINES.
FONTENAY-le-Comte, Vendée, ch.-l.-d'arr., 29, 35, 46, 48, 49, 60, 61, 67, 72, 111, 113 n., 130, 130 n 5, 142 n.1, 143 n.1, 159, 160, 170, 172-175, 178 n.2, 210, 213, 214, 217, 219, 232, 233.
— Faubourg des Loges, 35, 48.
FONTENELLES (Bot des), 64.
FONTEVRAULT, Maine-et-Loire, arr. et cant. de Saumur, abbaye, 161 n.2, 234.
FONTINIACUM. — Voir FONTENAY.
FORCIN (Le), Vendée, com. de Champagné-les-Marais, 63 n.2.
FORGES (Ecluse de), Deux-Sèvres, com. de Damvix, 117 n.
FORTIS (WILLELMUS), prieur de Xanton, 198.
FOSSILLON, Charente-Inférieure, com. de Marans, 177.
FOU (Marie du), dame de la Boulaye et de la Bretonnière, 73.
FOUCAUD (Guillaume), habitant de Champagné, 228.
FOURESTIER (Jacques), habitant de Champagné, 227-229.
FOURNERASSE (Marguerite), de Velluire, 110 n.1.
FOUSSAIS, Vendée, arr. et cant. de Fontenay-le-Comte, 186 n.9.
FOUSSEBRYE, 108 n. — Voir FAUSSEBRIE.
FRAIGNEAU, Charente-Inférieure, com. de Saint-Cyr-du-Doret, 175 n.1, 177 n.3.
FRAIGNEAU, Vendée, com. de Montreuil, 56, 243.
FRANCHARDS (Pierre et Etienne), habitants de Marans, 11, 31 n.1, 92 n.1, 106 n.1, 108 n.
FRANÇOIS Ier, roi de France, 213, 214.
FRANÇOIS II, roi de France, 67.
FRAPPIER (Vincent), tenancier du prieuré de Saint-Martin de Fontaines, 114 n.3.
FRENADE (La), Charente, com. de Merpins. Abbaye, 191.
FRESGNEAU. — Voir FRAIGNEAU.
FRONTENAY-l'Abattu, 176. — Voir FRONTENAY-Rohan-Rohan.
FRONTENAY-Rohan-Rohan, Deux-Sèvres, arr. de Niort, ch.-l. de cant., 176, 179 n.1.
FURNERAZ (Phelippon), habitant de Velluire, 110 n.1. — Voir FOURNERASSE (Marguerite).

GALERNE (Pont), à Puyravault, 56 n.2.
GALLOGEAS (Symon), témoin en 1199, 185.
GALLOYS (Thomas), habitant de Champagné, 231.
GARAIL (Petrus), témoin en 1199, 183, 186 n.6. — Voir GUARAT (Petrus).
GARDE (Bois de), 58, 61-63, 68, 73, 103, 225, 226, 235.
GARDICUS (Willelmus), chapelain de Pierre de Velluire, 191.
GARETTE (La), Deux-Sèvres, com. de Sansais, 150 n.1, 161.
GARINE, Guérine, Vendée, com. de Damvix, 109 n.3.
'GARINET (Exclusellum), 192.
GARNIER (André), habitant de Benet, 210.
— (Pierre), habitant d'Aziré, 210.
'GARRUCENSIUM (Dominium), 190.
GART (G. de), 138 n.1.
GAST (Pierre), habitant de Champagné, 226, 235.
GAUDINEAU (Nicolas), sergent royal à Fontenay, 87 n.1.
GAUDUCHEAULX (Les), habitants de Champagné, 235.
GAULTREAU (Collas), habitant de Benet, 211.
GAUTERIUS, témoin en 1200, 187.
GAUTIER (Jean), habitant d'Andilly, 168 n.3.

GAUVAIN, greffier au Langon, 242.
GAZEAU (Mathieu), seigneur de la Brandannière, 149 n.4.
GEAY (Ollivier), habitant de Benet, 210.
GELÉ (Françoys), habitant de Benet, 210.
— (Pierre), habitant du Mazeau, 107 n.2.
GELOT (Pierre), habitant de Benet, 210.
GEOFFROY, abbé de l'Absie, 195, 198.
GEOFFROY III d'Estissac, évêque de Maillezais, 217 n.2.
GÉRARD, prieur de Vouillé, 195.
GERUYER, habitant de Chevrettes, 242.
GILOISE (La), Charente-Inférieure, com. de Marans, 144 n.4.
GIRARD (Jean), seigneur de Moricq, 120 n.1.
GIRARD, dit Pied-Bot, abbé de Saint-Michel-en-l'Herm, 49 n.1.
GIRART, censitaire de la commanderie de Margot, 115 n.5.
GIRET Martineau. — Voir MARTINEAU (Giret).
GIRONNIÈRES (Les), Charente-Inférieure, com. de Marans, 103 n.3.
GODET (Pierre), habitant de Benet, 211.
GODILLON (Jehan), habitant de Benet, 211.
— (Thomas), habitant de Benet, 211.
GOGAUT (Hugo), témoin en 1211, 190.
— (J.), témoin en 1211, 190.
GOGUET (Christophe), sieur du Pairé et de la Rochette, président à Fontenay-le-Comte, 11, 31 n.1, 92 n.1, 106 n.1, 108 n., 161 n.3.
GORON (Jehan), habitant de Marans, 134 n.3. — Voir GORRON (Denis et Jehan).
GORRON (Denis et Jean), habitants de Marans, 12, 92 n.1, 97 n.2, 108 n., 115 n., 150 n.1.
GOSCELINUS. — Voir JOSSELIN.
GOT (Gabriel), habitant de Damvix, 109 n.4.
— (Jehan), habitant de Damvix, 109 n.3.
GOULARD (François), habitant d'Arçais, 129 n.5.

GOYMARD (Loys), habitant de Benet, 211.
GRACE-Dieu (La), Charente-Inférieure, com. de Benon. — Abbaye, 25, 30, 31 n.1, 38, 40-43, 48, 78 n.2, 82, 95 n.3, 102 n.1, 124 n.1, 128 n.1, 133 n.3, 140, 141 n.2, 143, 144, 152, 164 n.1, 169 n.6, 186, 190-193.
GRANATERIE (Domum), 27 n.5. — Voir GRENETIÈRE (La).
GRAND-Bot (Le), 31, 174 n.1.
GRAND-Gemeau (Le). — Voir JUMEAUX (Les).
GRAND Mothe (La), Vendée, com. du Mazeau, 207, 211, 212.
GRANDS Bosts (Les), 31 n.1 — Voir GRAND Bot (Le).
GRANDS Maroys (Les), Deux-Sèvres, com. de Coulon, 211.
GRANGE (La), Charente-Inférieure, com. de Villedoux, 169 n.6.
GRANGE-l'Abbé (Bot de la), 165.
GRATIA Dei (Maresium), 28 n.4.
— Voir GRACE-Dieu (La).
GREFFIER, habitant de Champagné, 238. — Voir GRIFFER (Jamet).
— (Charles), sergent de la cour de Champagné, 219.
GRENETIÈRE (La), Vendée, com. de Champagné, 27 n.6, 28 n.2, 100 n.5, 235.
— Achenal, 27, 28, 56, 67, 68 n., 73, 162 n.2, 222, 227, 235.
— Grand relais, 227.
GRENOUILLÈRE (La), Vendée, com. de Rosnay, 155 n.
GRESSAUDERIE (La), Charente-Inférieure, com. de Marans, 92 n.1.
GRÈVE (La), Charente-Inférieure, com. de Saint-Martin-de-Villeneuve, 176.
'GRÈVE (LA), Vendée, com. de Vouillé, 130 n.4.
GRIFFER (Jamet), habitant de Champagné, 231.
GRIFFIER, 223. — Voir GREFFIER et GRIFFER.
GRIGNON (François), habitant du Poiré-de-Velluire, 130 n.4.
— (Pierre), habitant de Champagné, 231.
GROIX (Les), Vendée, com. de Champagné-les-Marais, 56 n.2, 223, 234.

Gros-Morillon (Le), Vendée, com. de Chaillé-les-Marais, 33 n.3.
Groussault, Vendée, com. de l'Ile-d'Elle, 108 n.
Groyes (Les). — Voir Groix (Les).
Grues, Vendée, arr. de Fontenay-le-Comte, cant. de Luçon, 16 n.1, 177 n.5.
Guarat (Petrus), témoin en 1200, 186.
Guay (Collas), habitant de Benet, 210.
— (François), habitant de Benet, 211.
— (Jehan), habitant de Benet, 210.
Guazildis, donatrice du xie siècle, 21 n.2.
Gué au Besson (Le), sur le Lay, 155 n.
Gué-d'Alleré (Le), Charente-Inférieure, arr. de la Rochelle, cant. de Courçon, 132 n.2, 175.
Gué-de-Velluire (Le), Vendée, arr. de Fontenay-le-Comte, cant. de Chaillé-les-Marais, 15 n.2, 50, 56, 70 n.3, 113 n., 130, 170, 172, 174 n.3, 175, 242.
Guérin (François), habitant de Champagné, 228.
Guerra (Petrus), témoin en 1199, 184. — Voir Guarat.
Guerruens, 194. — Voir Auguerruens.
Guieneu (Raginerius), habitant de Fontenay-le-Comte, 143 n.1.
Guilbaud (Clément), habitant de Champagné, 230.
— (Richard), habitant de Champagné, 227, 230, 231. — Voir Guillebaud.
Guillaume III Tête d'Étoupe, duc d'Aquitaine, 21 n.1. 100 n.4.
Guillaume IV Fier-à-bras, duc d'Aquitaine, 21 n.1, 132.
Guillaume V, duc d'Aquitaine, 20 n 2.
Guillaume, abbé de Bois-Grolland, 189.
Guillaume, abbé de la Grâce-Dieu, 40.
Guillaume, abbé de Saint-Maixent, 79 n.3.
Guillaume, évêque de Poitiers. — Voir Prévost (Guillaume).
Guillaume, prieur d'Angles, 189.
Guillaume, seigneur de Marans et de Mauzé, 39, 196 n.1, 199.

Guillebaud (Richard), habitant de Champagné, 239. — Voir Guilbaud (Richard).
Guillelmi (Cella), 188.
Guyaut (Marois), Marais-Guyot, Charente-Inférieure, com. de Villedoux, 40 n.
Guyenne (Charles de), 168.
Guynon (Jacques), habitant de Champagné, 220.
Gyrardin, 207.

Hautmont (Jean de), seigneur de Benet, 207, 209, 210.
Helyas, moine de Notre-Dame de Moreilles, 183.
Henri, évêque de Saintes, 198.
Henri II, roi d'Angleterre, 121 n.2, 132, 141 n.4.
Henri II, roi de France, 232 n.3.
Henri IV, roi de France, 71, 74, 123, 134, 171 n.5.
Herbere, écluse sur la Vendée, 127 n.1.
Hermenault (L'), Vendée, arr. de Fontenay-le-Comte, ch.-l. de cant., 38.
Hilairet l'aynné, habitant du Poiré-du-Velluire, 109 n.1.
Hispania (P. de), témoin en 1210, 189.
Hollandais (Ceinture des), 37 n.1, 180.
Hollande, 37 n.1, 71, 75, 86.
Homeau (Achenal de l'). — Voir Houmeau (Achenal de l').
Homme (Bot de l'), 165.
Hommes (Seigneur d'). — Voir Oulmes.
Honorius III, pape, 195, 198.
Hôpital (Achenal de l'), 56. — Voir Puyravault (Achenal de).
Houmeau (Achenal de), 56, 85, 224, 228.
Houmes (Seigneur d'). — Voir Oulmes.
Hugo, sous-prieur de Moreilles, 189.
Huguet, 157 n.3.

Ile-Bapaume (L'), Deux-Sèvres, com. du Bourdet, 124 n.1.
Ile-d'Elle, Vendée, cant. de Chaillé-les-Marais, 16 n.1, 18 n.1, 25, 92, 107, 115 n., 150 n.1, 174 n.1.

Ile Reaux (L'), 124 n.1. — Voir Irleau.
'Ilea (L'), 188.
Ileau (L'),Charente-Inférieure,com. de Marans. 188 n.6.
Ileau (L'), Vendée, com. de Vouillé, 188 n.6.
Ilôt-les-Vases (L'), Vendée, com. de Nalliers, 17 n.6.
Innocent III, pape, 187.
Irleau, *Ile Reaux*, Deux-Sèvres, com.du Vanneau, 16 n.1, 124 n.1.
Iterius, monachus Moroliensis, 189.

'Jadeau (Bief), 130 n.1.
Jard, Vendée, arr. des Sables-d'Olonne, cant. de Talmont. — Abbaye de Lieu-Dieu, 25, 54 n. 4, 60, 112 n.3, 115 n 3, 117 n.1, 118, 120 n., 133, 146 n., 198, 217.
Jarrie (Willelmus),témoin en 1217, 198.
Jart (Jean de), 93 n., 171 n 6.
Jean l'Ami, moine de Saint-Michel-en-l'Herm, 47 n.1.
Jean Ier de Billy, abbé de Saint-Michel-en-l'Herm, 133.
Jean le Français, maître du grand prieuré d'Aquitaine, 41.
Jean Sans-Terre, roi d'Angleterre, 187, 190.
Jeudy, sergent royal, 233.
Jobert, abbé de Trizay, 188 n.8.
Johannes, abbé de Trizay, 188.
Johannes (Aymericus), miles,188.
Johannes, prior, témoin en 1200, 186.
'Jorz, 184, 186 n.2.
Josdoine (Willelmus), témoin en 1217, 196.
Josselin, abbé de l'Absie, 186.
Joubert (Françoise), d'Andilly, 168 n.3.
Jouet, Deux-Sèvres, com. de Mauzé, 107 n.1, 124 n.1, 128 n.1, 159 n.1.
Jouhet, 128 n. 1. — Voir Jouet.
Jourdain (Jean), habitant de la Rivière, 108 n.1.
— (Symon), habitant d'Arçais, 108 n.1.
Joux (Jean de), habitant de Benet, 211.

Jumeaux (Les), Deux-Sèvres, com. de Coulon, 207.
Juqueaus(Gaufridus),témoin en 1217, 198.

Labriant, Charente-Inférieure, com. de Marans, 31, 192 n.5.
Labruent, 31 n.1. — Voir Labriant.
Lachenau (Nicholaus de), témoin en 1217, 198.
La Croix (Nycollas de), habitant de Benet, 211.
La Groye (Etienne de), habitant de Champagné, 225.
— (Pierre de), notaire de Champagné, 226, 230.
Lainé (Michel). — Voir Layné (Michel).
'Laisi Martineau (Le), Vendée,com. de Fontaines, 109 n.2.
Laisse-du-Roy (La), 145. — Voir Andilly, la Laisse.
Langle (Botum de), 127 n.3.— Voir Angle (Bot de l').
Langlée, 93 n., 119 n.2, 146 n.1. — Voir Anglée (L').
Langon(Le), Vendée, arr. et cant. de Fontenay-le-Comte, 16, 17 n 6, 30, 36-38, 51, 55, 66, 68, 98 n.1 et 2, 110, 118, 119 n.1, 149, 153 n.2, 158 n.3, 165, 178, 184 n 2. 193, 194, 196, 197, 232 n.1, 233, 240-243.
— Achenal, 66, 68, 83, 94, 162 n.2, 240-241.
— Prieuré, 31 n. 2, 242.
Langun, 194. — Voir Langon (Le).
Lanneré,Charente, com. de Andilly-les-Marais, 127 n.3.
L'Archevêque (Guion), 145.
La Roche (Jacques de). — Voir Roche (Jacques de la).
'Lavachet (Marate des), Vendée, com. de Angles, 114 n. 3.
Laverdin, 158 n. 1.
La Vergne (Jean de), habitant de Champagné, 58 n.1.
Lay (Le), petit fleuve côtier de la Vendée, 19, 22, 25, 26, 33 n.2, 43, 46, 54, 59, 76, 86, 93, 106, 112, 114, 116, 119, 126, 128 n., 130, 133, 134, 136 n.1, 154 n.1, 161 n.3, 171, 177, 180, 181.

TABLE DES NOMS PROPRES

Layné (Michel), habitant de Champagné, 226, 239.
Le Gouge (Jean), habitant de Champagné, 221.
Lenfernau (Pré de), Charente-Inférieure, com. de Marans, 94 n.6.
Lennay (Maurice de), seigneur de Bouillé, 178 n.3.
Le Roy (Marc), habitant de Benet, 210.
Le Sauver (Frère Jean), commandeur de Puyravault, 52, 203.
Lescuyer (Guillaume), représentant du roi, 107 n 1.
Lesternure, Charente-Inférieure, com. de Marans, 144 n.4.
Leveer(Aymer), habitant de Marans, 30 n.3.
Li Broters (Aprilis), témoin en 1217, 198.
Lienne (Jehan), habitant de Benet, 210.
Liguriacense (Monasterium), 22 n.1. — Voir Nouaillé (Abbaye de).
Lion (Rivière du), 155 n. — Voir Yon (L').
Livre-Neuf (Marais du), Vendée, com. de Chaillé-les-Marais, 33 n.4.
Logeresse (Marais de). — Voir Orgesse (L').
Loix (Le), 136 n.1. — Voir Lay (Le).
Longa Villa, 114 n.4. — Voir Longeville.
Longeville, Vendée, arr. des Sables-d'Olonne, cant. de Talmont, 43, 54, 104, 107 n.1, 114 n.4, 115 n.3, 118, 120, 142 n.1.
Louis VII, roi de France, 38, 140, 143.
Louis XI, roi de France, 160 n.2, 168.
Louis XII, roi de France, 60 n.1.
Loumeau (Achenal de). — Voir Houmeau (Achenal de l').
Loy (Le), 128 n.2. — Voir Lay (Le).
Lozeau (Charles), habitant de Champagné, 231 n.
Lucas (Jehan), habitant de Benet, 211.
Lucé (Thibaud de), évêque de Maillezais, 48.
Lucionium, 186. — Voir Luçon.
Lucionum, 27 n.5. — Voir Luçon.
Luçon, Vendée, arr. de Fontenay-le-Comte, ch.-l. de cant. 16, 26, 27, 29, 46, 53 n.2, 62 n.2, 64 n.3, 71, 80, 104, 112 n.3, 125, 126, 155 n., 159 n.1, 160 n.1, 161 n.2, 163, 166-170, 173, 182 n.2, 184-186, 197, 201, 228, 233, 234.
— Abbaye, 25, 43, 44 n., 107 n.1, 112 n.3, 121 n 2, 132, 142 n.
— Achenal, 27, 28, 36, 58, 59, 62-65, 72, 72 n.3, 73, 89, 99 n.2, 103, 117 n.1, 122, 125, 155 n., 160 n.1, 166 n.1, 171, 181, 226, 232 n.1, 233.
— Chapitre, 58 n.2 et 3, 64, 89, 103, 122.
— Curé, 228, 229.
— Evêque, 48, 58 n.3, 64, 72.
Lusignan (Comte de), 153 n.2.
— (Geoffroi de). 132, 175 n.3.
— (Raoul de), 153 n.1.
Lusson, 125, 167, 173. — Voir Luçon.
Luxon, 160. — Voir Luçon.

Maarantum, 132 n.2. — Voir Marans.
Macé (Pierre), habitant de Champagné, 227.
Macquaire (Pierre), habitant de Champagné, 220, 225.
Magné, Deux-Sèvres, arr. et cant. de Niort, 150 n.1, 207 n.10.
Magord (Mathurin), habitant de Benet, 211.
Maillé, *Malliacum*, Vendée, arr. de Fontenay-le-Comte, cant. de Maillezais, 20 n.1, 152 n., 159 n.1, 164 n.2, 209.
— (François de), seigneur de Benet, 152 n.
— (Hardouin de), seigneur de Benet, 152 n., 207-213.
— (Louis de), 161 n.1.
— (Pierre de), 108 n.
Maillezais, Vendée, com. de Champagné-les-Marais, 56 n.2, 167.
Maillezais, Vendée, arr. de Fontenay-le-Comte, ch.-l. de cant., 16 n.1, 48, 107, 108 n., 132, 138, 157, 175, 242.
— Abbaye de Saint-Pierre, 20 n.2, 21 n.1, 24, 27 n.3, 28 n.4, 31, 33, 36, 41, 42, 81, 83 n.3, 107 n.3, 112 n.1, 116, 153, 163, 164 n.

175 n.3, 186 n.2, 188, 189 n.6, 193-197.
— Évêque, 49, 56 n.2, 60, 72, 130, 155 n.1, 176 n., 217, 218, 223, 226, 228, 242, 243.
— (Pierre de), 17 n.3, 20.
MAILLEZAYS, 50. — Voir MAILLEZAIS.
MAINCLAYE, Vendée, com. de Bessay, 125 n.2.
MAINDRONS (Gaufridus), témoin en 1217, 195. — Voir MANDRON (G.)
MAITRE (Jean), habitant de Champagné, 238.
MALLET (Jehan), habitant de Benet, 210.
MALLIACI (Portum), 21 n.1. — Voir MAILLÉ.
MAMOUR (Mathurin), habitant de Benet, 210.
MAMPLET (Guillaume), moine de Saint-Michel-en-l'Herm, 47 n.1.
MANDRON (G.), témoin en 1210, 189. — Voir MAINDRONS (Gaufridus).
MARAANT, 125 n.3. — Voir MARANS.
MARAN, 160 n.2. — Voir MARANS.
MARANS, *Maarantum, Marantum, Mareantum*, Charente-Inférieure, arr. de la Rochelle, ch.-l. de cant., 16 n.1, 17 n.6, 21, 25, 29, 30-33, 38 n.2, 39, 40 n., 41, 42, 43, n.1, 46 n.1, 49 n.1, 50, 54 n.1, 66, 70 n.3, 71, 74, 80, 92, 94 n.6, 96 n.1 97, 103 n.3, 106 n.1, 107 n.3, 108 n., 111 n.1, 112, 118 n.1, 121 n.1 et 2, 123, 124, 125 n. 3, 129 n.5, 130, 132 n.2, 134 n.3, 144 n.4, 147, 150 n.1, 158 n.2, 159, 160 n.2, 161 n.2 et 3, 167 n.3, 168-170, 172, 173, 177, 178, 184, 192 n.1 et 3, 194, 196-198, 233.
— Achenal, 93 n.1, 125.
MARANT, — Voir MARANS.
MARANTUM, 107 n.3. — Voir MARANS.
MARCHAL (Georges), habitant d'Amboise, 237.
MARCHAUSSIES (Les), Vendée, com. de l'Ile-d'Elle, 114 n.5.
MARCHIN (P.), habitant de Maillé, 209.
MAREANTUM, 192. — Voir MARANS.
MARENNES, Charente-Inférieure, ch.-l. d'arr., 101.
MARESCHAUCÉE (La), Vendée, sur la rive droite du Lay, 100 n.1, 114 n.5.

MAREUIL-sur-Lay, Vendée, arr. de la Roche-sur-Yon, ch.-l. de cant. 53.
MARGOT, Charente-Inférieure, com. de Saint-Cyr-du-Doret. Commanderie, 115 n.5, 116 n.4, 161 n.2, 164 n.2, 175, 176 n.
MARMOUTIERS, Indre-et-Loire, com. de Sainte-Radegonde. Abbaye, 25.
MAROT (Laurent), habitant de Champagné, 230.
MARQUET (Marie), épouse de Gaucher de Sainte-Marthe, 232 n.2.
MARSAIS-Sainte-Radegonde, Vendée, arr. de Fontenay-le-Comte, cant. de l'Hermenault. Prieuré, 79 n.3.
MARSAULT, habitant de Benet, 211.
MARTELET (Pierre), habitant du Mazeau, 107 n.2.
MARTIN (Pierre), habitant de Champagné, 229.
MARTIN V, pape, 161 n.3.
MARTINEAU (François), charpentier à Marans, 92 n.1, 97 n.2, 108 n., 115 n., 150 n.1.
MARTINEAU (Giret), batelier de la Sèvre, 157 n.3.
MASLE (Jean de), évêque de Maillezais, 49, 87 n.1.
MASSIGNY, Vendée, com. de Velluire, 111 n.1.
MATHES (Marais des). — Voir NATTES (Marais des).
MAUDRIAS, *Meodric, Mouldries*, Charente-Infér., com. de Marans, 177.
— (Bot de), 42.
MAULÉON (Guillaume de), seigneur de Talmont, 82.
— (Raoul de), 44 n.1, 118 n.1.
MAURICE, évêque de Poitiers. — Voir BLAZON (Maurice de).
MAUZÉ, Deux-Sèvres, arr. de Niort, ch.-l. de cant., 109 n.4, 111 n.1, 112 n.4, 118 n.1, 121 n.2, 157 n.2, 196.
— Prieuré de Sainte-Croix, 118 n.1, 124 n.1, 157 n.2, 159 n.1.
— Prieuré de Saint-Pierre, 107 n.1, 128 n.2.
— (Vieux), Deux-Sèvres, com. de Mauzé, 157 n.2.
MAZEA (Le), 110 n. — Voir MAZEAU (Le).
MAZEA (Johan), censitaire de Sainte-Gemme, près Benet, 108 n.

TABLE DES NOMS PROPRES

Mazeau (Le), com. de Saint-Sigismond, 107, 110 n.1, 152 n., 157 n.2, 211 n.2, 212, 213.
— (Biefs du), 157 n.2, 211-213.
Mec (Colin), habitant d'Angles, 133 n.2.
Mechain, habitant de Benet, 210.
Mello (Dreux de), 112 n.3.
Meodrie (Bot de), 42.— Voir Maudrias (Bot de).
'Meosite (Feodum), 200.
'Mercatorii (Maresium), Vendée, com. de Luçon, 112 n.3.
Mesgret (Micheau), habitant de Benet, 211.
Mesmet (Thomas), habitant de Benet, 211.
— (Jehan), habitant de Benet, 210.
— (Pierre), habitant de Benet, 211.
Meurea (Lucas), habitant de Coulon, 108 n.
Micheau (Jehan), habitant de Benet, 210.
— (Jehan), laboureur à Benet, 210.
Mignon (Le), affluent de la Sèvre, 18 n.3, 179.
Mile d'Illiers, évêque de Laon, 64.
'Millaret (Lo), 184.
'Milleraud, Vendée, com. du Langon, 184 n.2.
Mingault (Colas), habitant de Puyravault, 226.
— (Jehan), habitant de Puyravault, 226.
'Minzottière (La), Vendée, com. de Longeville (?), 96 n.1, 101 n.3, 114 n.2, 117 n., 121 n.1, 135 n.3.
Mitard (Jehan), habitant de Benet, 210.
Moillepié (Moulin de), Charente-Inférieure, com. de Saint-Xandre, 40 n. — Voir Mouillepied.
Montapedon (Jean de), 160 n.2.
Montausier (Arnauld et Foulques de), 46 n.1, 171 n.2.
Monteliset (Johannes de), témoin en 1217, 198.
Montfaucon, Deux-Sèvres, com. de Saint-Hilaire-la-Pallud, 107, 124 n.1.
Montjehan (Catherine de), dame du Langon, 240.
Montmirail (Robert de), sénéchal de Poitou, 38 n.2.

Montnommé, Vendée, com. de Vix, 16 n.1.
Montreuil-sur-Mer, Vendée, arr. et cant. de Fontenay-le-Comte, 16, 56, 150 n.1, 243.
Montsoreau (Baron de), 218, 219 n.1, 235.
Morate (La), Vendée, com. de Saint-Benoît-sur-Mer, 114 n.3.
Moraud (Alain), habitant de Benet, 210.
Moreau (Martin), habitant de Champagné, 219, 228, 230.
Moreilles, *Morolia*, Vendée, arr. de Fontenay-le-Comte, cant. de Chaillé-les-Marais, 16 n.1, 26, 27, 100 n.5, 168, 169, 183, 185, 186 n.2, 188, 191.
— Abbaye de Notre-Dame, 25-28, 31, 36, 56 n.2, 60, 61, 67, 72, 79 n 5, 80, 81, 83, 163, 182-184, 187, 188, 199-201, 217-219, 221-223, 226, 227, 229, 234, 235, 242, 243.
— (Passage de), 169.
Moric, 133 n.2. — Voir Moricq.
Moricq, Vendée, com. d'Angles, 113 n.1, 114 n.3, 120, 133 n.2, 134 n.4, 135, 136, 161 n.3, 163 n.2, 164 n.2.
Morillon (Etier de), 32, 33, 243.
Morin (Jehan), habitant de Benet, 210.
— (Laurens), marchand du Mazeau, 110 n.1.
— (Martin), habitant de Benet, 210.
Morissons (Bretaud), habitant de Champagné, 221.
Morolia, 183. — Voir Moreilles.
Mortemer, Vienne, arr. de Montmorillon, cant. de Lussac, 49.
Mortevelle, 111 n.1. — Voir Mortevieille.
Mortevieille, Vendée, com. de la Bretonnière, 111 n.1, 124 n., n.1 et 3, 128 n.1, 134 n.4.
Morvenc, 176 n. — Voir Morvin.
Morvin, Charente-Inférieure, com. de Saint-Cyr-du-Doret, 176 n.
Mosolium, 194. — Voir Mouzeuil.
'Mothe-Viauld (Seigneurie de la), à Arçais, 108 n.1.
'Motherie (La), Vendée, com. de Champagné-les-Marais, 56 n.2. — Voir Racodet (Motherie), Pagerault (Motherie).

268 LES MARAIS DE LA SÈVRE NIORTAISE ET DU LAY

Mothes (Marais des), 113 n. — Voir Mottes (Les).
Motte-qui-branle (La), Deux-Sèvres, com. de Coulon, 18 n.2.
Mottes (Les), Vendée, com. d'Angles, 113 n.
Mouillepied, Charente-Inférieure, com. de Saint-Xandre, 40 n.
Mouldries, 177 n.3. — Voir Maudrias.
Moureuilles, 56 n.2, 100 n.4, 242, 243. — Voir Moreilles.
Mourillon (Essay de). — Voir Morillon (Etier de).
Mourron, Vendée, com. de Sainte-Christine, 207.
Mouzeuil, *Mosolium*, Vendée, arr. de Fontenay-le-Comte, cant. de l'Hermenault, 36, 38, 150 n.3, 151, 155 n., 165, 190 n.2, 193, 194, 196, 197.
Muce (Jacques de la), 155 n., 166 n.

'Nade (Fons), 188 n.5, 200 n.2.
Naenes, 186. — Voir Aisne.
Naines, 190. —Voir Aisne.
Naler (Johannes), témoin en 1200, 186. — Voir Nalliers.
Nalliers, Vendée, arr. de Fontenay-le-Comte, cant. de l'Hermenault, 17 n.6, 37, 186 n.5.
Nantes, Loire-Inférieure, ch.-l. d'arr., 60, 166, 167 n., 215.
Nauvert, *Auvert*, Vendée, com. de Benet, 153 n.1.
Narbonneau (Etienne), fermier du prieuré de Saint-Martin-de-Fontaines, 43 n.4, 114 n.5, 121 n.1.
Nemore (Esterium de), 27 n.6. — Voir Bois (Etier du).
Nemy. — Voir Nesmy.
Nesmet (André), prêtre de Benet, 210. — Voir Mesmet.
Nesmy, Vendée, arr. et cant. de la Roche-sur-Yon. Seigneur, 61, 219, 234.
Nesne, 186 n.1. — Voir Aisne.
'Neuf Pointes (Les), Vendée, com. de Champagné-les-Marais, 228.
Neufvoir (La), 176. — Voir Nevoire (La).
Neuvy (Thibaut de), sénéchal de Poitou, 199.
Nevoire (La), Deux-Sèvres, com. de Saint-Hilaire-la-Pallud, 106 n.1, 124 n.3, 176.

Niel, Vendée, com. de Chaillé-les-Marais, 200.
— (Marais de), Vendée, com. de Chaillé-les-Marais, 33 n.4.
Nieul-sur-l'Autize, Vendée, arr. de Fontenay-le-Comte, cant. de Saint-Hilaire-des-Loges. Abbaye de Saint-Vincent, 25, 28 n.4, 31, 33, 72, 81, 186 n.2, 189 n.6, 193-197, 242, 243.
Nieuil sur l'Outize. — Voir Nieul-l'Autize.
Niolio (Beatus Vincentius de), 28 n.4. — Voir Nieul-sur-l'Autize.
— (Domum de), 200. — Voir Niel.
Nion, Charente-Inférieure, cant. de Courçon, 16 n.1, 161 n.2, 176 n.
Niort, Deux-Sèvres, ch.-l. de dép., 46, 49, 60, 67, 110, 159, 160, 161 n.3, 166, 167 n., 172, 174, 176, 214.
Nissum. — Voir Nizeau.
Nizeau, Vendée, com. de Velluire, 195 n.10.
Noirichon (B.), témoin en 1211, 190.
Noirmoutiers, Vendée, arr. des Sables-d'Olonne, ch.-l. de cant. 101.
Nonnerie (La), Vendée, com. de Champagné-les-Marais, 234.
Normant (Petrus), témoin en 1199, 184.
Nouaillé, Vienne, arr. de Poitiers, cant. de la Villedieu. Abbaye, 21 n.2, 135 n.1.
Nouère (La), Vendée, com. du Langon, 37.
Noyers (Les), *Nucariæ*, Vendée, com. du Poiré-de-Velluire, 121 n.2.
Nuaillay, 176. — Voir Nuaillé.
Nuaillé, Charente-Inférieure, arr. de la Rochelle, cant. de Courçon, 21, 39, 40, 94 n.6, 142 n.1, 152, 176.
— (Béraud de), 143 n.1.
Nucariae, 121 n 2. — Voir Noyers (Les).
Nuelli (Johannis de), 21 n.1. — Voir Nuaillé.
Nyon, 161 n.2. — Voir Nion.

Odolineaus (Willelmus), témoin en 1217, 196.
Œuvre (Bot de l'), 28, 33, 63, 64, 101 n.4.

TABLE DES NOMS PROPRES

Œuvre-Neuf (Achenal et bot de l'), 32, 33, 55, 66, 162 n.2, 169, 181, 243.
Olivier (François), habitant de Champagné, 227, 237, 240.
Ommeau (Chenau de l'), 56 n.2. — Voir Houmeau (Achenal de l').
Operis Novi (Excursus), 33 n. 4. — Voir Œuvre Neuf (Achenal de l').
Orbestier (Saint-Jean d'). Abbaye. — Voir Saint-Jean d'Orbestier.
Orfrays (Jehan), habitant de Champagné, 230.
Orgesse (L'), Vendée, com. de Damvix, 211.
Ospital (Achenau de l'), 51, 135 n.3, 205. — Voir Puyravault (Achenal de).
Ostelain (Johannes), témoin en 1217, 198.
Ostensius abbé de Moreilles, 26, 183 n.1, 184.
Ostorius (Geoffroi), seigneur de Marans, 30.
Oulmes, *Hommes, Houmes*, Vendée, arr. de Fontenay-le-Comte, cant. de Saint-Hilaire-des-Loges. Seigneur, 56 n.2, 61, 217, 221, 222, 227, 228, 239.
Ouvre-Neuf (Acheneau de l'), 33 n.4. — Voir Œuvre-Neuf (Achenal de l').
Ouvres (Etier des), 28. — Voir Œuvre (Bot de l').
Ozay (Ugo de), 121 n.2. — Voir Auzay (Hugues d').
'Ozennet (L'), Vendée, com. de Rosnay, 154 n.1.

Pacaut (André), habitant de Chaillé-les-Marais, 108 n.
— (Marais), Vendée, com. de Chaillé-les-Marais, 199 n.3.
Pageaud (Laurent), fermier du chapitre de Luçon, 58 n.2.
'Pagerault (Motherie), Vendée, com. de Champagné-les-Marais, 224, 228.
Pages (Jehan), habitant du Mazeau, 109 n.5.
Pain (Prés de). — Voir Prés de Pain.
Pairé (Saint-Denis-du). — Voir Saint-Denis-du-Pairé.
Pairé de Velluire, 130 n.4. — Voir Poiré de Velluire (Le).

' Paisse (Relais de la), 225 n.1.
Paliau (Laurens), habitant de Puyravault, 220.
Palud (La), Deux-Sèvres, com. de Saint-Hilaire-la-Palud, 108 n.1.
Papefust (Pierre), praticien de Benet, 210.
Paradis, (Les), habitants de Champagné, 227, 229.
— (Mathurin), commissaire sur le fait des marais, 60, 87 n.1, 217, 223, 225.
Parciaco (Ecluse dite de), 21 n.1. — Voir Parsay.
Paris, ch.-l. du dép. de la Seine, 213, 216, 242.
Parsay, *Parciacum*, Charente-Inférieure, com. de Nuaillé, 16 n.1, 21 n.1
Pas de Seillers, 37 n.4, 110 n. — Voir Pont-de-Silly.
Paschault (Clausum Bernadi), 199. — Voir Pacaut (Marais).
Pasquaut, habitant de Nyon, 161 n.2.
Pastureau (Jehan) l'ayné, habitant de Benet, 210.
' Pautret, Vendée, com. de l'Aiguillon-sur-mer, 130 n.6.
Payré (Huguet de), habitant de Coulon, 110 n.1, 137 n.3.
Péault, *Podium altum*, Vendée, arr. de la Roche-sur-Yon, cant. de Mareuil, 183 n.4.
— Prieuré de St-Sulpice, 195.
Pellerin (Hylairet), habitant de Champagné, 230.
— (Julien), habitant de Champagné, 230.
— (Martin), habitant de Champagné, 230.
Pelletier (Micheau), habitant de Champagné, 230.
Pelletier de la Roche-Bertin (Etienne), 39 n 2, 127 n.3.
Pelot (Pierre), marchand de Marans, 150 n.1.
* Penarde (Esclousea), 108 n.1.
Pepin (Le sieur), 58 n.2.
Perle (La), Vendée, com. de Vouillé, 32, 33.
' Perier (Le), 190.
' Perier (Port de), 211.
Peronnelle, dame de Thouars, 49 n.1.

Perrin (Estienne), habitant de Champagné, 220.
Perroque (Jehanne), censitaire de la commanderie de Margot, 115 n.5.
Perryn (Estienne), habitant de Champagné, 222. — Voir Perrin (Estienne).
Petit Fief le Roy (Le), lieu dit disparu près de La Sauzaie, 40 n.
Petit-Thairé, Vendée, com. de Vix, 175.
Petits Avis (Les), Deux-Sèvres, com. de Coulon, 207.
Petits-Bots (Les), 56, 58, 68, 237-239.
Petra (Boschellus de), 39 n.2, 127 n.3.
Petré, Vendée, com. de Sainte-Gemme-la-Plaine, 169, 178.
Peyré de Velluire (Le), 142 n.1. — Voir Poiré-de-Velluire (Le).
Phelippeau (Julien), habitant de Champagné, 226.
— (Mathurin), habitant de Champagné, 219.
Philippe-Auguste, roi de France, 190, 195.
Philippe III le Hardi, roi de France, 34, 39.
Philippe IV dit le Bel, roi de France, 142 n.1.
Picarnault (Achenal de), 95 n.3.
— Voir Pied-Arrenaut (Achenal de).
Pichon (René), abbé de Moreilles, 67, 68 n., 70 n.4.
Pichonnière (La), Vendée, com. de Maillé, 175, 176 n.
Pichovena (?), 175 n.3. — Voir Pichonnière (La).
Pied-Arrenaut (Achenal de), 95 n.3.
Pied-Lizet, Charente-Inférieure, com. de Longèves, 129 n.5, 160 n.4, 198.
Pien (Saint), 20.
Pierre, abbé de Moreilles, 187-190.
Pierre, abbé de Nieul-sur-l'Autize, 195, 198.
Pierre, abbé de Saint-Léonard-des-Chaumes, 41.
Pierre, abbé de Saint-Michel-en-l'Herm, 41.
Piget, Deux-Sèvres, com. de Saint-Hilaire-la-Pallud, 121 n.4.

Pilleryn (Pierre), habitant de Champagné, 224. — Voir Pellerin.
Pin (Le), Vienne, com. de Béruges. Abbaye de Notre-Dame, 191.
Pinchon (René), 67 n.3. — Voir Pichon (René).
Pineau (Colas), habitant de Champagné, 219.
Pire-Clere (La), Vendée, com. de Champagné-les-Marais, 227.
Pironnière (La), Vendée, com. de Champagné-les-Marais, 56 n.2, 84, 113 n., 235.
— Achenal, 27, 56, 73, 84, 94, 113 n., 222, 227, 235.
Pissargent (Maroys de), 108 n. — Voir Puy-Sergent.
Pisse Argent (Chenaut de), 124 n.3.
Pleure (Phelipon), habitant de Damvix, 124 n.1, 131 n.4.
Plouel (Regnaut de), seigneur de Saint-Benoît, 171 n.6.
Podium Altum. — Voir Péault.
Podium Engelermi. — Voir Puy-Gelame.
Poiault (Herveius de), témoin en 1199 et 1200, 183, 185, 186.
Poibelleau (Françoise), de Marans, 92 n.1.
Poil-Rouge, Vendée, com. de Chaillé-les-Marais, 33 n.4, 66.
Pointe (La), Vendée, com. de Doix, 108 n., 109 n.2.
Poiraut (Thomas), fermier de la châtellenie de Talmont, 142 n.1.
Poiré-de-Velluire (Le), Vendée, arr. et cant. de Fontenay-le-Comte, 34, 109 n.1, 115 n.4, 119 n.2, 123 n.2, 130 n.4, 142 n.1, 178, 184 n.2, 190 n.1.
Poitiers, Vienne, ch.-l. de dép., 47, 52, 72 n.3, 95 n.3, 195, 198, 201, 207.
— Abbaye de Saint-Cyprien, 21 n.1.
— Chapitre de Saint-Hilaire, 21 n.1, 108 n.1, 129 n.5.
— Chapitre de Saint-Pierre, 28 n.1, 51, 52, 202-206, 221.
Pollié, 190.
Pons (Jean de), seigneur de Plassac et du Langon, 68, 240.
Pont au Moyne (Le), 168.
Pont-de-Silly, Vendée, com. de Sainte-Gemme-la-Plaine. — Voir Pas de Seiller.

PONTERIER (Jehan), procureur, 206.
PONTHEREAU (Le), 34 n.2. — Voir PONTREAU (Le).
PONTOISE (Gabriel de), seigneur de la Roumanerie, 232.
PONTREAU (Le), chaussée entre le Poiré et Velluire, 34, 35.
PORCHERON (Robert), habitant de Benet, 210.
PORT (Le), Charente-Inférieure, com. de Villedoux, 169 n.6.
* PORT Aulbinoys (Le), marais situé entre le pont de Silly et Chevrette, 37 n.4.
* PORT Baudin (Le), Vendée, com. de Damvix, 211.
* PORT Byon, Vendée, com. de Fontaines, 109 n.2.
PORT-de-la-Claie, Vendée, com. de Curzon, 155 n., 171.
* PORT-des-Pêcheurs (Le), lieu-dit disparu, sur la Sèvre, en aval de Marans, 42.
* PORT Mycteau (Le), Vendée, com. de Fontaines, 108 n.
PORTECLIE, seigneur de Marans et de Mauzé, 31, 111 n.1, 112 n.4, 118 n.1, 121 n.2, 161 n.2, 196.
PORTES du Sableau (Les), Vendée, com. de Chaillé-les-Marais, 32.
* POTIERS (Marais de), 207.
POUGNARD (Denis), habitant de Champagné, 228.
POUILLÉ, Vendée, arr. de Fontenay-le-Comte, cant. de l'Hermenault, 38, 190 n 2.
POULLARD (Jacques), habitant de Champagné, 230.
— (Ozanne), habitant de Champagné, 227-229.
POUMERRE (L'alée de), Pomère, Vendée, com. de l'Ile-d'Elle, 108 n.
* POUSSEREBEZ, Vendée, com. d'Angles, 114 n.3.
PRÉE (La), Deux-Sèvres, com. de Coulon, 108 n., 207 n.7.
PRÉE-Clouze (Pas de la), 165.
* PRÉS Bondars (Les), lieu-dit indéterminé près de Charron, 54 n. 2 et 3.
* PRÉS de Pain, Charente-Inférieure, com. de Marans, 92 n.1.
PRÉVOST (Guillaume), évêque de Poitiers, 195, 198.

PROUHET (Jean du), seigneur de Bourgneuf, 155 n.1, 164 n.2.
PROVENCE (Dessèchements en), 86.
PUIRAVEAU, 56 n.2. — Voir PUYRAVAULT.
— Achenal, 56 n.3. — Voir PUYRAVAULT (Achenal de).
PUISSEC, Vendée, com. de Saint-Martin de Fraigneau, 129 n 5, 175.
PUYBERNIER (Robert de), 108 n.
PUY-GAILLARD, 70 n.2.
PUY-GELAME, *Podium Engelermi*, Vendée, com. de Serigné. Prieuré, 195.
PUYRAVAULT, Vendée, arr. de Fontenay-le-Comte, cant. de Chaillé-les-Marais, 53, 63, 103, 214, 216, 218, 220-223, 233, 236.
— Achenal, 56, 73, 135 n.3, 221, 225 n.1, 226, 236.
— Commanderie, 25, 51, 52, 61, 73, 74, 202, 217, 226, 236.
PUY-SERGENT (Escluseau), *Pissargent*, Le Petit-Sergent, Vendée, com. de l'Ile-d'Elle, 108 n.

* QUARENTE toizes (Les), Vendée, com. de Champagné-les-Marais, 227.
* QUART (Le), Vendée, com. d'Angles, 114 n.3.

* RABAUDIÈRE (La), Vendée, com. de Champagné-les-Marais, 58 n.1.
RABEAU (Estienne), habitant de Benet, 211.
RACODET (Jean), habitant de Champagné, 113 n.
* RACODET (Motherie), Vendée, com. de Champagné-les-Marais, 226, 228, 239.
RAINAUD, évêque de Luçon, 58 n.3.
RAMEAU (Marc), habitant de Benet, 210.
RAMFRAY (Abel), juge châtelain de la cour de Champagné, 237, 240.
* RAMFRAY (Relais), Vendée, com. de Champagné-les-Marais, 228.
RAOUL, abbé de Maillezais, 41.
RAOUL, prieur de Saint-Sulpice de Péault, 195.
RAOUL (Vincent), habitant de Champagné, 238.
RAQUE (Achenal de la), 73 n.2 et 3.
RAREFORT, 60 n. 2.

Rataud (Léon), prieur du Langon, 118 n.
Ratault (Jeanne), dame d'Oulmes, 217 n.3.
Rataut (Estienne), sergent, 203, 204.
Ravard (P.), habitant de Mai lé, 209.
Raveau (Domum), 197.
Raynus, donateur du xie siècle, 21 n.2.
Rayon, *Roions*, Charente-Inférieure, com. d'Andilly-les-Marais, 127 n.3.
Ré (Ile de), 15, 125 n.2.
Reblanchet, *Bouhe Blanchet*, Vendée, com. de Damvix, 109 n 4.
Regnaud (Ollivier), habitant de Benet, 211.
Regnault (Achenal de Pierre), 94 n.6.
— (Jehan), habitant de la Pointe, 108 n.
Regnont (L.), garde du scel de Benet, 213.
Regnoul (Huguet), habitant de Damvix, 157 n.2.
— (Loys), habitant de Benet, 211.
Regremy (Jacques), habitant de Champagné, 231.
Reguineau (Pierre), habitant de Benet, 210.
Reims, Marne, ch.-l. d'arr., 130 n.4.
Reisse (Aimeri de), 31 n.2, 81 n.5, 184, 186.
Relais (Bois de), 58, 215, 217-220, 238. — Voir Garde (Bois de).
Relays aux Bœufz (Le), Vendée, com. de Champagné-les-Marais, 228.
Remondi (Philippus), témoin en 1210, 189.
Réorthe (La), Vendée, arr. de Fontenay-le-Comte, cant. de Sainte-Hermine, 136 n.1.
Resson (Mathurin), habitant de Sainte-Radegonde-des-Noyers, 220.
Reth, *Retz*, Vendée, com. de Saint-Sigismond, 157 n.1, 211.
Retz. — Voir Reth.
Réveillon (Nicollas), habitant de Benet, 210.
Rex, 21 n.1. — Voir Saint-Georges-de-Rex.
Rez (Isle de). — Voir Ré (Ile de).
Ribaudeau (Guillaume), habitant de Benet, 210. — Voir Ribodeau.
Ribaudon (Vincent), habitant de Saint-Michel-en-l'Herm, 134 n.3.
Ribodeau (Mathurin), prêtre de Benet, 210. — Voir Ribaudeau.
Richard Cœur-de-Lion, roi d'Angleterre, 38 n.2, 114 n.5.
Richebonne, Charente-Inférieure, com. de Charron, 46 n.1, 112.
Richebonne (Gué de), Deux-Sèvres, com. de Mauzé, 157 n.2.
Richemond (Artus de), 48 n.4.
Riou, Charente-Inférieure, com. du Gué-d'Alleré, 142 n.1, 152.
Rippaud (Guillaume), habitant de Benet, 211.
Rippault (Jehan), habitant de Benet, 210.
— (Vincent), habitant de Benet, 210.
Rivère (Péré de la), 108 n.1. — Voir Rivière (La).
Rivière (La), Deux-Sèvres, com. de Saint-Hilaire-la-Palud, 108 n.1.
Robert (Collas), habitant de Benet, 210.
— (Jehan), habitant de Benet, 211.
Robier (Micheau), habitant de Benet, 211.
Robin (Julien), habitant de Champagné, 238.
Roche (Gabrielle de la), 242 n.
— (Jacques de la), sieur de Germain de Bois-Baudan, 66.
Roche-Corbon (La), Indre-et-Loire, arr. de Tours, cant. de Vouvray, 207.
Rochefort, Charente-Inférieure, ch.-l. d'arr., 142 n.1, 169 n.6, 176 n.
Rochelaize (Port de la), sur la Vendée, 130 n.3.
Rochelle (La), *Rupella*, Charente-Inférieure, ch.-l. de dép., 40 n.1, 46, 49 n.1, 54 n.1, 60, 69 n.1, 120 n.1, 160 n.2, 166-169, 172-174, 176, 215.
Rocher (Le), Vendée, com. de Chaillé-les-Marais, 27, 33, 188, 243.
Rochereau, Vendée, com. de Saint-Benoît-sur-Mer, 130 n.6, 171 n.6.
Roions. — Voir Rayon.
Ronde (La), *Rotunda, la Ronze*, Charente-Inférieure, arr. de la Rochelle, cant. de Courçon, 16 n.1, 113, 175, 176 n.
Rondet (Jehan), habitant du Mazeau, 107 n.2.
Ronze (La). — Voir Ronde (La).

TABLE DES NOMS PROPRES

Rosseria. — Voir Roussière (La).
Rotunda, — Voir Ronde (La).
Rouhe Blanchet. — Voir Reblanchet.
Rouil, Vendée, com. de Damvix, 109 n.4.
Roumanerie (Seigneur de la), 232.
Rousseau (Pierre), habitant de Benet, 210.
Roussière (La), *Rosseria*, Vendée, com. de Grues, 116 n.1.
Roussillon (Desséchements en), 77.
Rousty (Colas,) habitant de Champagné, 238.
Rufus (Willelmus), témoin en 1217, 198.
Ruillières (Masse), habitant de Jouhet, 107 n.1, 128 n.2.
Rupella. — Voir Rochelle (La).
Rupes de Challié, — Voir Rocher (Le).
Rupes Gauterii. — Voir Rocher (Le).

Sableau (Le), Vendée, com. de Chaillé-les-Marais, 16 n.1, 32, 33, 66 n.3, 169, 170, 184 n.1.
— (Bot du), 55, 66, 242. — Voir Œuvre-Neuf (Bot de l').
Sables d'Olonne (Les), Vendée, ch.-l. d'arr., 101, 111, 130 n.7, 142 n.1, 171.
Sabryn (Bé), 130 n.2.
Sainct-Aulbin, 37 n.4. — Voir Saint-Aubin-de-la-Plaine.
Sainct-Sandre, 167. — Voir Saint-Xandre.
Saint-Aubin-de-la-Plaine, Vendée, cant. de Sainte-Hermine, 37 n.4.
Saint-Benoit-sur-Mer, Vendée, arr. des Sables-d'Olonne, cant. des Moutiers-les-Maufaits, 114 n.3, 126, 128 n., 130, 131 n.4, 160 n.2, 161 n.3, 171.
— Achenal, 33 n.2, 93 n.1, 125, 130 n.6.
Saint-Cyre (Bot de), 42.
Saint-Denis-du-Pairé, Vendée, arr. de Fontenay-le-Comte, cant. de Luçon, 15 n.2, 170, 171, 177 n.5, 178.
Saint-Florent-des-Bois, Vendée, arr. et cant. de la Roche-sur-Yon, 189 n.3.

Saint-Gilles (Guillaume de), prieur d'Angles, 189 n.2, 198.
Saint-Hilaire-la-Palud, Deux-Sèvres, arr. de Niort, cant. de Mauzé, 129 n.5, 176.
Saint-Jean de-Liversay, Charente-Inférieure, arr. de la Rochelle, cant. de Courçon, 175, 177.
Saint-Jean-de-Nuaillé, 177. — Voir Saint-Jean-de-Liversay.
Saint-Jean-d'Orbestier, Vendée, com. du Château-d'Olonne. Abbaye, 171 n.7.
Saint-Jouin-de-Marnes, Deux-Sèvres, arr. de Parthenay, cant. d'Airvault, 186 n.8.
Saint-Laurent-de-la-Salle, Vendée, arr. de Fontenay-le-Comte, cant. de l'Hermenault, 38.
Saint-Léonard-des-Chaumes, Charente-Inférieure, cant. de la Rochelle. Abbaye, 25, 30, 31 n.1, 39-41, 78 n.2, 85, 102 n.1, 127 n.3, 128 n.1, 169 n.6, 191-193.
Saint-Liguaire, Deux-Sèvres, arr. et cant. de Niort. Abbaye, 161 n. 3.
Saint-Maixent, Deux-Sèvres, arr. de Niort, ch.-l. de cant, abbaye, 21 n.1, 22 n 3, 25, 31, 36, 47 n.3, 50, 79 n.3, 82, 123 n.2, 190, 193-197, 242.
Saint Marcq des Prés. — Voir Saint-Médard-des-Prés.
Saint-Martin-l'Ars-en-Sainte-Hermine, Vendée, arr. de Fontenay-le-Comte, cant. de Sainte-Hermine, 46 n.1, 171 n.2.
Saint-Martin-sous-Mouzeuil, Vendée, arr. de Fontenay-le-Comte, cant. de l'Hermenault, 155 n.
Saint-Médard-des-Prés, *Saint Marcq des Prés*, Vendée, arr. et cant. de Fontenay-le-Comte, 56, 187 n.4, 243.
Saint-Micheau (Prée de), Vendée, com. du Langon, 117 n.1.
Saint-Michel (Marais de), Charente-Inférieure, com. de Marans, 42 n.4.
Saint-Michel-en-Lair. — Voir Saint-Michel-en-l'Herm.
Saint-Michel-en-l'Herm, Vendée, arr. de Fontenay-le-Comte, cant. de Luçon, 16, 46, 48, 49 n.1, 58,

18

73 n.2, 98 n.5, 103, 112, 121, 134, 135 n.2, 138, 139, 170.
— Abbaye, 24, 31, 36, 41, 43, 44 n., 46 n.1, 47, 72, 73, 133, 193-197, 217, 223, 242.
SAINT-PIERRE-le-Vieux, Vendée, arr. de Fontenay-le-Comte, com. de Maillezais, 108 n., 175.
SAINT-SAUVEUR-de-Nuaillé, *Sanctus Salvator Liguriacensis*, Charente-Inférieure, arr. de la Rochelle, cant. de Courçon, 22 n.1, 152, 175.
SAINT-SIGISMOND, Vendée, arr. de Fontenay-le Comte, cant. de Maillezais, 115 n.5, 211 n.3.
SAINT-VALÉRIEN. Vendée, arr. de Fontenay-le-Comte, cant. de l'Hermenault, 38.
SAINT-VINCENT-sur-Jard, Vendée, arr. des Sables-d'Olonne, cant. de Talmont, 189 n.5.
SAINT-XANDRE, Charente-Inférieure, arr. et cant. de la Rochelle, 40 n., 166-169.
SAINCTE-Marthe (Loyse de), 67. — Voir SAINTE-MARTHE (Louise de).
SAINCTE RADEGONDE des Maroys, 121. — Voir SAINTE-RADEGONDE-des-Noyers.
SAINCTE-RAGOND. — Voir SAINTE-RADEGONDE-des-Noyers.
SAINTE-CHRISTINE, Vendée, arr. de Fontenay-le-Comte, cant. de Maillezais, 153 n.1, 207 n.8 et 9.
SAINTE-GEMME, Vendée, com. de Benet, commanderie, 108 n., 110 n., 116 n.4; 119 n.3.
SAINTE-GEMME-la-Plaine, Vendée, arr. de Fontenay-le-Comte, cant. de Luçon, 36, 38, 110 n., 169 n.1, 201, 217 n.3.
SAINTE-HERMINE, Vendée, arr. de Fontenay-le-Comte, ch.-l. de cant. 66.
SAINTE-MARTHE (Gaucher de), 232 n.2.
— (Louise de), dame de Champagné, 67, 232.
SAINTE-RADEGONDE-des-Noyers, Vendée, arr. de Fontenay-le-Comte, cant. de Chaillé-les-Marais, 26, 53, 61, 63, 100, 103, 111, 121, 167, 171, 183, 184, 188 n.6, 214, 216-218, 220, 221, 223, 226, 233, 236.
— Prieuré, 61, 217, 218, 226.

SAINTES, Charente-Inférieure, ch.-l. d'arr., 198.
— Abbaye de Notre-Dame, 21 n.1, 125 n.1.
SAIRIGNÉ, 169 n.6. — Voir SÉRIGNY.
SALINES (Les), Vendée, com. du Langon, 16 n.6.
SAMOYAU (Collas), habitant de Benet, 210.
'SANCTE MARIE (Exterium), 136 n.3.
'SANCTI-EGIDII (Domum), Charente-Inférieure, com. de Marans, 144 n.4.
SANCTO FLORENTIO (J. de), témoin en 1218, 189.
SANCTO-JOVINO (Johannes de), témoin en 1200, 186.
SANCTO-MEDARDO (Goffridus de), témoin en 1200, 187.
SANCTUS SALVATOR Liguriaciensis. — Voir SAINT-SAUVEUR-de Nuaillé.
SANSAIS, Deux-Sèvres, arr. de Niort, cant. de Frontenay-Rohan-Rohan, 15 n.1, 115 n.1, 176.
SANSECQUE (Pierre de), habitant de Marans, 40 n.
SANSON (Americus), témoin en 1217, 198.
SANTENAY (Le), Charente-Inférieure, com. de Saint-Jean-de-Liversay, 16 n.1.
SARNIÉ, 173. — Voir SÉRIGNY.
SARRAZIN (Benoist), habitant de Sainte-Radegonde-des-Noyers, 220.
— (Pierre), habitant de Sainte-Radegonde-des-Noyers, 220.
SAULNIER (Louis et Pierre), habitants de Vix, 110 n.1.
'SAUSIN (Le), 27 n.6.
SAUSSAYE. — Voir SAUZAYE (La).
SAUVER (Frère Jean le), commandeur de Puyravault. — Voir LE SAUVER (Frère Jean).
SAUVERÉ-le-Mouillé, Vendée, com. de Doix, 155 n.1.
SAUZAYE (La), *Saussaye*, Charente-Inférieure, com. de Saint-Xandre, 40 n., 141 n.1, 173.
SAUZIN (Étier du), 27.
SAYVRE (La), — Voir SÈVRE.
SAZAY, Deux-Sèvres, com. de Saint-Hilaire-la-Palud, 108.

SÇAYVRE, — Voir Sèvre (La).
* SÇAYVRE de Pierre (Ecluse de), 124 n.1, 131 n.4.
SCEVRE (La), — Voir Sèvre (La).
SECONDIGNY (Bernard de), 27 n.5.
SECORCEAU (Bot de), 221 n.2.
SEEBRANZ, témoin en 1199, 185.
SENSSAY, 115 n.1. — Voir SANSAIS.
SEPARIS, 21 n.1.—Voir Sèvre (La).
SÉRIGNY, Charente-Inférieure, com. d'Andilly-les-Marais, 38 n.2, 39, 41, 43 n 1, 121 n.2, 157 n.1, 164 n.1, 169, 173, 174 n.3.
SERIZIERS (Les). — Voir CERIZIERS (Les).
* SERONEAU (Bot de), 221.
SERPENTINE (Catherine), de Saint-Michel-en l'Herm, 134 n.3.
SERVELANT (Marais de). — Voir CERF-Volant (Le).
SEVERA, 21 n. 1. — Voir Sèvre.
SEVERIS, 39 n.1. — Voir Sèvre (La).
SÈVRE (La), Separis, Severa, Severis, Sevria, Sayvre, Scayvre, Scevre, Soyvre, 15, 18-22, 25, 26, 31-33, 38, 39, 40 n., 43, 45, 46, 51, 53, 59, 60, 67, 68, 71, 74, 76, 85, 86, 92-94, 97, 100, 106, 107, 108 n, 110, 115 n., 123, 126, 129, 130, 134 n.3, 154, 157 n.2, 159, 160, 167, 169, 172, 173, 175, 176 n, 178, 180, 181, 192 n.5, 211, 235.
SEVRIA. — Voir Sèvre (La).
SICOTEAUX (Les), habitants de Champagné, 235.
SICOUTEAUX (Les), habitants de Champagné, 224.
SIE (La) en Gâtine. — Voir ABSIE (L') en Gâtine.
SIMÉON (Colas), commissaire sur le fait des marais, 60, 87 n.1, 217, 223, 225-227, 229.
SIMÉONS (Les), habitants de Champagné, 235.
SMAGNE (La), affluent du Lay, 125 n.2.
SOIL, 108 n. — Voir SOUIL.
* SORNEAU (Bot de). — Voir SERONEAU (Bot de).
SOTTERIE (La), Deux-Sèvres, com. de Coulon. Ecluse, 129 n.
SOUCHET, laboureur à Vix, 157 n.2.

SOUDAIER (Jamet), habitant de Champagné, 226. — Voir SOUDAYER (Etienne).
SOUDAYER (Etienne), habitant de Champagné, 238. — Voir SOUDAIER (Jamet).
SOUIL, Soil, Vendée, com. de Saint-Pierre-le-Vieux, 108 n., 175.
SOUIL (Marquis de), 145 n.2.
SOULICE (André), habitant de Benet, 210.
SOULLECES. — Voir SOULISSE. Vendée, com. de l'Ile d'Elle, 108 n.
SOULLICE (Jehan), habitant de Benet, 210, 211.
SOULISSE, Soulleces.
SOUS-LE-BOT, Vendée, com. de Chaillé-les-Marais, 33 n.3.
SOYVRE, — Voir Sèvre.
STEPHANUS, abbas Malleacensis, 28 n.4, 188.
SUIRÉ, Charente-Inférieure, cant. de Marans, com. de Nuaillé 39.
— Bot, 42 n.3.
* SURAUMUR, 221 n.2.
SURGÈRES, Charente-Inférieure, arr. de Rochefort-sur-Mer, ch.-l. de cant., 175, 177.
— (Hugues de), 21 n.1, 125 n.3.
— (Jacques de), 227 n.3.
SURIETTE (Mathurin), seigneur de l'Aubrays, 136 n.1.
SYMÉON (Colas). — Voir SIMÉON (Colas).
SYMONNEAU (Philippon), habitant de la Pointe, 108 n.

TABARITE, Vendée, com. de l'Ile-d'Elle. Ecluse, 92 n.1, 150 n.1.
TAILLEBOURG, Charente-Inférieure, arr. de Saint-Jean d'Angély, cant. de Saint-Savinien, 145 n.2.
TAILLÉE (La), Vendée, com. de Vouillé, 242.
* TAILLEFER (Marais), Vendée, com. de Luçon, 64.
TALLENSAC (Jean de), seigneur de Laudrière, 136 n.1.
TALLINEAU (Robert), habitant de Benet, 211.
TALMONT, Vendée, arr. les Sables-d'Olonne, ch.-l. de cant., 115 n.3, 117 n.1, 119 n.4, 120 n., 130

130 n. 7, 133, 142 n.1, 146 n., 170, 171.
— Abbaye de Sainte-Croix, 22 n.2, 43, 73 n.2, 82, 99 n.5, 120 n.1, 136 n.3.
— (Pepin, seigneur de), 22 n.2, 114 n.5, 136 n.3.
TAUGON, *Toguont*, Charente-Inférieure, arr. de la Rochelle, cant. de Courçon, 16 n.1, 106 n. 1, 176 n., 180.
TAVEAU (Guillaume), seigneur de Mortemer, 49, 87 n.1.
TAYRÉ, 175. — Voir THAIRÉ-le-Fagnoux.
TEMPLIERS (Bot des), 42.
TENDE à Bertin (La), Charente-Inférieure, com. d'Andilly-les-Marais, 135 n.3.
TENDES de Moric (Les), Vendée, com. de Grues, 135 n.3.
TENDES Neuves (Les), Vendée, com. de Champagné-les-Marais, 135.
TENDES Vieilles (Les), Vendée, com. de Champagné-les-Marais, 135, 224.
TETBAUD, clerc, 21 n.1.
THAIRÉ-le-Fagnoux, Charente-Inférieure, com. de Saint-Jean de-Liversay, 15 n.2, 175.
THIBAULT (Pierre), habitant de Sainte-Radegonde-des-Noyers, 220.
THIBAUT Ier, seigneur de la Chasteigneraye, 190 n.3.
THOUARS, Deux-Sèvres, arr. de Bressuire, ch.-l. de cant. 49 n.1, 146 n.
TIRAQUEAU (E.), lieutenant de Fontenay-le-Comte, 60, 65, 217, 219
TOGUONT, 176 n. — Voir TAUGON.
TONNAY (Guillaume de), fils de Raoul de Tonnay, 182.
— (Raoul de), seigneur de Luçon, 26, 119 n.2, 182.
TONNAY-Charente, Charente-Inférieure, arr. de Rochefort-sur-mer, ch.-l. de cant, 182 n.2.
TOUCHAIS (Mathurin), greffier de la cour de Champagné 238, 240.
TOUCHARD (Mathurin), habitant de Champagné, 231.
TOUCHAULD (Guillaume), habitant de Benet, 211.
TOUCHEPRÉS (Seigneur de), 149 n.4.

TRAICHARS (Les). — Voir TRENCHARS (Les).
TRANCHE (La), Charente-Inférieure, com. de Villedoux, 100 n.4.
TRANCHE (La), Vendée, arr. des Sables d'Olonne, cant. des Moutiers-les-Maufaits, 54, 112 n.3, 120 n., 145.
TRANCHÉE (Achenaut de la), 32, 33.
TRAVERSAIN (Achenal), 55, 86.
TRAVERSE (Achenal de la), 55, 242.
— Voir TRAVERSAIN (Achenal).
TRECHARD (Jehan), habitant de Benet, 211.
TREGECTO (Villa), en Aunis, 21 n.1
TREMOILLE (Duc de la), 53 n.2, 64, 66.
TRENCHARS (Les), Vendée, com. de Puyravault, 205, 221.
TRIAIZE, Vendée, arr. de Fontenay-le-Comte, cant. de Luçon, 16 n.1, 58, 64, 89, 117 n.1, 122, 170, 171, 189.
TRICHARD, habitant de Benet, 211.
TRIEZE (Laurentius de), témoin en 1200, 189.
TRIZAY, Vendée, com. de Puymaufrais, abbaye, 84, 154 n.1, 188, 192, 224, 229, 235.
TRIZAY (Marais des), 28 n.2.
TRIZAY (Petit), Vendée, com. de Champagné-les-Marais, 71 n., 94 n.4, 98 n.4, 137 n.2.
TRIZAY (Pré de), Charente-Inférieure, com. de Marans, 192 n.5.
TROGNAUD (André), habitant de Benet, 210.
TROUGNARD (Le), à Vix, 110 n.1.
TROUVÉ (Guillaume), habitant de Champagné, 219.
— (Jean), habitant de Puyravault, 220.
TUANDON (Jean), prêtre de Saint-Pierre-le-Vieux, 108 n.

VACHE (Achenal de), 73 n.2. — Voir RAQUE (Achenal de)
VACHES (Marais des), Vendée, com. du Mazeau, 207.
VADUM, 172 n. 1. — Voir GUÉ-DE-VELLUIRE (Le).
VAIRE (Bot de), 42.
VANDÉE (La), 71. — Voir VENDÉE (La).

TABLE DES NOMS PROPRES

Vaneau (Le), 115 n.1. — Voir Vanneau (Le).
Vanneau (Le), Deux-Sèvres, arr. de Niort, cant de Frontenay-Rohan-Rohan,16 n.1,115 n.1,129 n.
Vassal (Geoffroi), commissaire sur le fait des marais,53, 87 n.1, 242.
Vaux (Jean de), seigneur de Moricq, 120 n.1.
Veau (Micheau), habitant de Damvix, 109 n.4.
Veclée, 127 n.1. — Voir Eve-Clée.
Velluire, Vendée, arr. et cant. de Fontenay-le-Comte, 34-36, 38, 56, 80, 110 n 1, 130 n.4, 142 n.1, 159 n 1, 243.
— Prieuré, 226.
— (Gilbert de), 121 n.2.
— (Gué de). — Voir Gué-de-Velluire (Le).
— (Hervé de), 184-186, 195, 199 n.4, 200.
— (Maurice de), 80, 199, 200.
— (Pierre de), seigneur de Chaillé, 26, 31, 46 n.1, 81-83, 112 n.1, 118 n. 1, 132 n.2, 183, 185-190, 193-195, 199 n.2 et 4, 200, 201.
Vendée (La), affluent de la Sèvre, 18, 25, 29, 34, 35, 48, 71, 104, 106, 110, 111, 115 n.3, 123, 127 n.1, 129 n.3, 130, 159, 171, 172, 180, 188 n.6, 235.
Vendée (Achenal et bot de), 26 n 1, 27, 28, 33, 63, 64, 67, 68 n. 163, 169, 181, 234.
Vendée (La Petite), Vendée, com. de Chaillé-les-Marais, 27 n.3.
Vendée (La Vieille), 18 n.3.
Venders (Gaufridus), prieur de Verines, témoin en 1217, 198.
— (Girbertus), témoin en 1217, 198.
Vendôme, Loir-et-Cher, ch.-l. d'arr. Abbaye de la Trinité, 21 n.1, 125 n.3.
Verger (Aimeri du), 83 n.3, 201.
Vergne (Jean de la). — Voir La Vergne (Jean de).
Vergne (Mothe du), Deux-Sèvres, com. d'Arçais, 213.
Veronneau (Guillaume), procureur, 206.
Verrines-sous-Celles, Deux-Sèvres, arr. de Melle, cant. de Celles,198.

Verrue (Tristan de), habitant de Coulon, 110 n.1, 137 n.3.
Verruhe, Deux-Sèvres, com. de Coulon, 150 n 1.
Viault (Hardouin), seigneur de Penchin, 107 n.2, 152 n.
Videlea, écluse, 20 n.2.
Vienne (Canal de), 181.
Vieux-Bots (Les), 57, 68, 238. — Voir Bot Herbu (Le).
Vifz (La), 207, 211,212.—Voir Petits Avis (Les).
Vigier (Aimeri), habitant de l'Ile-d'Elle, 107 n.3.
Vignault (Jeanne du), femme de Nicolas Brisson, 232 n. 4.
Vigneau (Le), Vendée, com. de Chaillé-les Marais, 16 n.1, 31,32, 192 n.2, 200.
Vigneau (Le), Vendée, com. de Triaize, 58, 170.
Villadou, 173. — Voir Villedoux.
Villars Jeanne de, abbesse de Notre-Dame de Saintes,125 n.1.
Villaties Pierre des, seigneur de Champagné, 73, 135 n.2, 137 n 2.
Villedoux,Charente-Inférieure, arr. de la Rochelle,cant. de Marans, 16, 100 n.4, 168, 169, 172, 173, 174 n.3.
Vincent (Jean), habitant d'Andilly, 113 n., 160 n.2.
Vitz, 125 n.1. — Voir Vix.
Vivonne Jean de, seigneur d'Oulmes, 217 n.3.
— (Regnaud de), 48 n.4.
— Renée de, dame de la Châtaigneraie, 73.
Vix, Vendée, arr. de Fontenay-le-Comte, cant. de Maillezais, 16 n.1, 21 n.1, 110, 125 n.1, 129 n.4 et 5, 157 n.2, 178, 180.
Voluyre (Petrus de), 46 n.1. — Voir Velluire (Pierre de).
Volvirio (Arveus de), 28 n.4. — Velluire (Hervé de.
Volvirio Petrus de, 28 n.4. — Voir Velluire (Pierre de).
Vouillé, Vendée, arr. de Fontenay-le-Comte, cant. de Chaillé-les-Marais, 16 n.1, 22 n.3, 29-32,55, 56, 79 n.3, 95, 130 n.4, 152 n.2, 171, 188 n.6, 190, 193, 194, 196, 197, 243.

— Prieuré, 25, 31 n.2, 130, 242.
Voyer (Charles), seigneur de la Naulière, 146 n.
Vryet (Symon), fermier des Marais le Roy, 142 n.1.

Xanton, Vendée, arr. de Fontenay-le-Comte, cant. de Saint-Hilaire-des Loges, 198.

Yon (L), affluent du Lay, 155 n.

Ysle (L'), 124 n.3. — Voir Bretonnière (La).
Ysles (Seigneurie des), 211.
Yvanz (Guillelmus), témoin en 1199, 185.
Yver (Jean), sénéchal d'Arçais, 108 n.1.
— (François), évêque de Luçon, 72.
Yzambert (Philibert), habitant de Benet, 211.

TABLE DES MATIÈRES

CHAPITRE I
Les marais avant le desséchement.

Le golfe du Poitou au x⁰ siècle : ses promontoires, ses îles. — Présence et retrait de la mer d'après la tradition. — Les rivières et les fleuves côtiers au x⁰ siècle : la Sèvre, la Vendée, l'Autize et le Lay. — Description du marais et de ses habitants par Pierre de Maillezais : les colliberts, leur passion pour la pêche. — Premiers essais de réglementation des eaux : les écluses de pêche, les moulins. — Premiers travaux d'exploitation au xi⁰ siècle : tentatives isolées au sud de la Sèvre et sur les bords du Lay. — Les religieux des abbayes avoisinantes se font concéder par les seigneurs fonciers de vastes marais, et, au xii⁰ siècle, en entreprennent le desséchement.................................... 15

CHAPITRE II
Les grands desséchements du XIII⁰ siècle.

Principales communautés religieuses ayant, aux xii⁰ et xiii⁰ siècles, des possessions dans le marais : abbayes et commanderies. — Les tentatives de desséchement s'opèrent dans le voisinage de la mer............ 24
Marais du nord de la Sèvre : Travaux des religieux de Moreilles : canal de Bot-Neuf (av. 1199), bot de Vendée (1199-1210), canal de la Grenetière (av. 1210); canaux secondaires dans la même région. — Travaux des religieux de l'Absie à l'Anglée et à Chaillé : ouverture de l'achenal et bot de l'Anglée (av. 1217). — Association du marais des Alouettes : abbayes de la Grâce-Dieu, de la Grâce-Notre-Dame de Charron, de Saint-Léonard-des-Chaumes. Bot de l'Alouette (av. 1217). — Association des Cinq-Abbés : abbayes de l'Absie, de Saint-Maixent, de Saint-Michel-en-l'Herm, de Maillezais et de Nieul-sur-l'Autize. Ouverture du canal des Cinq-Abbés (1217). — Autres canaux du xiii⁰ siècle : étier de Morillon, bot de l'Œuvre-Neuf. — Rupture du bot de l'Anglée. — Ouverture de l'Achenal-le-Roi et du Contrebot-le-Roi (1283).. 24
Marais du sud de la Sèvre : Travaux des religieux de la Grâce-Dieu : achenal d'Audilly et bot de Brie (1200). — Travaux des religieux de Saint-Léonard-des-Chaumes et de leurs associés : Achenal-le-Roi (av. 1244), bot de l'Angle (av. 1246). — Tentative de jonction des bots de l'Angle et de Brie (1249). — Association des marais de la Brune : abbayes de Maillezais, de Saint-Michel-en-l'Herm, de Saint-Léonard-des-Chaumes et

280   LES MARAIS DE LA SÈVRE NIORTAISE ET DU LAY

commanderie du Temple de la Rochelle : ouverture de l'achenal de la Brune (1270). — Travaux secondaires.......................... 24
Marais du Lay. — Travaux des religieux de Talmont, d'Angles et de Fontaine, sur la rive droite; de Bois-Grolland, de Luçon et de Saint-Michel-en-l'Herm, sur la rive gauche................................. 24

CHAPITRE III
Ruine et abandon des travaux pendant la guerre de Cent Ans.

Heureux résultat du desséchement; prospérité du marais au début du xive siècle. — Guerre de Cent Ans : ruines et pillages, abandon des travaux, inondations. — Tentatives de restauration dans les marais du nord de la Sèvre : visite de 1409 ; visite de 1438-1443 ; procès qui s'y rattachent ; visite de 1455-1456. — Etat du marais à la fin du xve siècle : les marais du nord de la Sèvre ont seuls retrouvé un peu de leur prospérité première. — Œuvres de desséchement dont l'existence est révélée par les documents du xve siècle : achenal Traversain, achenaux et bots de garde des marais de Champagné, Puyravault et Sainte-Radegonde. — Ces canaux et ces digues existaient certainement dès le xiiie siècle... 45

CHAPITRE IV
Vaines tentatives de restauration au XVIe siècle.

Incurie des possesseurs du sol au début du xvie siècle. Les marais du nord de la Sèvre retombent à l'état sauvage.................... 59
Visites de 1526-1527 : relèvement du Bot de Garde. Les achenaux : l'achenal de Luçon; ouverture de l'achenal du Langon (1528-1530); son peu d'importance au point de vue des desséchements. — Aide levée « pour la réparation des digues de la mer » (avant 1554). — Visites et réparations de 1560-1563. — Visite de 1568.................. 59
Guerres de religion : la guerre au marais ; les Bas-Poitevins provoquent eux-mêmes la rupture des digues ; le pays est submergé. Cartes du xvie siècle. — Réparations isolées. — A la fin du xvie siècle un dernier effort est tenté : visite des 6 et 7 mars 1597; assignations ; poursuites ; nouvelle visite en 1598; sentence dilatoire du 28 janvier 1599. — Inutilité des procédures. — Henri IV appelle les Hollandais.......... 59

CHAPITRE V
Les auteurs du desséchement.

Difficultés des desséchements. Au xiiie siècle l'Église était seule à pouvoir les entreprendre... 76
Rôle des religieux : ils forment entre eux des sociétés de desséchement. — Dès le xive siècle ils se désintéressent des travaux...... 76
Rôle des seigneurs : leur indifférence. Ils se bornent à autoriser les travaux dans l'étendue de leurs domaines, ou à concéder des marais à dessécher. Parfois, mais rarement, ils entreprennent des œuvres plus ou moins importantes.. 76

Rôle des paysans : ils exécutent les travaux conçus par les abbés ou les seigneurs, sont appelés à donner leur avis, entrent dans plusieurs associations, font des dessèchements pour leur propre compte.. .. ,. 76
Défaut d'entente entre les trois classes. La royauté s'efforce de grouper ces éléments dissociés par l'intermédiaire de commissaires : — les commissaires sur le fait des marais, leurs attributions, difficultés qu'ils rencontrent dans l'exercice de leurs fonctions. — Inutilité de leur intervention... 76

CHAPITRE VI
Exposé des procédés de dessèchement.

Les premiers dessèchements ont été entrepris dans le voisinage des côtes. — Origine maritime des atterrissements. — Laisses et relais...... 90
Procédés de dessèchement : l'*achenal ;* achenaux naturels et achenaux artificiels ; le *bot ;* bots de garde ; le *contrebot*. — Défaut de précision de ces termes. — Vocables empruntés par les dessiccateurs aux sauniers. — Le *coi*. — Le *portereau*. — A défaut de l'unité de plan, les dessèchements avaient l'unité de méthode................................. 90

CHAPITRE VII
Les productions du marais.

Marais mouillés et marais desséchés. — Productions des marais mouillés : la *rouche*, le roseau. — Abondance des bois ; plantations de bois : les *terrées* et *levées ;* essences principales : aune, saule, osier. — Chanvre et lin... 105
Productions des marais desséchés : blé, fèves, vignes. — Ressources communes au marais mouillé et au marais desséché : le pâturage. — L'importance de l'élevage ressort de la prédominance des pâturages — prés fauchables ou prés non fauchables — et des droits seigneuriaux — *carvane*, pacage, moutonnage et dîme — levés sur les troupeaux.. 105

CHAPITRE VIII
La pêche et la chasse.

La pêche au marais : abondance des poissons : poissons d'eau douce, anguilles ; des poissons de mer remontent le cours des achenaux. — Pêcheries : l'*écluse*, l'*écluseau*, le *bouchaud*. — Engins proprement dits, de fil et d'osier. — Droits de pêche : cens perçus sur les rivières, fermage des achenaux, droits de poisson royal et d'*entrenuit*................ 123
La chasse au marais : chasse seigneuriale au faucon ; chasse aux *rets* pratiquée par les paysans. — Analogie de la chasse et de la pêche. — Les *tendes*. — Droits seigneuriaux : l'oiselage, l'*entrenuit*. — Variétés innombrables d'oiseaux. Les oiseaux légendaires................. 123

CHAPITRE IX

Le régime de la propriété.

De droit, le marais est au roi : « La mer appartient au roi; ce que la mer abandonne d'elle-même revient et doit revenir au roi. » — Rares applications de ce principe : les Marais-le-Roi; revendication de la Laisse du Roy à Andilly... 140

De fait le marais est au seigneur justicier. — Délimitation des seigneuries : avant le desséchement elle ne peut être qu'approximative ; les canaux et les digues sont employés comme lignes de démarcation. — La clôture justifie la propriété... 140

Marais communs : droits d'usage et de pacage moyennant des devoirs ou des redevances. — Le droit d'usage procède du droit de pacage. — Progression constante dans les prétentions des usagers.—Transactions entre seigneurs et usagers. — La propriété reste toujours au seigneur.. 140

CHAPITRE X

Les voies de communication.

L'eau est la voie de communication par excellence. — Les routes d'eau. — A l'aide de la *pelle* ou de la *pigouille* le maraîchin conduit son bateau. — Transport par eau. — Mouvement du port de Marans. — Droits de l'eau : coutume, rivage...................................... 156

Voies de terre : il n'y a pas d'autre voie de terre que le bot.— D'abord voie privée, le bot devient, par la force des choses, voie publique ; seuls les chemins et passages de peu d'importance restent privés. — Chemins d'intérêt local ; régime d'entretien. — Grands chemins publics.... 156

Principaux itinéraires suivis du XIII° et à la fin du XVI° siècle pour la traversée du marais... 156

Association intime de l'histoire des communications avec l'histoire des desséchements... 156

Conclusion... 180
Pièces justificatives.. 182
Tables des pièces justificatives................................ 244
Glossaire.. 247
Table des noms propres....................................... 251

TABLE DES FIGURES

Planche I. — Agrandissement partiel de la carte au 1/200 000 : marais desséchés du nord de la Sèvre. (Echelle 1/80 000.)... 26-27

Planche II. — Plan manuscrit des marais compris entre Vouillé et le Langon, xviie siècle. Archives communales du Langon. (Réduction de 1/2.)... 55

Planche III. — Carte du marais desséché de Champagné vers la mer, dressée par André Chevreux, 7 avril 1656. (Calque des parties essentielles; réduction de 3/4.)...................... 57

Planche IV. — Pierre Rogier. Pictonum vicinarumque regionum fidissima descriptio. 1579.. 170-171

Planche V. — P. Du Val. Le Haut et le Bas Poitou. 1689. (Réduction de 1/4.)... 176-177

Planche VI. — Carte pour servir à l'histoire des marais de la Sèvre Niortaise et du Lay, du xe à la fin du xvie siècle. (Echelle 1/200.000.) Repliée à la fin de l'ouvrage.................... 283

Poitiers. — Impr. Blais et Roy, 7, rue Victor-Hugo.

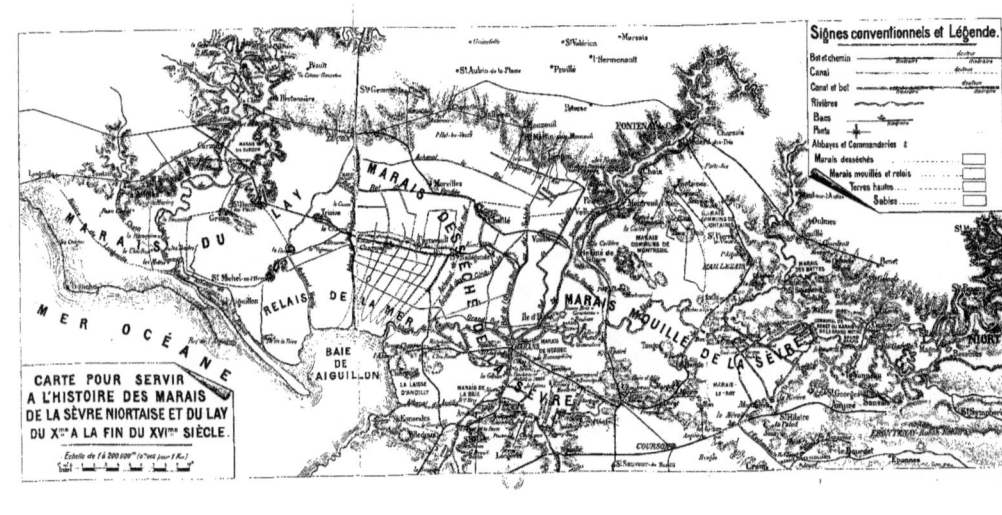

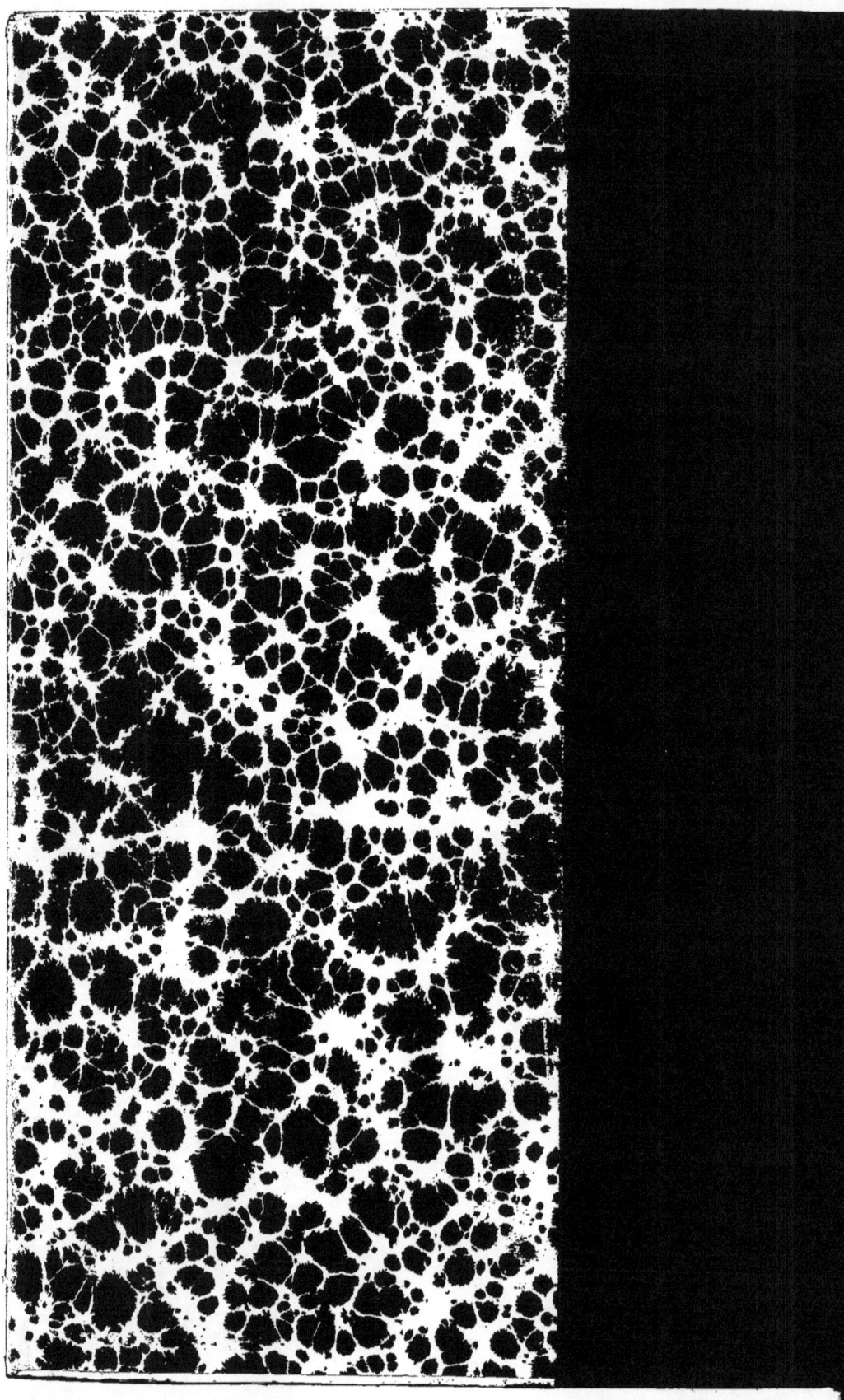

www.ingramcontent.com/pod-product-compliance
Lightning Source LLC
Chambersburg PA
CBHW071334150426
43191CB00007B/729